U0323939

运动目标
多站协同测量系统
原理及应用

张 森 著

清华大学出版社

北 京

内 容 简 介

本书全面地论述运动目标多站协同测量系统设计的基本原理和相关技术,并系统地总结作者在高速目标光电协同测量方面的研究经验和最新进展,给出了高速目标协同测量系统的设计方法和可靠性评估的相关分析,既包括智能车辆运动控制模型、多智能车辆协同运动控制策略、虚拟验模环境建模等相关理论分析,又包括图像数据处理、可靠性评估等系统工程实现技术。本书选材广泛、内容新颖、研究思路独特、实用性强。

本书可供从事检测技术与自动化装置专业领域研究与应用的广大科技工作者参考使用,也可以作为高等院校测控技术与仪器、光学工程、模式识别与智能系统、系统工程、武器系统与运用工程等专业的教师、研究生进行相关课题研究实践或课程学习的参考书。

版权所有,侵权必究。 举报: 010-62782989, beiqinquan@tup.tsinghua.edu.cn。

图书在版编目(CIP)数据

运动目标多站协同测量系统原理及应用/张森著. —北京:清华大学出版社,2020.11
ISBN 978-7-302-57006-6

Ⅰ. ①运… Ⅱ. ①张… Ⅲ. ①运动目标检测 Ⅳ. ①TP72

中国版本图书馆 CIP 数据核字(2020)第 240240 号

责任编辑:许 龙
封面设计:傅瑞学
责任校对:王淑云
责任印制:吴佳雯

出版发行:清华大学出版社
  网 址:http://www.tup.com.cn, http://www.wqbook.com
  地 址:北京清华大学学研大厦 A 座 邮 编:100084
  社 总 机:010-62770175 邮 购:010-62786544
  投稿与读者服务:010-62776969, c-service@tup.tsinghua.edu.cn
  质量反馈:010-62772015, zhiliang@tup.tsinghua.edu.cn
印 装 者:三河市科茂嘉荣印务有限公司
经 销:全国新华书店
开 本:170mm×240mm 印 张:14.25 字 数:293 千字
版 次:2020 年 11 月第 1 版 印 次:2020 年 11 月第 1 次印刷
定 价:59.80 元

产品编号:088618-01

前 言

FOREWORD

随着智能技术的飞速发展，运动目标智能测量技术有了长足的进步。传统的单一智能测量方式逐渐交叉融合，形成了多源探测方式，并表现出强大的精确测量能力，使得采用雷达、声呐、光电等多种探测技术的运动目标多站协同测量系统研究在武器系统外弹道测试领域具有重要的应用价值。一般情况下，智能探测设备都需要结合多种智能运动平台方能显现出空间动态测量的优越性。所以通过多个运动平台搭载多种智能载荷对空间运动目标进行协同测量即为运动目标多站协同测量系统，有必要对系统原理、关键技术、处理方法、系统设计和可靠性进行详细分析，为未来智能空间精密测量提供理论支撑。

本书总结了近几年运动目标多站协同测量系统的发展动态，针对系统设计中存在的问题，讨论了智能车辆运动平台建模技术、多站协同机动技术、多传感器探测技术、多源数据融合技术和系统可靠性分析技术等多项关键技术。在这些技术的基础上，论述了高速目标多站协同速度测量系统设计与开发方法，为运动目标协同测量系统原理及应用提供了应用技术支持，使得研发工作有据可循，易于开展。

本书共 7 章，第 1 章为概论。介绍了运动目标测量技术分类与特点、发展趋势以及存在的问题，较为全面地概括了运动目标多站协同测量系统的定义、功能、系统原理与系统发展动态，对智能车辆运动平台建模技术、多站协同机动技术、多传感器探测技术、多源数据融合技术和系统可靠性分析技术等多项关键技术进行讨论与分析。第 2 章为智能车辆运动建模分析。以单体车载运动平台为主要布站对象，对智能车辆的运动建模问题进行具体分析，分析智能车辆的非完整约束条件，提出平台运动控制问题及其多种智能控制方法，给出智能车辆运动学轨迹跟踪控制系统模型，并对模型中的控制器进行设计与仿真分析，探讨了单一智能运动平台控制的合理性。第 3 章为多车载平台协同机动策略。针对协同探测任务规划问题，分别从自顶向下和自底向上的角度建立了环境模型，建立了基于注意力 seq2seq 框架的强化学习序列求解网络模型，改进了传统群体智能启发式算法面对动态环境鲁棒性差的问题，将多无人车协同探测任务规划问题建模为马尔可夫博弈过程，并使用多智能体强化学习算法对问题进行了求解。第 4 章为光学探测技术。针对探测过程中的高清图像获取问题,研究相机标定与图像处理方法,建立相机的针孔成像模型,完成图像矫正。对图像进行平滑滤波、灰度化、边缘检测和角点检测,实现图像优化处理。研究基于 SFS 算法的高超速三维弹丸重构技术,通过二维图像中的灰度信息进行深度信息提取,建立物体的局部三维模型轮廓。第 5 章为基于多源探测的数据融合方法。针对传统方法对证据冲突处理能力有限的缺陷,提出一种基于改进证据支持度的目标识别方法,减小支持度系数低的证据对整个融合系统的影响。针对 D-S 理论在实际应用的局限性问题,提出一种基于 Pignistic 概率距离函数和 Deng 熵的目标识别方法,提高了证据冲突时的有效性和优越性。针对不同传感器提供的证据与各自可信度之间的关联问题,提出了一种基于修正冲突证据的目标识别方法。运用 Dempster 的组合规则进行融合,提高了目标识别的准确率。第 6 章为高速目标速度测量系统设计与开发。针对高速三维弹丸轮廓精细化建模问题,提出一种三维弹丸多粒度优化建模方法。分析弹丸的对称特性,通过融合的角点检测技术提取出局部三维模型的对应特征点,对其特征点进行粗粒度匹配和细粒度匹配,完成局部模型拼接和图像平滑,建立了高精度弹丸的多粒度三维重构模型,消除了由于视角不同所造成的弹丸表面数据信息缺失的影响。第 7 章为高速目标速度测量系统可靠性分析。针对高速目标测速系统数据可信性分析,研究目标测速系统的工作机理和干扰因素提取。提出一种适用于目标测速系统数据可信性分析方法。针对测速系统可靠性模型分析过程中存在的计算效率低、条件过于粗糙、欠合理等问题,提出一种基于统计故障树的弹丸测速系统可靠性模型分析方法。针对测速系统可靠性模型优化问题,提出一种基于深度 BP 网络的可靠性模型优化方法,建立系统可靠性网络模型,实现网络模型最优。通过实验获取数据,验证了该系统的可靠性与数据的精准性。

由于作者水平有限,书中难免存在不当之处,恳请广大读者批评和指正。

作 者

2020 年 5 月

目 录

CONTENTS

第 1 章

概　　论

1.1 运动目标测量技术概述

测量弹丸、导弹等运动目标在飞行过程中的姿态、位置、速度等参数对目标的优化设计、故障分析等有重要意义。对运动目标的测量设备和测量方法有很多,从光电经纬仪到激光雷达、高速相机等测量设备和声、光、磁等测量技术[1]。测量设备的选择和站点布设要综合考虑目标的数量和散布区域、目标尺寸、飞行速度和测量环境等因素。综合考虑测量系统成本和获得信息的质量,本书采用目前广泛使用的 CCD 相机作为高速图像采集系统的成像传感器,多台 CCD 相机布设在运动目标周围不同方向上,测量区从地面到一定高度的空间中每一点至少被两个不同方向的摄像机覆盖,所有摄像机同步触发拍摄待测目标飞行过程中及落地时的图像。

传统的目标测量技术有雷达测量、红外测量、可见光测量、声测量四大类[1]。

第一类,雷达测量。雷达是被广泛采用的测量设备,从测量功能来分,雷达有测速雷达和测距雷达。测速雷达由于利用了波源与目标之间相对运动产生频率变化现象(即多普勒效应)来测量速度,所以,这种雷达又称为多普勒雷达。测距雷达利用电磁波在空间传播速度等于光速的特点,测量电磁波发射到被目标反射再接收的时间差来计算空间距离,再配合接收电磁波信号的天线提供的目标相对电磁波发射源的仰角和方位角,确定目标相对电磁波发射源的空间位置,这也就是雷达测定弹丸的空间位置的基本原理[2]。一般来说,雷达测量具有实时处理、不受天候影响、作用距离较远且可以单台测量目标空间坐标等优点。

第二类,红外测量。红外传感器通常是无源的,主要接收来自目标本身的辐射能量,所以其测量为被动测量。它通过对目标景物各部分的温差或发射率(或反射率)的差异进行测量来对目标进行分类,也可以通过目标与背景对比度来检测点目标[3]。由于红外传感器接收目标的光波波长较短,与雷达相比,它可以用于高精度的跟踪,它通过"扫描"或面阵靶面接收器的脱靶量获取目标相对传感器的方位角和俯仰角。它没有测量距离功能,但由于红外光在大气中传播的衰减相对较小,所以,该传感器的作用距离较远。

第三类,可见光测量。光电传感器通过测量目标可见光图像的对比度、颜色及其形状从而从背景中区分目标。光学传感器,特别是光电经纬仪,是现代测量中获取目标跟踪数据和飞行状态的最基本手段,也是校准无线电设备的基本设备。它通过摄影方法来确定空间物体相对地球上某一点的位置[3]。其中,目标相对测量仪坐标中心的方位角和俯仰角由经纬仪垂直轴上的刻度盘和装在其水平轴上的刻度盘读出。若测量仪安装激光测距机,即可同时给出目标与测量仪中心的距离,这时,一台测量仪即可确定目标的空间位置。但由于激光测量必须在目标上安装合作装置,所以,实际中经常采用几台不安装激光测距机的经纬仪进行测量,并通过交会方式确定目标的空间位置。由于光学测量仪的视场较小,而且其作用距离相对较短,所以常采用随动方式进行跟踪测量。与红外传感器相比,可见光传感器主要获取目标对可见光(如阳光)的反射或目标自身发射的可见光,而可见光受大气透光性及阳光强弱的影响较大,所以这种传感器对气候敏感,夜间不能工作。

第四类,声测量。通过水、地球或大气传送的声波(或压力)波形也可以对目标进行探测、跟踪和分类。声音传感器通常以声呐传感器为代表,声音测量系统也分为有源(主动)或无源(被动)两类,被动声音传感器是通过接收目标本身发射的声波来实现对目标位置、速度等的测量[4],而主动声音传感器则像雷达那样发射某种脉冲声音信号,通过接收被目标反射的声音信号来实现对目标位置、速度等的测量。

随着科学技术的发展,现代测控任务趋于多样化、立体化发展,目标环境越来越复杂,观测范围要求越来越广[5]。信息量的骤然增大,使得测控系统使用了多种类多平台的传感器,也使人们感到必须把各种各样的(多源、多形式)信息有效地进行组合协同处理,才能准确无误地进行决策控制,本书称之为协同测量问题。目前对多智能体的协同作用研究日益深入,将协同技术理论引入多传感测量系统的研究和应用中是一种新的大胆尝试,期望推动相关工程技术的应用发展。

运动目标的测量参数与环境越来越复杂多样,现有的运动目标测量技术和设备种类繁多,适用范围和性能指标差异较大,很多场合单一设备无法实现测量需求全覆盖,故亟须发展多站协同测量技术。

多站协同目标探测技术是今后测量系统发展的重要趋势。传统的单一测量由于观测视角单一,从而获取到的目标信息相对有限。此外,随着测量目标的多样化复杂化,单站测量在适应能力和抗干扰能力等方面也表现出明显的不足[6]。与单站测量相比,多站协同测量在目标检测及抗干扰能力等方面具备较大的潜力与优势,主要表现在以下几个方面:多站协同测量能够利用空间分集增益有效发现微弱目标;能够采用多体制部署、多测量方法以及信号级融合等技术,极大地提高测量系统的抗干扰性能。目前,多站协同目标检测已被国内外学者广泛关注并研究,但仍存在诸多问题亟待解决[7]。例如,多站协同测量如何实施信号级融合检测,如何解决时间与空间配准问题,如何进行协同抗干扰,等等。因此,多站协同探测具有重要的理论研究意义和工程应用价值。

1.2 运动目标多站协同测量系统简介

1.2.1 系统定义和功能

随着武器装备的发展,弹丸等运动目标的复杂度也不断提升,人们对运动目标测量技术的要求也越来越高。然而,受目前技术的限制,单测量系统在信息的获取、处理及控制等方面的能力相对有限,对不同的工作任务和工作环境,尤其是一些大型复杂的工作任务及环境,单测量系统的能力更显不足,因此有必要考虑立足于现有测量技术,结合控制、复杂系统科学、人工智能、组织行为学等领域的研究成果,通过采用多个测量站相互协调来弥补个体能力的不足,共同完成某项复杂任务[8]。多站测量系统具有单测量系统无法比拟的优越性,主要体现在空间上分布式,时间上并行,系统容错能力强,资源的高效利用,开发成本低等方面。

现有测量技术与多站协同相结合构成运动目标多站协同测量系统,其运动控制主要涉及运动学、动力学和协同学等方面。针对运动目标的测量技术一般有声测量、光测量、磁测量等,根据这些测量技术产生的测量设备一般有雷达探测、声呐探测、磁力探测、光学相机探测、激光探测、红外探测等探测设备。将这些测量技术与测量设备依托于多移动平台进行组网,通过数据链使各平台共享测量数据并协同控制,相互之间具有自主通信能力,能够快速共享数据,并利用时差、频差信息进行目标测量。由此,多种测量技术与测量设备融合在一个测量系统中,利用不同测量站的数据进行融合来提升系统探测性能。

多传感器协同探测,指的是为实现测量任务目标,选择探测信息(数据)可进行融合、性能可实现互补的两种或两种以上的传感器(主动或被动、同构或异构),使它们按最佳的时间序列、工作参数和工作方式对目标进行探测,提高对目标的截获概率,识别准确性,跟踪稳定性和连续性,以及态势和威胁估计的一种工作方式[9]。

多站协同测量系统目标探测理论是利用多移动测量站建立网络化协同探测系统,以实现有效探测运动目标。由于多站协同测量系统是一种新的测量方法,传统单一测量和探测算法不再适用。测量站是构成多站协同测量系统的基本元素,主要指不同空间位置、不同测量方法、不同功能和不同工作模式下的移动平台。协同测量系统按照测量站所搭载的测量设备不同可以分为不同的类型,例如,可以分为雷达测量站、光学相机测量站、声呐测量站、激光测量站、红外测量站等[10];根据移动平台的不同,可以分为陆基测量系统、舰载测量系统、机载测量系统等;根据多测量站的结构属性,可分为集中式系统、分布式系统、混合式系统等。然而,在协同测量系统的具体实现上,并不是以上述的某种类型单独工作,更多情况是根据测量任务需求,灵活调配不同属性的测量站,转换系统的工作模式,形成多站测量系统的协同工作,以获取目标丰富的信息,实现系统的有效探测[11]。

协同探测系统借助一定的通信手段将多种不同频段、工作模式相异、极化方式相异、工作体制相异的测量站和协同调控中心互联,由一个协同调控中心综合处理各个测量站探测的数据信息,并根据实时环境态势自适应地指挥部署系统资源[12],发挥各个站点的优势,从而以最小的代价完成广域范围内的探测、定位、跟踪和识别等任务。

1.2.2　系统测量原理

本书以基于车载平台的运动目标多站协同测量系统为例进行讲解。利用轮式智能车辆作为移动平台搭载运动目标测量设备与现有测量技术、人工智能、协同控制等领域相结合形成基于车载平台的运动目标多站协同测量系统。运动目标多站协同测量系统的结构图如图 1.1 所示。

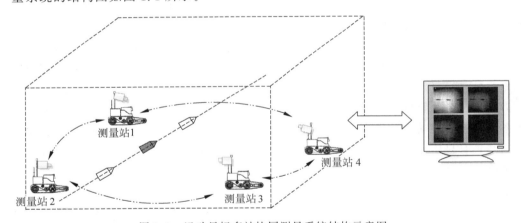

图 1.1　运动目标多站协同测量系统结构示意图

智能车辆接到测量任务后进行组网,通过战术数据链进行实时通信,共享信息,协同控制,根据环境自主规划路径到达测试区域,找到最佳测量点停放后打开各测量站上的测量设备进行标定。当运动目标经过测量区域时各测量站从多角度进行测量并将测得的多源数据传送到上位机进行融合,测量结果在上位机显示。

多站协同测量系统作为一种全新的测量技术,主要是利用多平台、多层次、多种测量传感器,借助于通信网络将控制中心和智能车辆搭载的各种测量传感器进行互联,把多种不同体制、不同频段、不同工作模式、不同极化方式的测量设备进行合理的优化布站,互动互联调配协同探测系统而形成的一个有机整体[13]。

系统内各节点和测量设备的信息(原始信号、点迹、航迹等)由控制中心收集,利用优选、互联、相关和滤波等方法对系统内不同测量节点的不同信息进行综合处理,实现不同层次(数据级/信号级/情报级)的网络化协同工作[14]。

地面的多传感器协同探测技术是一个十分基础且重要的研究,以多测量站的协同探测技术问题为研究对象,根据对传感器采集数据的处理方式不同,协同探测工作架构可以分为集中式架构和分布式架构两类。协同探测集中式架构只有一个管理中心,是协同测量网络的决策中心,其余的测量站都在这个管理中心的指挥下进行工作。管理中心将接收各测量站发送的信息,并根据探测任务的特点发出工作指令给各测量站,测量网络中的各测量站将根据工作指令改变自身的参数来进行对目标区域环境中目标的协同探测工作[15]。协同探测集中式架构适合部署在信息采集量较少的目标区域环境中,因为如果在目标区域环境中目标较多,任务复杂,管理中心需要同时协调各传感器的工作参数,则管理中心的计算量将极为庞大繁重,这就降低了测量网络的工作效率。但由于网络中的信息和工作指令由管理中心统一管理,因此在协同探测集中式架构中,各测量站的任务分配、参数设置将会更加合理有效。分布式架构可以部署在复杂的目标区域环境中。在分布式架构中管理功能可以在不同的位置实现,各处理器不再像协同探测集中式架构那样将测量网络中的信息和工作指令由管理中心统一管理,而是由不同的处理器对收集到的数据进行分布处理,可以使通信负载降到最小。

多站协同探测系统可根据任务要求进行模式转换,合理分配系统资源,进行全局监测和重点关注;可根据环境态势,灵活调配系统中各测量节点,发挥各个测量节点的优势,使测量站实时离开和加入网络,形成不同环境、任务要求条件下的最优测量网络,更好地满足全部监视区域的探测、定位和跟踪等需求[16]。

基于车载平台的多站协同测量系统作为一种结合了测量系统和多站协同控制的综合性系统,主要有以下几个优势:

(1)提高了系统的抗干扰能力。通过将不同测量方法和测量设备组成网络化系统,因测量方式、频率、波形、极化方式等各异,提高了容错率,削弱了干扰效果,增强了抗干扰能力。

(2)增强了测量系统的环境适应能力。多个测量站相互配合,协同作用,即使在复杂环境下当某些测量设备发生故障或者受到干扰时,总有一部分节点能够探测目标,提供目标信息,保证系统不受干扰,继续工作、减少系统故障。

(3)扩展了探测区域的覆盖范围。通过系统内测量站的优化布局,可以从不同角度探测目标,一些测量站可以探测到其他站无法探测的区域,进而提高了覆盖范围;此外,在多个测量站共同覆盖的区域,目标的探测概率获得了极大的改善。

(4)改善了探测性能。将不同测量设备的信息进行有效融合,充分利用多源信息,减小了目标的不确定性,提高了系统的探测概率和跟踪效果。

1.2.3　系统发展动态

随着科学技术的高速发展,被测运动目标的特性也在发生变化,其中以目标运动速度快、背景复杂、同时伴随多种干扰、目标隐蔽等为突出特征，因此，在复杂背景下的微弱信号检测是一个难点，也是热点，同时，对相关测量设备的研制也提出了更高的要求。例如：要求测量不仅具有高精度、远距离，而且要实时性、全天候、可视化等，由此出现了由雷达、声呐、红外、可见光等传感器配合使用的新型测量设备[17]。这些测量设备搭载在智能车辆、无人机、无人船等智能移动平台上，从而在运动目标测量范畴内使多站协同测量技术得到了深入研究和发展。多基地雷达协同测量系统是运动目标多站协同测量系统的一种，由于它具有典型性，所以选择多基地雷达协同测量作为新型测量设备的代表。从协同探测角度出发，针对多基地雷达协同测量、多无人机协同探测、多无人车协同探测与多机器人协同探测等 4 个方面，分别介绍当前多站协同测量系统的发展动态。

1. 多基地雷达协同测量

多基地雷达系统在广义上的定义由俄罗斯科学院院士 Chernyak 提出：多基地雷达是一个综合性的雷达系统，它通常由多个在空间上分散布置的发射、接收设备组成，所有传感器的观测信息能够传输到信号融合中心进行融合和联合处理。每一对发射与接收设备构成一个空间分集通道[2]。从这个定义可以看出，多基地雷达具备两个显著的特征：空间布站相对分散以及对接收的目标信息能够联合处理。这些独特的性质决定了多基地雷达在目标检测方面的优越性。

20 世纪五六十年代，双（多）基地雷达的研究再次兴起。科研人员预先开展了目标双基雷达散射截面积（Radar Cross Section，RCS）的理论研究并进行了相应的实验测量验证，杂波双基 RCS 特性也随之被研究，为双基地雷达的后续发展奠定了理论和实验基础。这一时期的主要发展是双基地雷达体制的半主动式寻的导弹。导弹上的轻量型接收机用于接收地面雷达照射到目标上的散射信号，以进行精确制导。此外，多基地雷达的研究在这一时期也得到了惊人的发展。这是由于多基地雷达能够有效提高对导弹和卫星的检测、定位以及跟踪性能。1951—1958 年，美国军方开展了代号为 Plato 的反弹道导弹系统研究。这个导弹防御系统为多基地雷达体制，它能够联合处理各雷达子站检测到的目标距离和多普勒信息，以估计出目标的最终状态[16]。20 世纪七八十年代，雷达电子战的发展如火如荼。隐身技术、反辐射导弹、电子干扰以及超低空突防成为现役单基地雷达面临的"四大威胁"。这些威胁的出现进一步促进了双（多）基地雷达的发展。反辐射导弹是利用敌方雷达的电磁辐射进行导引，以摧毁敌方雷达设施的一类导弹。有效对抗反辐射导弹的一个手段是将发射机从战场区域移到安全地带，例如敌后区域或者星载平台，接收机只作隐蔽的静默接收，这样能够大大降低反辐射导弹对雷达的攻击。另一类威胁是主波束直接对准雷达接收机照射的高功率干扰机。有效对抗这类干扰机的一个策略是将天线收、发分置，选取合理的双基夹角，使接收基站部署在干扰机的主波束之外[18]。1977 年，美国国防部高级研究计划局（Defense Advanced Research Projects Agency，DARPA）开展了代号为 Sanctuary 的双基地雷达防空系统研制。该防空系统主要由机载发射机和地面接收机两部分构成。机载发射机对空间监视区域发射宽波束,地面接收机以窄波束相扫方式发现并跟踪空中目标。1980—1987年,英国同样开展了一系列针对双基地雷达的研究,主要包括双基地空中管制雷达系统、自适应双基地雷达系统。这些场地试验结果表明,双(多)基地雷达在反隐身、反摧毁、反干扰以及反侦察方面具备较为优越的性能。

20世纪50年代,美国的研究机构将多站测量技术引入了声呐领域,但其性能被认为逊于单基地声呐。70年代初,美国雷声公司的双站试验验证了双站声呐系统对目标定位的可行性,发现了其巨大的发展潜力[19]。21世纪初,得益于支撑技术的飞速发展,信号融合探测理论受到了广泛的研究,基于无损信息的多站雷达目标探测成为理论热点。这个研究是由多输入/多输出雷达引入的,分布式雷达普遍采用信号级融合检测算法,早期信号融合注重理论分析,后期信号融合探测注重工程应用。点迹、航迹、甚至信号级融合探测技术均成为实际多站雷达组网系统的选项,给雷达组网系统的整体性能提升打下了良好的理论基础[20]。当前,信号融合研究侧重于最优化融合后的探测能力,对于多站雷达的发射端并没有约束。实际上,多站雷达的覆盖能力本质上还是由雷达信号的功率覆盖情况决定的,但是相关研究仍然较少。多个雷达站具有更多资源,包括时间资源、空间资源、能量资源、频率资源等,基于现有的多站雷达协同最优处理算法,对多站雷达的资源进行协同规划成为提升雷达系统性能的关键[21]。之后,美国与韩国在多站声呐测量方面取得了一定成就。2005年,美、荷、德、意、英等国家为增强国家间的合作以推动多站测量技术发展,组建了多站测量工作组(Multistatic Tracking Working Group,MSTWG)。

20世纪70年代起,国内外学者已经开始关注分布式检测这一研究领域及其在军事监视系统上的应用[22]。将广泛应用在单基地雷达中的"N取M"检测器推广到多基地雷达场景,并推导了多站二项检测器的检验统计量,开创性地研究了贝叶斯准则条件下分布式检测问题,根据传感器量测数据的似然比检验给出了各局部检测器的最优判决准则。国外学者在局部最优判决基础上,研究了贝叶斯意义下的全局最优融合准则。推导结果表明,全局最优检验统计量是局部最优判决的加权叠加。

20世纪90年代,法国国防部军备总局开展了综合脉冲孔径雷达(Synthetic Impulse and Antenna Radar,SIAR)的研究。该新体制雷达系统由两个大型同心圆稀疏阵列构成,工作在米波频段[23]。外环各发射阵元利用频率编码技术发射相互正交的波形,内环各接收阵元经由一系列匹配通道进行信号的相干解调,并进行多普勒滤波、空时波束形成以及目标提取等处理。相比先前的双(多)基地雷达系统,SIAR能够同时多波束全空域覆盖搜索监视,完成大时宽带宽信号①的脉冲综合,从而提高雷达系统的检测性能和定位精度。21世纪初期,多输入/多输出(Multiple Input Multiple Output,MIMO)雷达被学术界广泛关注并研究,更进一步地推动了双(多)

---

① 远程雷达发现远距离目标需要一种大时宽带宽信号保证有足够的回波能量。

基地雷达的发展。这个概念最初是由 MIMO 通信领域研究引进雷达系统的，它表示发射端和接收端都具备多根天线的一类探测系统。通常情况下，MIMO 雷达系统可划分为两类：一类是收发天线共置 MIMO 雷达。这类 MIMO 雷达的发射天线端通常部署互不相关或部分相关的编码信号，从而与传统的相控阵雷达（Phased Array Radar，PAR）相比能够获得一定的波形分集增益。另一类是收发天线分置 MIMO 雷达。这类 MIMO 雷达的收发天线往往在空间上相对分散布置，因此能够利用目标 RCS 的起伏特性获得一定的空间分集增益。当协同探测系统工作在分布节点模式时，其工作状态和信号处理方法类似于分布式 MIMO 雷达，因此，可以借鉴分布式 MIMO 雷达目标定位的思想。对于分布式 MIMO 雷达，通常有两种类型的定位算法：传统数据级定位算法和信号级定位算法。传统数据级定位算法通常由两步组成，先估计得到目标的一两个参数，然后利用第一步获得的参数求解定位方程；而信号级定位算法直接利用接收到的回波信号进行目标定位。

传统的数据级定位算法，如到达时间（TOA）定位、到达角度（AOA）定位、到达时差（TDOA）定位等方法，需要在定位前先估计到达时间、到达角度或到达时差等信息，然后根据这些信息建立参数方程，通过最小二乘法、加权最小二乘法等算法求解参数方程，估计得到目标的位置[24]。这种方法运算复杂度低，且有解析解，但是当目标处于低信噪比环境下或者某个雷达节点受到干扰测量数据存在严重误差时，将对定位精度造成灾难性影响，严重的会致使系统直接崩溃。相比传统的数据级定位算法，信号级定位算法直接利用回波信号通过最大似然或者最小二乘估计对目标进行定位，不经过门限处理，最大限度地保留目标信息，因此，具有定位精度高、可定位微弱目标等优势[25]。近年来，国内外研究学者对基于信号级融合的目标定位技术进行了广泛研究。

目标检测领域的动态跟踪算法包括以下几种。①基于空域滤波的自适应跟踪方法。这类方法通过对信号进行空域分离，利用最小方差（LMS）算法或递推最小二乘（RLS）算法实现不间断的最佳调节，对信号进行自适应跟踪。这种方法思路简单、实现简单易行，缺点是由于不同分布的噪声环境会影响其收敛特性，因此算法的收敛速度较慢。②子空间类跟踪算法。由于信号和噪声彼此独立，并且由它们构成的子空间相互正交，因此无须多次分解协方差矩阵，例如直接估计特征值向量或者将特征子空间的确定转化为最优化求解问题等[26]。因此，采用子空间类跟踪算法运算复杂度低，系统响应时间短，但是在复杂背景下，跟踪精度差。③基于状态滤波的 DOA 跟踪方法。常用的状态滤波方法有卡尔曼滤波、扩展卡尔曼滤波（EKF）、粒子滤波（PF）算法等。这些滤波算法根据目标的物理运动特性对目标状态进行滤波，不久前才被引入 DOA 跟踪算法中[27]。状态滤波利用多次快拍信息，基于信号参数进行最大后验概率估计。这类方法原理简单，且可以利用更多的目标信息，在信噪比低、目标夹角小时，能够获得良好的性能。

我国的多站测量研究工作始于 20 世纪 80 年代，被列为中国国家自然科学基金信息科学学部鼓励研究项目,资助力度逐年加大,许多大学及科研院所都建立了专业性实验室,在此方向进行深入的探索[28]。纵观国内多站协同研究状况,虽然起步较晚,但是也取得不少耀眼的成就。在国内,最先发展起来的是固定多站测量系统,如中国电子科技集团公司研制的多站探测雷达系统。此外,哈尔滨工程大学、西北工业大学、中船重工第七一五研究所等院校和研究机构,就双/多站测量、定位、测向精度、目标特性、海洋混响等问题进行了研究。

随着多站协同思想的提出与不断发展,基于数据链的运动多站协同测量系统逐渐成为重要的研究方向。该系统通过数据链实现多站(测量站类型可相同,也可不同)组网,共享探测数据,对目标进行快速高精度协同测量,可有效提高探测性能。

2. 多无人机协同探测

自从无人机(Unmanned Aerial Vehicle,UAV)在 1991 年的海湾战争中得到成功运用以来,已有 30 多个国家投入大量的人力和财力从事 UAV 的研究和生产[29]。经过几十年的发展,UAV 技术已相对成熟,并在各个领域中发挥了其独特的作用。尽管如此,单架 UAV 执行任务时仍存在相应的问题,如执行侦察任务时,单架 UAV 可能会受到传感器的角度限制,不能从多个不同方位对目标区域进行观测,当面临大范围搜索任务时,不能有效地覆盖整个侦察区域;而如果执行攻击任务,单架 UAV 在作战范围、杀伤半径、摧毁能力以及攻击精度等方面同样受到限制,会影响整个作战任务的成功率;另外,一旦单架 UAV 中途出现故障,必须立即中断任务返回,在战争中有可能贻误战机而破坏整个作战计划。针对以上问题,多年来人们通过分析生物群体的社会性现象解决目前所关注的问题,目的是尽可能地发挥单架 UAV 的作用,实现多 UAV 协同编队飞行的控制、决策和管理,从而提高 UAV 完成任务的效率,拓宽 UAV 使用范围,达到安全、高可靠性地执行空中加油、空中监视、侦察和作战等多种任务的目的[30]。

20 世纪 70 年代,物理学家哈肯创立了协同理论,该理论指出,如果一个系统内部的各子系统能够相互协调配合,就可以产生"1+1>2"的协同效应。因此,协同技术作为一个新兴的研究方向受到了诸多研究者的关注,通过协同技术利用多无人机传感器之间的信息交互,可以实现多无人机的信息协同,从而提高测量的精度,弥补了传感器的误差[31],并且对可能出现的故障进行识别、隔离和恢复,保障多无人机的任务执行力。目前,协同测量技术发展迅速,已经被广泛应用于军事领域,例如各军种的联合作战、蜂群作战。同时,该技术也在向民用化发展,例如无人机群的协同灯光表演、无人机快递递送业务[32]。

无人平台协同控制技术是随着军事需求的增长而发展起来的,这种需求也在变得越来越急切、突出。例如在无人机应用方面,为了应对日益复杂的军事作战任务,无人机需要充分考虑战场上的其他因素[33]。由于作战双方存在对抗性强,战场条件、战场环境以及作战任务等因素变化快等特点,无人机也需要在执行任务的过程中不断变化,这将给多无人机的协同控制带来新的挑战,具体体现在以下几个方面。

①通信链路。作战战场的环境瞬息万变,现代战争的战场空间不再是传统意义上的陆、海、空,更包括天、电磁、网络等,而保持可靠的多无人机协同控制的关键是多无人机之间的通信,庞大的数据信息量需要在极短的时间内完成传输,加上现代战争的电磁、网络干扰,对多无人机之间的通信提出了更高的要求[34]。能否保证通信链路的畅通是多无人机协同控制的关键。②时效性。在军事斗争中,时效对于战场环境起着决定性作用。当军事任务、内部环境、作战条件等因素发生变化时,多无人机需要在有限的时间内做出反应,如改变原有航迹、飞行高度、编队结构、飞行速度等。与单架无人机或者有人机不同,多无人机协同控制不仅要考虑单架飞机的控制,还要把多无人机作为一个整体来考虑,对于多无人机协同控制来说,如果能够抓住、抓好时效性这个要素,就能够大大提高无人机的生存概率和任务执行的成功概率。③计算复杂。当前无人机需要执行的任务越来越复杂,无人机的控制对实时性也提出了更高的要求,多无人机协同控制涉及的技术包括协同控制、信息融合、传感器测量等先进技术。即使是多架同类型的无人机在执行同一任务时(如多架无人机执行打击任务、多架无人机执行侦察任务等),计算量已经相当庞大[35];若是不同类型的多架无人机在遂行一次任务时(部分无人机执行侦察任务、部分无人机执行打击任务、部分无人机执行毁伤评估任务等),多无人机协同控制的计算量将呈指数级增长,这将是更大的挑战。④环境复杂:未来的无人机面临的战场环境比现在更加恶劣,变化更加快,这是世界的发展所决定的[36]。环境的变化本来就变幻莫测,而且将来还要加入人为改变的一些环境,对环境的任何疏忽都可能招致灾难性的后果。为了应对这些情况,多无人机协同控制需要能够快速地对这些复杂环境做出反应,这也将是一大挑战。

通信链路、时效性、计算复杂、环境复杂等各种因素交织在一起,或许又将衍生出新的挑战、新的问题,为了能够让多无人机这种作战方式和手段得以生存和重视,多无人机协同控制技术就必须克服这些挑战[37]。现阶段进行的多无人机的协同控制研究主要针对静态环境或者变化非常小的微变化动态环境,而未来战场是一个高度复杂、动态变化相当大的环境,无人机所要执行的任务也会随着战场的变化而变化,预先制定的作战方案、作战任务很可能由于各种突发情况(作战目标的变更、战场中突然出现的未知威胁、无人机的数量不够)而无法继续执行。因此,无人机必须具备能够随时根据战场环境、战斗任务的变化快速做出应急反应的能力,针对该情况进行多无人机的协同控制将是研究重点之一。

为了快速有效地检测时间敏感目标,美军十分重视运动多站测量系统的研究。公开报道的典型系统包括:F-22 战机编队组网定位系统、精确定位与打击系统(Precise Location and Strike System,PLSS)、先进战术目标瞄准技术(Advanced Tactical Targeting Technology,AT)及网络中心瞄准系统(Network-Centric Collaborative Targeting,NCCT)等[38]。PLSS 使用多架侦察机远距离探测目标,将观测信息传回地面站,由地面站进行数据融合及定位解算,并进一步引导火力打击。

PLSS具有主动及被动两种模式,主动模式下,使用侧视雷达进行目标探测;被动模式下,战斗机编队协同组网是F-22机载电子设备最主要的工作方式之一,使用多站协同定位技术,对辐射源进行准确定位。NCCT是美军开发的一种开放式网络中心作战设施和软件系统。该系统采用自动相关处理技术,使多个平台之间快速完成协同目标检测和识别,能够在几秒内收集并融合数据,识别跟踪并定位目标[39]。在多站协同探测研究领域,美国的设计研发处于领先地位,但其他国家也有代表性装备,常见的主要是地基固定多站协同探测系统。例如,捷克ERA公司研制的电子情报探测系统"维拉-E"。该系统由一个中心站及2个或3个辅站构成,利用时差信息对脉冲辐射源进行探测。再如,乌克兰研制的多站监视系统,该系统由3个或4个间距为几十千米的地面观测站构成,综合运用测角交叉及时差定位技术对辐射源进行探测跟踪[40]。

目前,我国在智能化无人系统方面进行了大量研究工作。2018年3月,中央电视台首次公布了无人行动系统的实验室[41]。同年5月,中国电子科技集团公司有200架固定翼编程的无人机进行飞行,虽然目前仍停留在编程飞行过程中,但是成功实现了小型窄翼、折叠翼无人机双机低空的投放和模态转换的试验[42]。我国在人工智能2.0的研究规划中,将自主式智能无人系统作为人工智能发展的一个重要内容,其中,人工智能2.0的八大基础理论研究之一,就有智能无人系统自主协同控制优化与决策的方法;自主无人系统的智能技术成为八大关键技术之一[43];同时,自主智能无人系统支撑的平台成为五大基础支撑平台之一。我国智能化无人系统关键技术的发展路线图,描绘了各个相关的技术领域在每个阶段的发展水平,分别按照智能无人系统、智能自主控制等6个等级进行划分[44]。

多机协同技术应用平台相当广泛,包括水下无人器、无人机、卫星以及陆地机器人等。除此之外,基于信息协同而实现的多无人机编队利用多无人机之间空间相对位置的变换,提高无人机的应用范围、工作效率和扩展无人机的功能[45]。例如,实现自主空中加油,在僚机的尾迹涡中的高效率飞行以及提高多无人机的隐蔽性。现有的传感器大多依赖于GPS的辅助,战争环境时变性、动态性、随机性极有可能导致GPS信号不可用或者不可靠。协同导航通过多传感器的信息协同,提高定位准确性与可靠性。正是由于协同导航的诸多优势,获得了研究者的广泛关注。

美国国防部高级研究计划局十分重视协同技术的发展,于2015年提出在拒止环境中协同作战(Collaborative Operations in Denied Environment,CODE)项目,旨在使多无人飞行器在磁屏蔽环境下通过信息协同动态地、远程地对移动的目标进行精确打击[46]。CODE工程专注于无人机协同作战的能力,这些无人机会不断地估计自己的位置环境给决策者,使决策者获得全面的信息。西班牙塞维利亚大学机器人视觉控制小组一直致力于移动机器人和传感器网络的研究,过去10年内研究了利用传感器和多机器人的协同合作,这种不借助于外部传感器的定位方法具有较强的鲁棒性,是研究者最近关注的热点[47]。

我国协同探测技术起步较晚,中国空气动力研究与发展中心针对无人机协同覆盖路径规划、多无人机协同轨迹规划算法进行了深入的研究。南开大学计算机工程学院通过研究无人机的物理特性获得了大量的成果,提升了无人机的并行性和容错能力[48],并且设计了多无人机系统规划的最优控制模型。由此可见,国内外学者对多无人机协同控制的重要性已有了充分的认识。

3. 多无人车协同探测

早在 20 世纪 30 年代美国发明了第一款地面无人爆破车辆,之后,地面无人系统呈现一个螺旋式的发展趋势。截至 2010 年 9 月,美军在伊拉克和阿富汗战场上投入了大量的地面无人作战平台,完成了多项作战任务[49]。整个战争过程中,暴露出的协同问题主要有三个:指挥无序、故障频发、控制不利。之所以存在这些问题,是由于多运动体与运动平台之间缺乏协同控制和优化的有效机制。有人/无人间的有效协同,将成为未来地面战争主要的模式。截至 2013 年,美国已经完成开放式架构体系的开发。美国的有人、无人系统的协同,前期经历了从有人到无人的遥控、有人无人协同阶段,目前正处于开展全自主协同的研究阶段。2017 年 3 月美国的相关部门启动终身学习机器项目,以推动人工智能在实际行动中的应用;2017 年 6 月,美国在"真北"的神经元系统上研究开发类脑超算系统[50]。

自 20 世纪 80 年代起,美国军方率先启动了无人地面车辆(UGV)的研究,代表性成果包括马里兰大学等研制的 ALV(autonomous land vehicle)侦察越野车和卡内基梅隆大学(CMU)研制的 Navlab 系列自主驾驶车。在国防部高级研究计划局的推动下,地面智能机器人的本体技术和环境感知、导航规划等智能控制技术日趋成熟,一系列不同重量级别的 UGV 开始转入应用[51]。随着任务需求的不断复杂化和多样化,依靠单 UGV 性能指标的提升已经无法满足任务要求,于是研究人员将多个 UGV 有机整合,形成 UGV 群体。在美国的 DEMO Ⅱ 和 DEMO Ⅲ 计划中均对多个 UGV 的合作任务进行了实验演示。华盛顿大学 SRI 实验室致力于大规模机器人团队的相应组织架构、系统任务分配策略的研究等;南加州大学 CRES 实验室主要进行多机器人行为交互、人机交互、多机器人合作学习的研究等;佐治亚理工学院的 GTMRL 实验室主要研究机器人间的感知合作与群体行为多样性等技术;CMU 的 RIM 实验室重点研究对抗环境与不确定环境下的无人车群协调规划、学习等;田纳西大学的 DIL 实验室侧重异构无人车团队的构建、分布式移动控制与自适应学习等研究;日本 Nagoya 大学机器人研究组的研究主要面向具有学习和自适应性的分布式自重构机器人展开[52]。国内对多 UGV 协同的研究主要面向智能制造系统和自主移动平台协作等。近年来,中国科学院自动化所、上海交通大学、哈尔滨工业大学、国防科技大学、东南大学、东北大学、南京理工大学等单位已先后开发出各种形式的多无人车系统。

以美国为首的西方国家在协同技术的发展上起步较早,拥有较多的研究成果。

很多研究成果已经通过了测试并转入实用阶段[53]。早在20世纪80年代,美国就研发了联合战术信息分布系统(Joint Tactical Information Distribution System, JTIDS),在1991年海湾战争中,美军全面采用该系统进行作战,通过数据链使战术战位之间进行数据交流,实现了海陆空作战一体化。

当前的无人平台系统自主能力较低,其使用依赖于高度频繁的人机交互。然而,随着多无人平台协同执行的任务和环境越来越复杂,通过人进行决策控制已经越来越不可能了,为此,需要在无人车任务决策和控制回路中剔除人的存在,同时也减少任务决策回路时间。本书所讨论的多无人车平台协同系统中都不包含人[54]。根据决策是集中式还是分布式,多无人车平台协同系统分为集中式控制系统和分布式控制系统。集中式控制系统所采用的协同方法主要包括基于地面控制站的协同方法和基于中心节点的协同方法。分布式控制系统所采用的协同方法主要包括基于无人平台自主控制的协同方法以及基于工作流的协同方法。目前国外已经有众多军事院校、大学、研究机构、科研单位对协同控制开展了大量的研究工作。其中以美军取得的研究成果最显著,大量与多无人平台有关的项目也都是从美军军事需求开始的,且许多项目都进行了相关试验[54]。从具体功能来看,多无人车平台协同控制技术可分为多无人车平台任务分配、多无人车平台路径规划、多无人车平台编队控制。

分布式目标检测(Distributed Target Detection)也是多站协同测量的一种。它可看成一个两步检测的过程。首先每个局部测量站点在本地处理自己的观测数据,然后再将局部的判决或检验统计量传输到信号融合中心进行融合和联合处理。这一过程通常伴随着目标信息的损失,因为局部测量站点在本地预先划取了一道判决门限进行目标检测,从而限制了多站发现微弱目标的能力[55]。优点是局部测量站点到信号融合中心不需要很大的传输带宽,因为绝大多数噪声已被本地门限滤除。

多传感器融合目标检测方法在多站目标检测中有着广泛的应用。与单一的传感器相比,多传感器融合检测的处理能力更强、监视区域范围更广,检测结果可靠性更高[55]。整体上讲,它大致经历了从分布式目标检测到集中式目标检测的发展历程。

协同探测是当前目标探测领域的研究热点,国内外很多学者在协同探测方面进行了大量研究。美国陆军研究实验室 Jessie Chev 采用李雅普诺夫向量场对多无人车协同对峙跟踪目标进行了较为深入的研究,使得无人车与目标保持一定的对峙距离,表现为无人车在目标周围环绕,形成对峙圆,同时多无人车之间保持一定的相位,另有其他学者采用非线性预测控制、摆动运动、路径成形、自适应滑模控制等技术研究协同探测[56]。另外与协同跟踪较为相关的研究是编队控制,编队控制采用的方法主要有领航-跟随者方法、基于行为的方法、虚拟结构法等。CEBOT 系统是由日本名古屋大学研发课题组开发完成的,被认为是世界上多机协同控制的首次尝试,并取得了很大的突破。CEBOT 系统是一种分散分层结构的多机系统,具有多变的构型以及自学习和自适应能力[57]。Collective Robotics 系统是由加拿大阿尔伯塔大学开发的,其主要思想是将昆虫社会模拟成多无人车系统,旨在将大量移动平台通过相互协调来完成指定的任务。具体的工作内容是在无人平台之间没有建立显式通信的情况下，如何利用分散式控制方式实现各移动平台间的协同控制[58]。目前该研究中心建立了机器人部队小模型和一套机器人足球比赛平台。宾夕法尼亚大学 GRASP 实验室研究了使用多传感器信息融合的方法来提升部署在都市环境中的无人机和无人车辆对环境的感知能力问题[59]。这个多机器人系统包括 5 辆地面无人车辆、2 台固定翼飞机和 1 个飞艇。新墨西哥大学机械工程系主要关注一组地面无人车辆和一组空中无人机之间的通信。地面无人车辆通过时不变原则进行通信，使用基于 TDMA 的通信协议同步速度，并通过开关协作控制的方法维持聚集和分离。地面无人车辆使用延时的信息判断队形的中心，并把判断的信息传送到空中无人机上，空中无人机小组围绕队形中心飞行的同时避免在半空中碰撞[60]。

哈尔滨工业大学多智能体与机器人研究中心从 1998 年开始重点研究分布式人工智能，主要研究方向是基于多智能系统理论的群机器人协调与竞争技术及移动感知网络的室内外机器人自主导航等。中国科学院沈阳自动化研究所在对机器人系统的理论研究和平台设计上均有很大的成果，开发了一个基于多智能体系统概念的多无人平台协作装配系统(Multi-Robot Cooperative Assembly System，MRCAS)。

综上所述，多无人车协同探测系统是国内外的前沿研究热点。由于协同探测系统的概念很新，在很多应用中都展现了巨大的潜力，越来越多的学者开展这方面的研究。但是还存在很多问题有待进一步解决和完善。

4. 多机器人协同探测

多机器人技术(multiple robotics)是机器人学发展的一个新方向。早在 20 世纪 70 年代，国外研究机构和各高校就已经开始对多机器人协作系统进行研究。例如，欧盟于 1997 年设立了专门用来研究多机器人的项目"MARTHA"。日本各大高校也一直在进行多机器人方面的研究[61]。目前多机器人系统已经成为机器人学的研究热点之一。多个机器人的使用比单机器人系统有许多优点，合作的机器人有比单个机器人更加有效地完成一些任务的潜能。此外，使用多个低成本的机器人会产生冗余，从而比一个强大而昂贵的机器人更能容忍错误。总的来说，多机器人系统有以下显著特性：①更广泛的任务领域；②容错；③鲁棒性；④更低的经济成本；⑤分布式的感知与作用；⑥内在的并行性[62]。因此，多机器人技术现在成为机器人学发展的一个主要方向：一方面，由于任务的复杂性，在单机器人难以完成任务时，可通过多机器人之间的合作来完成；另一方面，通过多机器人间的合作，可提高机器人系统在作业过程中的效率，进而当工作环境发生变化或机器人系统局部发生故障时，多机器人系统仍可通过本身具有的合作关系完成预定的任务[63]。

20 世纪 80 年代以来，多机器人协调作为一种新的机器人应用形式日益引起国内外学术界的关注：从 1986 年起，IEEE 机器人与自动化国际会议就将多机器人协调研究列为一个专题组。1989 年，国际杂志 *Robotics and Autonomous System* 推出了多机器人协调研究专辑；过去的十多年里，人们对多机器人协调控制中的协调和集中、负载分配、运动分解、避碰轨迹规划、操作柔性等问题进行了大量的研究[64]。经过 20 年的发展，多机器人系统的研究已在理论和实践方面取得很大进展，并建立了一些多机器人的仿真系统和实验系统[65]。近年来，国内的多机器人系统研究开始起步，而国外的研究则比较活跃，如欧盟设立专门进行多机器人系统研究的 MARTHA 课题"用于搬运的多自主机器人系统(multiple autonomous robots for transport and handling application)"，美国海军研究部和能源部也对多机器人系统的研究进行了资助。但从总体上来说，目前多机器人系统的研究还处于发展的初期阶段，离实用化还有一定的距离。

推动机器人技术发展的主要动力是机器人能减少或替代人们重复的或在危险环境工作中的劳动。随着机器人技术由单个机器人向多机器人系统的发展，机器人的应用范围也越来越广泛。其应用领域主要是一些适合群体作业的场合或工作，如机器人生产线、柔性加工工厂、海洋勘探、星球探索、核电站、消防、无人作战飞机群、无人作战坦克群等[66]。在工业应用中，多机器人系统的柔性会极大地加快企业的生产与运转速度，实现柔性加工；在国防领域，它可以实现无人飞机或无人坦克代替军队作战，最大限度地减少人员的伤亡。可以预见，多机器人系统的应用将会对社会带来巨大的变革，能极大地提高人们的生活质量，以及工农业与国防建设的现代化程度[67]。

20 世纪 80 年代后期，部分研究人员开始研究由多个机器人所构成的系统中的问题。此前，人们研究的要么是单个机器人系统，要么是不涉及机器人的分布式问题求解系统。而在此之后，该领域得到了快速发展，研究更加广泛深入。多机器人系统体系结构是多机器人研究的基本问题之一，目前国内外都进行了很多的研究。从目前的研究成果看，多机器人协作的过程就是各个机器人通过对资源和目标的合理安排，通过与其他机器人的协作协调调整自己的行为，以求最大可能完成目标的一个过程[68]。

多机器人协作系统并不是单个机器人的简单组合，而是一个有机的系统。系统中的每个机器人不仅仅是独立的个体，更是系统中的一个成员，与系统中的其他成员有着不可分割的关系。多机器人体系结构不仅解决了机器人相互之间的任务规划、分配、决策，而且决定了机器人相互之间的通信、协调，它规定了机器人在作业中所承担的任务和扮演的角色。一般而言，多机器人系统可分为集中式系统、分布式系统和混合式系统三种。

常规控制算法包括经典的反馈(闭环)控制律，分散式系统控制理论，以及李雅普诺夫设计法等。美国宾夕法尼亚大学 GRASP(General Robotics and Active Sensory Perception)实验室研究了用于控制机器人群以特定队形共同运动的反馈控制律，描述了一类配备距离传感器的非完整移动机器人群闭环控制框架[69]。在此框架内建立了一种实用的基于视觉的编队控制系统结构，可以使用简单的控制器和状态估计器构造复杂的系统，在实验室环境中取得了成功的应用。有人运用分散控制理论，研究了多个无人车(移动机器人)的协同控制问题,从理论上分析了系统的输入/输出可达性、结构可观性和可控性[70]。国外学者为解决多机器人群控制稳定性,在代数图论的基础上提出了 LFS(Leader-to-Formation Stability)理论概念。此理论概念植根于 ISS(Input-to-State Stability)稳定性分析,以及 ISS 理论中级联形式下的不变性特性。LFS 理论对有 leader 的编队运动中的信号传播与误差扩大进行了量化,建立了编队中 leader 的运动误差与其他成员运动误差之间的非线性增益估计方法。通过 LFS 理论,可以刻画出编队中 leader 的运动控制输入和扰动对整个群系统运动稳定性的影响,以及对某个特定的子群进行稳定性分析[71]。源于常规控制的控制器具有控制快速、准确、可预测、可定量分析的优点,但在复杂且(或)非结构化的环境中,常规控制算法可能无法处理某些带有不确定项的数学模型,因而不能产生所要求的协调行为。

在多机器人系统的发展历程中,分布式的人工智能起了很大的促进作用。它是人工智能领域的一个重要分支,主要集中于逻辑或物理上分散系统的研究。分布式的人工智能由两个主要的研究领域组成:分布式的问题解决(DPS)与多智能体(MAS)[72]。DPS 理论研究如何将特定问题分解并实现该问题在多个协作的个体之间的求解,包括问题分解、子问题的解决和子结果综合三方面的研究内容[73],其中,在任务分配中被广泛采用的合同网协议已经应用于研究多机器人的项目 ACTRESS和 GOFER。MAS 理论的核心是把整个系统分成若干智能、自治的子系统,它们在物理和地理上分散,可独立地执行任务,同时又可通过通信交换信息,相互协调,从而完成整体任务,这无疑对完成大规模和复杂的任务是富有吸引力的,能够满足多机器人系统适应复杂环境的需求。美国斯坦福研究所 Cheyer 等人提出了开放式智能体结构(Open Agent Architecture,OAA),利用移动机器人所具备的自主特性(自主导航与避障),把每个自主移动机器人作为一个物理 agent,环境中参与机器人协作与控制的其他智能设备和操作者也作为 agent,这样机器人群与周围环境中的智能设备和人就共同构建了一个多智能体系统。

作为机器人技术发展的一个新分支,美国和日本在这一方面的研究最具代表性。1994 年,通过对由若干相对独立机器人组成的分布式控制系统的研究,美国学者提出了 SWARM 多机器人系统[74]。其主要思想是:由许多个自治的单机器人组成分布式机器人系统,当它们组成系统时,是会具有团体协作的智能的。此外,美国南加州大学通过机器人自身携带的不同传感器实现了对大规模数量机器人的行为进行研究的 The Nerd Herd 系统,以及从调度组合理论、资源优化配置和任务规划等角度对多机器人任务分配进行研究的 MURDOCH 系统,都是多机器人技术研究的代表性成果。近几十年来,多机器人技术在军事领域的应用正发挥着越来越重要的作用,最具代表性的就是无人机群体作战的研究,所以,近年来涌现出许多无人机协同作战的研究课题,其中最具代表的研究成果有:美国国防部高级研究计划局的 MICA 工程、美国南加州大学面向资源优化分配的 Marbles 工程以及美国科内尔大学基于多机器人分层控制的 RoboFlag 工程、欧洲的关于针对个体差异的无人机群实时协调控制的 COMETS 工程等[75]。这些研究对于无人机整体协同、提高作战效果、提高多平台间协调能力具有重要的指导意义。

早在 1989 年,日本东京大学提出了 ACTRESS 多机器人系统,在研究中该系统被认为是由多个能够根据自身任务去重新认识周围工作环境,从而调整自身工作状态,并与其他成员进行信息交流的。这种思想对后来的研究具有很大的启发意义[76]。1990 年,日本 Nagoya 大学在对分布式机器人系统的研究中提出了 CEBOT 系统,他们认为每个机器人作为系统中独立的自主单元,可以根据任务和环境进行功能重组从而实现群体智能协同。此外,在国际上具有代表性的多机器人协作系统还有:具有容错能力,成员机器人可以动态地加入或退出协作任务的 ALLIANCE 系统;适用于在港口、机场和码头等场合进行货物运输的较大规模的多机器人 MARTHA 系统;在室内环境下,大规模数量机器人通过信息交互实现无碰撞、运动规划和任务规划的 GOFER 系统等[77]。

在国内,多机器人技术的研究起步较晚,但是到目前为止也取得了一些有价值的研究成果。中国科学院沈阳自动化研究所以大型桁架的装配为研究背景,建立了一个多机器人协作装配系统 MRCAS[78]。此系统通过 3 台工业机器人、1 台全向移动小车和 1 台进行组织协调的计算机实现了桁架的自动装配。上海交通大学自动化研究所提出了面向复杂任务的多机器人分布式系统,建立了进行多机器人技术研究的平台,该成果直接面向实际的应用。哈尔滨工程大学提出了水下多机器人通信编队系统[79]。此外,南京理工大学、西北工业大学、中南大学都在多机器人技术方面展开了较为深入的研究。

工业革命在大力推进制造工业发展的同时,也极大地推动了机器人技术由科学研究走向工业制造。如今,工业机器人已经成为一类理论相当完备、技术相当完善的机器人,反过来也极大地推动了制造工业的发展[80]。近些年,机器人种类不断创新,飞行机器人、水下机器人、爬壁机器人、空间机器人等新兴机器人技术不断涌现,并且都在向智能化方向发展。随着机器人智能化研究的深入,视觉传感器研究开始成为热点,各种服务机器人开始出现。随着互联网网络技术的发展,一些相关新兴机器人,如云机器人、物联网机器人等,逐步进入人们的视野[81]。在多移动机器人领域,研究的问题相对于单个移动机器人较为复杂,除了传统的定位、避障、路径规划等问题之外,还要考虑机器人之间的相互协同和通信。于是就衍生出了协同定位、协同路径规划、协同通信等问题。这些问题中都隐含着协同机制问题,协同机制在一定程度上决定了协同工作的效率,于是对协同机制的研究也同样十分重要。由于机器人实际运行的环境和所要解决的问题不同,协同机制的设计也有不同的侧重点。

在机器人协同技术的发展道路上,空军工程大学以及北京航空航天大学等为代表的高校成为了这一学科的研究先驱[82]。上海交通大学以多台美国 ActiveMedia 公司的 Pioneer 2 型智能机器人为硬件平台,对队形控制、垃圾收集等任务开展了研究。中国科学院自动化研究所在多机器人协同系统的体系结构、数据融合及处理、运动控制策略、协调协作机制、学习机制等方面取得了一些成果,开发完成了多移动机器人仿真软件 ColonySim,并开展了多微小型仿生机器鱼群体协作问题的研究。此外,清华大学、哈尔滨工业大学、中国科学技术大学、东北大学等院校也开展了许多有效的研究工作并取得了一定的成果。西南电子电信技术研究所、中航 8511 所、中电 29 所、清华大学、电子科技大学、南京理工大学、东南大学和哈尔滨工业大学等多所大学及科研机构都开展了多站测量方面的研究,研究成果丰富。国防科学技术大学开展了多机定位方面的研究。无人系统由单个无人平台或多个无人平台构成,能够自主或通过远程操控完成指定任务,该系统高度融合机械化、信息化和智能化平台形成智能无人系统。多机器人、多运动体以及多系统之间的协同操作将分布式的多无人平台连接起来,形成一个基于网络空间有机联系的复杂系统。这个复杂系统能够实现时间、空间、模式和任务等多维度的有效协同,最终形成对目标的探测、跟踪、识别、智能决策和行为及评估的完整的链条,我们称之为多系统协调能力。

对于进行未知环境探索的机器人,由于环境未知,需要采集大量数据进行综合分析,也就是数据融合技术。同时融合大量数据会带来很大的通信量,于是能够减少数据量和通信量的局部数据融合技术炙手可热。此外,还要求机器人能够在整体向某方向运动时保持一定的队形,这同时暗含着自学习的要求。对于已知的环境,让机器人使用地图能够大大提高机器人移动效率,也就是说,机器人所使用的地图也是制约机器人移动效率的重要因素。现今的研究对机器人地图的重视并不足够,因为现今机器人在较为开放的环境中出现得并不多,即使有也只是按照固定路线移动,并不能自主选择路径,引导线通常是既可靠又方便的选择。倘若地图足够反映实际环境情况,那么机器人移动甚至路径规划将会非常方便。最贴近实际的电子导航地图使用实时的卫星数据进行计算,能够方便地获得大量实用的道路地理信息,但对于小区域的细节却是不够适用的。在协同机制方面,可变小组、任务协商、角色互换等方法都值得借鉴。

1.3   运动目标多站协同测量系统关键技术

多站协同测量是实现目标快速高精度测量的一种有效方式,相对于单站测量,它往往能够在更短的时间内达成多样化高精度测量;相对于固定多站测量,它具有更强的灵活性,能够根据任务需要运动到指定的区域。从当前技术发展来看,运动目标多站协同测量系统强化通用性,注重运动平台之间的有序协同及数据共享,从而及时准确地定位目标并进行测量,且能够根据实际需求在短时间内增加组员或释放组员,大大增加了灵活性。

在多站协同测量的框架下,从被测运动目标快速高精度的实际需求出发,本书依托于车载平台的运动目标多站协同测量系统对以下关键技术进行研究。

1.3.1　智能车辆运动平台建模技术

智能轮式车辆是移动平台的一种,其运动控制主要涉及运动学和动力学两个方面。它需要根据不同任务需求在各种复杂条件下作业,由于真实环境含有大量不可预知的信息,就会给系统引入很多外界干扰,要想在充满不确定性的条件下作业,就要求控制系统对外部环境变化不敏感,因此设计出能有效抵御外部扰动的智能车辆控制系统具有一定的挑战性。轮式车辆的运动过程存在非完整约束条件,而且实际运动中,车轮可能与地面之间存在滑动,会导致运动学模型的随机性,从而导致轨迹跟踪效果较差,因此在设计运动学控制律的时候要考虑系统的鲁棒性[83]。轮式车辆的变量较多、耦合性强、参数随机,很难对它实行高精度的位置跟踪。在以往的轮式车辆系统中,多采用以精确模型为基础的反馈控制律进行运动控制。实践中,建模或测量难免出现误差,外部扰动和随机参数也会影响系统模型,所以,智能车辆的系统搭建存在较大困难。

随着智能无人车辆的应用方向越来越广,它将在未知动态环境下更加活跃,其运动控制系统的设计也更为复杂。运动学控制研究开始较早并已取得了一些实际成果,然而,动力学中,外部环境中的未知因素及质量与惯量的波动、自身的强耦合非线性特征影响着轨迹跟踪控制的精度[84]。尽管学者们曾经提出并证明了一些控制策略,但其自身就具有一定的局限性,且并未指定如何用于实际系统。

可以从两方面来优化智能无人车辆控制系统的性能。首先,不能忽略执行器饱和、摩擦等系统中固有的非线性特性;其次,由于实际作业过程中,无法完整准确取得惯量、半径等系统的真实结构参数,而且由于环境因素的随机性,系统的结构参数可能时刻处于变化之中,未知的环境因素也会对系统参数造成一定的影响,因而真实系统与理想模型相比存在很大差异,以理想模型为基础设计的控制律就难以取得预期的控制效果,如何尽量去除随机性给系统带来的弊端成了运动控制问题中的难点。

运动规划与反馈控制是无人车辆运动控制中的两个关键研究方向。运动规划的本质是开环控制,其控制目的是在有界输入作用下,系统从任意初始位置,经过一定时间能够达到期望位置。因为无人车辆非完整性约束的存在,其运动受到一定限制,理论上不满足非完整约束的运动不成立。运动规划系统抵御外界扰动的能力差,而反馈控制能很好地处理这种难题。在反馈控制中,如果控制对象不一样,控制的困难程度也存在差异,需要根据实际情况选取不同的控制方案。非完整智能轮式无人车辆的研究领域中,路径跟随、点镇定与轨迹跟踪是三大主要方向[85]。

轨迹跟踪控制律的设计是无人车辆跟踪控制中最关键、最具挑战性的问题。在进行轨迹跟踪控制律设计时,要达成以下目标:在有界外部扰动存在时,智能车辆能从任何初始状态以一定的线速度和角速度跟踪随时间变化的轨迹,期望轨迹随时间变化的特点使控制器的设计过程具有一定的难度,然而,设计出高效的轨迹跟踪控制器对智能无人车辆具有相当重要的意义。

作为标准的受到非完整约束的系统,智能无人车辆吸引了越来越多的国内外学者对它的运动控制系统展开探究,特别是在非完整约束条件下智能无人车辆运动学、动力学建模和轨迹跟踪控制领域。智能无人车辆在运动学和动力学方面都能反映出非完整约束的特性,许多学者都会从运动学和动力学模型方面展开探究,部分学者在建模时会将轮子种类差异造成的力学性能和效果的不同考虑进去[86]。尽管已有的非线性系统理论能较好地应对无人车辆的轨迹跟踪控制问题,然而,由于被控对象复杂性的日益加深,仅利用现有的理论难以满足愈加严格的控制标准,随着学者们对非完整系统更深层的探究,许多新方式被用来进行无人车辆轨迹跟踪器的设计。近些年研究并应用了以下方法。

(1) 以滑模变结构控制为基础的轨迹跟踪方法。这种控制方式的主要思路是根据无人车的不同数学模型设计出对应的滑模面,并设计基于该滑模面的轨迹跟踪控制律,达到驱动系统状态轨迹移动到所设计的滑模面上,从而完成跟踪指定轨迹的设计目标[87]。在控制系统中采用滑模变结构的控制方式有着诸多优势,例如瞬态反应灵敏、暂态反应优良及对外部变化不敏感等。然而,需要考虑到几点影响因素:怎样选择滑模面;怎样结合其他的控制方法;设计的滑模面是位于笛卡儿坐标系还是极坐标系;设计的控制律能否满足稳定性的要求及是否一致有界等。

有研究者针对链式非完整系统的轨迹跟踪控制问题设计了一种滑模控制律,能够指引轮式移动平台移动到特定位姿的控制策略,他们将滑模变结构控制方法用于移动平台控制器的设计中,准确地跟踪由李雅普诺夫函数生成的指定轨迹。结合机器人动力学模型的特点提出了一类滑模变结构跟踪控制律,使系统能以较小的跟踪误差跟踪随时间变化的指定轨迹。然而,此控制策略无法保证系统运行的稳定性,在系统的运行阶段,抖振严重,即便调整控制参数也难以减弱所产生的抖振。

(2) 以 Backstepping(反演)法为理论基础的轨迹跟踪控制。Backstepping 法能够使控制系统的设计过程更为方便简洁,尤其是对于拥有三角型架构的系统[88]。庄严、吴卫国等基于反演控制的方法提出了一种速度反馈控制律,主要以系统运动学模型为基础,结合虚拟控制量和李雅普诺夫函数,并把系统分成多个子系统,且子系统的个数不超过系统的阶数,所设计的控制律具有渐近收敛性。现有的输出反馈跟踪控制器,其设计的主体思想是 Backstepping 方法与李雅普诺夫直接法,系统的跟踪误差可经过适当的变换坐标与设计全局指数稳定速度观测器而转换成只含速度观测值的三角型系统,此种系统的设计优势体现在不需要速度测量[89]。

(3) 以智能控制为理论基础的轨迹跟踪控制。比起经典的现代控制理论,智能控制能更好地应对受控对象的数学模型不精确和带有不确定性与未知外部扰动的问题。因此,在非完整约束无人车的轨迹跟踪问题中,智能控制方法更为常用。移动机器人轨迹跟踪控制中比较常用的控制方式还有模糊控制、神经网络控制及结合这两种方式的控制方法。

总之,作为多学科领域交叉的产物,智能无人车辆在现代化中的作用及价值越来越突出,但是,非完整约束的存在使其运动控制系统的设计过程充满挑战,对其运动控制系统的研究能够很大程度上促进非完整系统理论的发展进步与实际应用。然而,要想符合更高水平的应用标准,对轮式移动焊接机器人提出了更苛刻的自主性要求,其运动控制器的设计过程将更多地针对外部环境中的不确定干扰因素与种类繁多的模型构造。本书以受到非完整约束的智能轮式无人车辆为对象,对外部扰动下其控制策略的设计问题进行理论分析与实验验证,具有至关重要的理论价值与现实意义。

1.3.2 多站协同机动技术

随着无人移动平台技术的蓬勃发展,其应用范围得到了极大地拓展。多无人车协同技术得到了众多学者的广泛关注。一个良好的多无人车协同任务规划方法,能够显著地提升多无人车之间的资源利用效率,提升多无人车的生存概率,对多无人车完成任务具有重要的意义[90]。

单个测量站的测量设备、测量范围、测量环境及承载能力有限,并不能发挥具有实质意义的效果。虽然通过多站的协作可以完成一系列复杂的测量任务,然而多站协作系统是一个非常复杂的系统,使用传统的控制方法需要涉及非常多的专家知识,以及多个系统的互相配合,仅仅依靠设计者的经验和知识,很难获得多无人机系统对复杂和不确定环境的良好适应性,且实现起来非常复杂,强化学习算法作为解决该问题的一条可行技术路线,已经在游戏、围棋、机器人控制等领域中得到良好的验证效果[91]。针对多无人车协同任务规划问题,本书分别以自顶向下、自底向上的方式,采用强化学习方法作为主要优化工具,对问题进行了求解。为此,需要在无人机的协同控制中引入学习能力,使无人机群能够在与环境的交互中,具有一定的自行调整的能力。本书将强化学习和神经网络引入对多站协同任务规划问题中,通过使用强化学习序列神经网络替代群体智能算法,解决了传统的群体智能算法面对环境的变化需要重新优化的缺点,在实时性方面较群体智能算法具有显著地提升。在多无人机协同作战任务规划问题上,使用多体强化学习算法对问题进行求解,使多测量站能够在与环境的交互过程中学习经验,自发调整自己的行为,达到完成任务的目的。

深度学习的广泛应用为提高无人车的智能水平提供了可行的方法,深度学习目前可以分为监督学习、非监督学习和强化学习三大类。监督学习主要用于对标签数据进行分类或者回归分析,非监督学习主要用于数据挖掘,聚类等应用[92]。而强化学习则是从环境的反馈中进行学习的一种方法,主要通过主体与环境交互进行学习,它的主要目标是通过与环境的交互,获得环境的反馈,优化主体的策略,再根据策略进行行动,以获得更好的反馈效果。这样的行动反馈环,使得主体可以通过环境的反馈,优化自己的控制策略。这也是自然界中人类或动物学习的基本途径。

针对多无人车的协同任务规划问题,目前较常用的研究路线主要包括自顶而下和自底向上。其中自顶向下路线主要从顶层规划的角度,将无人车执行的任务分解成若干问题集合,然后分配给多架无人车执行,常用的处理方式是对这些任务问题进行集中建模处理,然后将规划结果发送给无人车,是一种离线的处理方式,是目前主流的研究方法。对于该自顶向下的研究路线,大多数学者将该问题建模为多旅行商问题(TSP)、车辆路径规划问题(VRP)等,并使用启发式群体智能算法如遗传算法、粒子群算法、蚁群算法等对该模型进行了求解。自底向上研究角度则将多无人车看作相对独立的个体,通过个体之间的信息交流与对环境的感知调整完成任务[93]。然而目前自顶而下的求解方法中大部分群体智能启发式算法,只是针对某一特定环境求取最优解,面对环境变化时,往往需要重新求解,不具备实时性,而自底向上的研究路线受限于现有技术,整体研究还处于较初步的阶段。

针对这种情况,本书将强化学习和神经网络引入对多无人车协同任务规划问题中,分别从自顶而下和自下而上两方面对多无人车协同任务规划问题进行了分析。在多无人车协同任务规划问题中,通过使用强化学习序列神经网络替代群体智能算法,解决了传统的群体智能算法面对环境的变化需要重新优化的缺点,在实时性方面较群体智能算法具有显著地提升。在多无人车协同测量任务规划问题上,通过将多无人车系统建模马尔可夫博弈过程,使用多体强化学习算法对问题进行求解,使多无人车能够在与环境的交互过程中学习经验,自发调整自己的行为,达到完成任务的目的[93]。本书用 AirSim 三维仿真平台,对多无人车协同任务规划问题进行了仿真实验,验证了基于强化学习序列神经网络方法的有效性。本书的方法对于通过强化学习改善多无人车协同任务规划问题的实时性,提高自底向上多无人车协同任务规划方法的实用性具有重要意义。

利用自顶向下的方式研究多无人车协同侦察任务规划问题,通过对协同侦察问题进行深入分析,将影响协同侦察任务的关键因素(如环境信息、无人车续航约束、生存概率等)归纳总结,结合协同任务目标,建立协同侦察任务规划优化模型,并通过建立序列神经网络,对模型进行求解。通过将模型的优化目标与强化学习的奖励函数相结合,提高序列神经网络的性能,对序列神经网络不断地进行优化,并在仿真实验中与传统的群体智能的方法相对比,验证了强化学习序列神经网络的方法在时间消耗以及泛化能力方面的优势。利用自底向上的方式研究多无人车协同任务规划问题,将多无人车当作具有独立性的智能体,为多智能体建立强化学习神经网络,使多智能体之间可以通信与合作,自发调整个体的行为。并提出了一种基于异环境重要性采样的增强 EDDRQN 网络,使无人车可以利用经验回放机制提高学习效率,减少多无人车之间的干扰。同时构造协同作战的强化学习奖励函数,引导多无人车完成总体的作战任务。

目前,多无人车协同任务规划问题中,自顶向下的研究方法因可以有效地降低问题的求解难度,成为当前的主流研究方法。而自底向上方法则主要将多无人车协同规划问题作为一个自组织系统,通过无人车各个子系统之间的协调实现整体的协同,对动态环境具有较好的适应性。自顶向下的研究方法主要从顶层规划的角度,综合分析协同规划任务的各个要素,将总体的协同任务建模为一个优化问题,对问题进行求解之后,分解为以多无人车为执行载体的任务集合,从而有效引导多无人车在指定的约束条件下完成任务,以实现较好的全局最优[94]。对于自顶向下的多无人车协同任务分配方法,田菁系统地分析和总结了多无人平台协同侦察任务的关键因素,如侦察成像、目标、无人平台性能、时/空特性等因素,将多无人平台协同侦察任务建模成多目标优化问题 MUCRMPM 模型,并基于进化算法提出了自适应进化多目标优化方法 AEMOM,对问题模型进行了求解。南京航空航天大学从优化问题角度出发,针对多无人机协同搜索、察打任务,分别建立了混合整数线性规划数学模型,并使用粒子群算法、蚁群算法进行了求解。张蕾等使用布谷鸟搜索算法,分别就多无人机协同侦察问题的决策结构、侦察收益情况、航路规划问题进行了研究。叶文提出了基于粒子群算法的多无人机协同目标分配方法。李炜等则将任务分配问题建模为混合整数线性规划问题,并用粒子群算法进行求解。

然而,自顶向下的研究方法强调顶层规划,即在环境信息已知的情况下,综合考虑环境信息和无人车的影响要素,协调无人车之间的约束,规划各个无人车之间的任务序列,以达到整体的全局最优。但是在当前环境情况变化时,基于群体智能的算法需要重新对问题进行求解,实时性差。为了克服群体智能算法的缺点,目前大多数学者从分布式算法、分布式马尔可夫过程、马尔可夫博弈过程等,对自底向上的多无人车协同规划问题进行了研究[95]。

自底向上的多无人车协同规划问题的研究,是将每一个参与任务的无人车都当作协同任务规划的参与者与制定者,各个无人车之间可以互相通信、了解环境信息,并在任务规划的约束条件下,自行调整,以达到完成任务的目的。相比于自顶向下的研究方法,自底向上的研究方法更适用于环境信息频繁变动、充满不确定的情况,且鲁棒性较自顶向下的方法更好。目前大多数自底向上的多无人平台协同任务规划算法都是基于分布式系统结构的。彭辉等提出了基于分布式模型预测控制框架(DMPC)的多无人平台协同搜索决策方法,通过将协同规划问题转化为各个无人平台的小规模分布式协同问题,对每个无人平台进行相对独立的控制和决策,并使用基于纳什最优和粒子群优化相结合的算法实现了协同任务的最优化。袁利平、陈宗基等将路径规划与速度控制相结合,提出了基于一致性算法的分布式控制策略,降低了路径误差和突发威胁对协同任务的影响,使系统在灵活性、鲁棒性和可伸缩性方面都较集中式控制有所提升。现有的基于分布式的规划策略和马尔可夫决策过程的基本原理的分布式马尔可夫决策过程(Dec-MDP)解决基于 Dec-MDP 的规划问题的算法较少,而收敛集算法对该问题进行了求解。另外,强化学习也是一个求解马尔可夫决策过程的有效算法[96]。

1.3.3　多传感器探测技术

随着近些年科技的飞速发展,探测技术也有了突飞猛进的进步,通过使用探测设备,可以更方便、更准确地获取信息。然而现有测量技术使用范围有限,如何精确地探测与识别目标,已成为现阶段测量技术研究领域的热点问题。传统的测量技术难以满足多样化、立体化、环境复杂化的测量任务。单一的测量技术与设备易受各种条件限制,在目标测量时只能测量较少方面的信息。为了综合全面地获取目标参数,需多次使用不同的测量技术或设备,这造成测量成本增加,耗时耗材。在同一测量任务中采用智能移动平台搭载多种测量技术与测量设备协同探测目标的多站协同测量技术可应对多种复杂测量任务,一次获取多源信息,快速融合数据并得出测量结果。多站协同测量系统是一个综合性的测量系统,由多个在空间上分散布置的测量站组成,所有传感器的观测信息能够传输到信号融合中心进行融合和联合处理。它具备两个显著的特征:空间布站相对分散以及测量的目标信息能够联合处理。这些独特的性质决定了多站协同测量在目标检测方面的优越性[97]。

单个测量传感器提供部分的、不精确的信息,已远不能满足目标检测的需求,必须采用多种类型的传感器,运用信息融合的方法,对目标进行有效检测。若采用雷达、红外、可见光及无源信号侦察、IFF 等多种传感器提供观测数据进行信息融合,不仅可以实现对多个传感器探测信息的综合分析和处理,还可以实现资源共享、功能互补,提高复杂环境的适应性,从而得到目标的状态、属性等战场态势信息,克服了单传感器的某些缺陷。对于某些实时性很强的目标,采用多传感器识别途径,也可以对目标进行更精确、更迅速的监视,进而进行识别、瞄准和打击[98]。面对当前复杂多变的环境,单一传感器难以完成信息采集任务。具体体现在:①传感器的数量有限,导致多传感器不能完全覆盖整个目标区域环境,不能获取完整信息;②高度复杂的动态目标环境,传感器对目标区域环境的探测具有强不确定性;③多传感器之间不能很好地进行沟通、协同,导致传感器采集信息具有很高冗余性。因此,为获得更精确的目标区域环境信息,大量的传感器被用于实时目标探测上,尽可能全面地获取目标区域环境信息,将多传感器资源进行集中管理,协同优化组合使用,充分发挥多传感器协同探测的优势和能力互补[99]。

随着科学技术水平的提高以及生产生活中人们对各种信息需求的与日俱增,传感技术、无线通信技术、微机电技术迅猛发展,多传感器协同技术由于具有信息获取、数据处理和无线通信能力从而在许多领域引起了人们的关注。多传感器协同探测技术是多个传感器通过无线通信方式实现对目标环境信息的采集、感知和处理,并将消息传递给工作人员。其中,多传感器的探测问题是协同技术的一个重要分支。在军事领域多传感器探测技术将为作战指挥系统提供重要的信息支持,在工业领域多传感器协同探测技术是生产车间实现智能化、信息化、自动化的重要技术基础,多传感器协同技术在其他领域也发挥着日益重要的作用[100]。

大量具有感知、短距离无线通信能力和数据处理能力的传感器通过自组织方式形成的网络系统组成了多传感器网络,多传感器网络通过传感器之间的协同感知,采集和处理目标区域环境中有价值的信息,例如目标的方向、离传感器部署节点的距离等信息,为观察者下一步的行动提供信息支持。多传感器网络有以下特点:①协作性强。多传感器网络可以通过与通信范围内的传感器相互协作进行通信和消息传递,完成传感器之间的数据处理。②相似性强。由于传感器之间的节点部署是很密集的,所以相邻传感器采集的信息具有很强的相似度。③资源受限。由于多传感器网络之间的通信会消耗自身的能量,如得不到及时的补给,多传感器网络中的部分传感器就会出现故障,停止工作。④容错性强。当部分传感器出现故障,停止工作时,其他相邻的传感器会继续正常工作,对整体的信息采集影响较小。多传感器网络系统根据任务需求,制定目标区域环境内协同探测规划,使得在任务区域内参与探测的多传感器节点数最少,且探测区域的覆盖系数达到最大,从而保证对目标的检测概率满足稳定探测的需要[101]。

1992年,美国学者 Gage 提出将覆盖分为栅栏式覆盖(barrier coverage)、地毯式覆盖(blanket coverage)和扫掠式覆盖(sweep coverage)。其中,栅栏式覆盖是多传感器以一定的规则排成一道"栅栏",静态地覆盖在环境中,可探测栅格内的移动目标。地毯式覆盖是指多传感器静态地随机分布在目标区域内,使传感器最大可能地探测到目标区域内的信息。扫掠式覆盖是指多传感器利用路径规划算法和覆盖策略,对目标区域进行移动覆盖探测。1995年,Malhotra 首次将传感器协同问题看作一个部分可观察马尔可夫决策问题,解决了多目标多传感器的时间规划问题,该问题采用了不可微优化与动态规划技术相结合的方法[102]。国外学者将信息熵运用到多传感器管理中,目标信息熵的确定是根据感知信息、目标识别信息以及跟踪信息的综合因素确定,并将此方法与随机调度算法进行对比,结果发现基于信息熵理论的传感器管理方法具有更强适应性,但是此方法的缺陷是只能适用于高斯线性的情况。在多传感器协同控制和部署技术方面,国内的相关研究虽起步较晚,但也取得了一些成果。2000年,刘先省等根据目标区环境下的目标对象优先级,建立了传感器与目标配对函数,并以此函数为效用函数,用效用函数值作为综合效用,以综合效用最大为原则为目标分配传感器,该方法简单有效,但具有量化困难的局限性。2004,周文辉等提出了一种多传感器管理的部署方法,该方法是基于协方差控制的原理,主要用于解决雷达组网跟踪系统中的资源管理问题。2004年,杨秀珍等对基于神经网络和模糊控制以及专家系统等技术的传感器管理方法进行了分析和展望。

目前,国外对目标检测的研究和开发相对成熟,其中包括软硬件和理论多方面的研究,并研制出一批具有代表性的目标识别系统。例如,美国的协同作战能力系统(Cooperative Engagement Capacity,CEC)以及欧洲的战场维护与目标探测系统(BETA)等。美国是最先开展 C⁴ISR 系统综合目标识别技术研究的国家,其海军研发的 CEC 系统可将各平台探测系统获得的测量数据进行高精度的实时关联,并具有复合跟踪和识别的能力,被美国海军称为防空领域的革命。而美军的多传感器目标识别系统(MUSTRS)的研制计划中,要求该系统能从千余个目标中识别出五类关键性威胁目标,且识别误差率要低于1%。其他国家也相继开展了综合目标识别技术的研究,其中最具有代表性的是加拿大海军为巡逻护卫舰研制和开发的多传感器数据融合系统,该系统已经具备了识别的功能,所建立的综合目标识别系统中的平台数据库包括能被信源观测到的各种类型的潜在目标。土耳其海上联合监视系统(TIMSS)是土耳其海军 C³I 系统的重要组成部分,它能够识别沿海数以百计的水面舰艇和部分空中目标。TIMSS 中的各种雷达和电子支援措施子系统对所覆盖区域内的目标实施连续不间断地探测、定位和识别,并对目标的属性作出概略地估计和推理。

目前各国主要的研究对象是无源雷达识别、雷达识别、红外识别、反侦察识别系统、侦察识别和综合识别系统。现代雷达主要是提取目标位置以及运动方面的信息,而目标的物理性质,诸如形状、尺寸、材料和组成等特征信息,只有依靠成像识别和分类识别或特征识别才能获得。无源雷达系统通过接收目标的电磁辐射信号实现对目标的探测定位、跟踪及识别,可弥补当前常规雷达不能准确识别机型、架数的不足。另外,国外正在研究电子接收机,红外、激光传感器,视频摄像等光电设备,主要对目标成像进行识别。

1.3.4　多源数据融合技术

现代测量环境日益复杂恶劣,基于单测量传感器的目标检测系统已经远远不能满足现代目标识别的需求,而利用多个测量传感器提取的独立、互补的信息能够建立较为完全的目标描述模型,从而有利于提高目标识别率。然而,由于传感器受到多种因素的影响,所获得信息可能不精确、不完整,甚至不可靠。D-S(Dempster-Shafer)证据理论作为一种不确定推理方法,被广泛应用于目标识别领域,但存在一票否决和证据冲突等问题,使得基于 D-S 证据理论的目标识别精度受到很大影响[103]。为此,本书将主要以证据理论为基础,对空中目标识别的相关算法展开分析。

多传感器信息融合在目标识别过程中最大的优势体现在不同传感器之间功能互补和相似传感器间功能冗余。它能够充分利用每个信源的优势,从时间域、空间域以及频域上增加对目标的覆盖,降低了不确定信息的干扰,对目标识别的准确性也有了较大程度的提升。另外,多传感器抗干扰能力大于单传感器,经过多源融合,能够提升系统的容错性和可靠性[104]。

快速准确地对目标进行识别是取得现代空战胜利的决定性因素。但是,由于各种突发条件的限制,各传感器提供的一般都是不完整、不精确、模糊的,甚至可能是矛盾的信息,即包含大量的不确定性信息。

目前,D-S 证据理论作为一种多传感器信息融合的关键技术,广泛应用于决策级融合。在目标识别领域,D-S 证据理论因为具有对未知信息进行不确定性的描述和组合的优势,跃升成为一种最适合的不确定推理方法。当证据是高置信度并且相互之间低冲突时,采用 D-S 组合规则,一般能得到合理的融合结果,但当证据是低置信度且相互之间高冲突时,采用 D-S 组合规则得到的融合结果往往会与事实不相符或有悖常理。经实战检验和实验研究发现,当环境复杂性较强时,多传感器目标识别系统采用传统的证据理论的融合算法无法很好地解决存在干扰、噪声等不确定因素下的目标识别问题,很难得到理想的识别效果。解决这些问题既对多传感器信息融合目标识别提供了更加完善的理论支持,又能够更好地对目标进行判决和识别,具有一定的研究价值[105]。

因此,需要针对证据理论出现的这种不足,对其进行改进。为争得主动权,深入研究多传感器目标识别技术,急需针对证据理论的优缺点,合理地改进 D-S 证据理论规则,解决好证据的冲突问题,才能实现目标识别的准确性、可靠性、时效性。

各移动平台搭载不同的测量设备,根据运动目标不同的特征得到大量目标可能存在的信息,但这些探测信息往往仅提取目标的某一种物理特性,并不能准确地识别目标。为了提高探测结果的准确性,需要对多源信息进行信息融合来提高探测精确度。基于传统数学方法的融合算法加权均值法、D-S 证据理论、聚类分析和贝叶斯估计等,其中,D-S 证据理论应用最为广泛。D-S 证据理论作为一种不确定性推理方法,现在已经广泛应用于信息融合、决策分析和模式识别等多个领域。然而当证据源所提供的证据存在冲突时,应用 D-S 证据理论将得到与常理相悖的结果[106]。许多改进算法相继被提出,主要体现在以下两个方面:①不改变经典 D-S 融合规则,对得到的冲突数据进行预处理。②修正经典 D-S 融合规则,对冲突信度进行重新分配。这两种方法在不同程度上改善了高冲突证据对融合结果的影响。本书将运动目标多站测量系统得到的信息作为信息源,利用改进的证据理论合成公式进行数据融合。

近几十年,随着 D-S 证据理论、神经网络以及模糊集理论等融合算法的运用,目标识别系统的适应性、可靠性均得到大幅提升。由于环境的干扰、各个传感器观测角度的不同以及传感器自身的缺陷或故障等,从各个传感器所探测的信息或数据不完全、不确定。而 D-S 证据理论作为处理不确定信息的有效方法,被广泛运用到运动目标识别中,国外学者对此也提出了不少改进方法。Zadeh 对 D-S 证据理论的合成公式进行研究,指出在证据冲突非常严重的状况,合成结论可能与常理相悖,这就是著名的"Zadeh 悖论",这是首次对证据理论的合成公式的合理性进行质疑[107]。Yager 考虑到冲突证据对融合结果的影响,将分配给焦元的冲突全部分配给了未知领域,该方法能够处理冲突证据,为后续很多学者进行改进提供了参考,但是推理的不确定性增加了不确定性。Muphy 为了消除证据冲突对融合结果的影响,提出了一种证据平均组合规则,用各焦元基本概率分配的平均值作为证据新的概率赋值,并进行合成;与其他方法相比较,该组合规则可以处理冲突证据,且收敛速度较快。但是该平均方法只是将多源信息进行简单地平均,没有考虑各个证据之间的相互关联,忽略了冲突证据的区别。后来又提出了一种替代合成公式的方法,制定了以连接性和分离性为权重和的合成规则等。Zhao 等提出了一种用于冲突不一致测量的冲突证据修正方法,对每两个证据之间的冲突进行分类,然后计算和更新冲突系数。但是当识别框太大时,则无法应用此方法。Xiao 通过引入信念詹森-香农散度提出了一种冲突度量方法来解决冲突的证据。该方法考虑了证据本身对权重的影响。但是,由于多子集焦元的元素发生了变化,使用信念詹森-香农散度来衡量冲突并不能反映证据之间的冲突程度的变化。梁威等在改进的概率变换的基础上,通过将模糊接近度和相关系数与 Hamacher T-conorm 规则相结合,提出了一种新的相似性度量来解决冲突证据问题。该冲突度量方法考虑了冲突度量的多个方面,并且更有利于冲突的综合度量。但是,目前尚没有准确的模型来描述多角度冲突测量之间的非线性关系[108]。

国内在 20 世纪 80 年代初才开始目标检测技术研究,技术不够成熟,到了 20 世纪 80 年代末期,开始出现关于信息融合技术研究的报告,运用信息融合技术进行目标识别研究整体落后于国外水平,在理论、模型和工程应用方面都存在不小的差距。20 世纪 90 年代初,这一领域的研究在国内逐步兴起,并延续至今。同时一些目标识别领域的学术专著和译著也相继出版。20 世纪 90 年代中期,目标识别技术在国内已演变为多领域的高科技技术,出现了众多热门研究方向。多数学者致力于机动目标跟踪、分布检测融合、多传感器综合跟踪与定位、分布信息融合、目标识别与决策信息融合、态势评估与威胁估计等领域的理论及应用研究,继而出现了一批多目标跟踪系统和初具综合能力的多传感器信息融合系统[109]。进入 20 世纪 90 年代以来,国内有不少院校与科研院所从事目标识别方面的研究,包括国防科技大学的 ATR 国防重点实验室、海军航空工程学院、西北工业大学和哈尔滨工程大学等。

近十几年中,目标检测在军事领域的应用亦得到高速发展,就防空兵作战需求来讲,基于一体化作战平台打通纵向的高效指挥链路、实现横向的信息共享与作战协同已是当下正努力推进的现实目标,而基于平台的信息整合能力,充分利用战场资源,通过有效的信息融合达成更精确的决策辅助与信息共享是实现上述目标的迫切需求。但是由于目标识别本身具有复杂性,以及多种信号的干扰,特别是存在多噪声干扰源的复杂电磁环境,只是根据单传感器的部分特征信息无法解决目标识别问题,而采用多传感器信息融合技术来充分挖掘、合理利用各种目标信息进行综合识别的研究很少,尤其是在目标识别中的应用欠缺,还没有成型的产品。

目前,有关综合目标识别的研究都是在运用信息融合技术的基础上进行的,典型方法主要有基于统计的算法,包括经典推理、贝叶斯方法和证据理论;基于信息的算法,包括聚类算法、表决法、熵法和神经网络;基于认识模型的算法,包括逻辑模板、专家系统和模糊集等。其中,D-S 证据理论作为一种不确定性推理的方法,有着良好的数学基础,可很好地运用它对不完整或不确定性问题进行建模。此外,除了有效融合不完整性、不确定性信息,证据理论也可较好地处理时间或空间上互补的冗余信息,在很大程度上提升了目标识别的准确性,并增强了目标识别系统抗干扰的能力。作为一种数学工具,在表示及融合不确定性信息等方面特有的优势,使得 D-S 证据理论不仅成为了目标识别融合的一种关键技术,也提升了国内外学者的研究兴趣。但是 D-S 证据理论主要存在证据独立性要求、组合计算复杂性、证据冲突、无法处理模糊信息等缺点,需要在实际应用时结合其他融合方法加以修改。对此,国内学者也提出了许多基于改进证据理论的运动目标识别方法,其中比较有代表性的,例如孙洪岩等给出并证明了两个传感器 D-S 融合识别同一目标时的若干结论及其归纳的结论,同时推导出了多个(大于2)传感器 D-S 融合识别同一目标的递推式,减少了证据合成规则逐次求解的复杂性,增强了多传感器分布式识别系统的可调性。但这只是建立在简单鉴别框架的条件下得出的结论,在一般条件下是否成立还有待验证。孙全等认为证据之间存在的冲突信息也是部分可用的,不应对冲突的证据全盘否定,并根据定义的证据可信度函数对冲突证据进行利用。他们重新定义了冲突系数,从而更为有效地对两两证据间的冲突程度进行描述。此外,可信度函数的定义也存在着一定的主观性。张山鹰等提出了一种新的组合规则——吸收法。吸收法是将冲突基本概率赋值给基本概率赋值较大的焦元的一种处理方法。该方法没有遗弃任何冲突赋值,因此可保持证据基本概率赋值的归一性,并且不需要归一化处理。Ni 等提出一种基于神经网络和证据理论的两级融合算法,并将该算法应用于图像识别。该算法很好地利用了子神经网络优势,在一定程度上提高了神经网络识别图像的能力。但该算法将神经网络的输出作为一个融合模块的输入,两模块之间相互独立,没能充分利用各自的优点,适用范围有限。邓勇等基于 Murphy 的思想,通过证据间的支持程度计算证据的权重,并对证据进行加权平均,用平均的概率分配结合组合规则得到最终结果,该方法考虑了证据间的关联度,但是利用平均证据进行融合存在一些不确定因素。

从国内外研究现状可知,基于多测量传感器信息融合中冲突信息的处理等问题,在目标检测的应用中,都没有很好地解决,而这些正是本书要分析和解决的问题。

1.3.5 系统可靠性分析技术

系统可靠性分析是可靠性工程的重要内容和基础,对系统进行可靠性分析可以定性和定量地评价系统的设计性能,为系统地改进、优化配置等提供有价值的参考和依据。速度测量系统中可靠性分析要求获得的结果准确度高,则需要对物体的速度进行多次测量,测量的次数越多,则最后计算得到的平均值的误差就越小[110]。根据数据来分析判定系统中各个元件所引入的误差大小和影响权重,最后通过数学计算来定性、定量地分析整个测速系统的可靠性。本书将以建立数据可信性分析与复杂系统可靠性分析模型为基础,依据深度学习和 BP 网络,建立深度 BP 分析模型,以状态监测为基础,利用测速系统的状态测量参数,实现系统的可靠性分析。

在工程领域中,可靠性是结构产品分析中必不可少的重要指标之,当评估和判定结构的可靠性时,可靠性数据分析环节就变得尤为重要。可靠性分析理论主要功能是定量地评价结构的可靠性,在结构的设计和试验之前提供技术指标和方向,为结构的稳定性打下理论基础[111]。随着现代基础工业理论、科学技术、生产加工、数字技术和误差分析技术等相关理论和技能的蓬勃发展,动态物体误差分析技术也逐渐进入研发人员的视野,该技术的创新发展,使其广泛应用在国防科技、生产生活等方面,比如监控生产、机器智能测控、检验测量技术等[112]。这是因为动态物体可靠性分析技术具有以下 4 个优点:①可以通过非接触方式进行测量;②自动化程度较高;③速度快;④精度高。

现今大多数研究工作者仍然坚持着陈旧落后的可靠性理论,而那些陈旧的理论认为物体只存在正常和失效两种状态的确有失偏颇。正常与失效之间的界定方式没有考虑,也就存在了"非好即坏"的情况。再者,以往的可靠性的分析技术分析范围比较窄,以分析待测物体的失效时间为主要探究范畴[113]。然后依靠统计学的判断标准,选择最优的分布模型,同时考虑系统可靠性结构模型和部件寿命分布模型,经过严谨的科学分析,最后得到产品系统的可靠性。因为现代生产制造的水平上升,设备的使用寿命延长,如果还是根据采用大量的样品个数来统计故障数目、时间来判定可靠性的方法已经不再适用,所以必须提出一种新思路来判定设备的可靠性。在这样的背景下美国学者于 1988 年提出了性能可靠性的概念,进而说明系统的可靠性。性能可靠性概念主要讨论产品在静态状态下其相关性能数据的分布模式[114]。如果从数理上看,它就是一个区间估计的置信度问题。其定义没有涉及物体在失效时产生的抵制能力。因此,不会把这一问题归纳为可靠性问题的研究角度方面,它只是重新完善了对可靠性的理解。

随着科研的不断深入,技术的高速发展,可靠性分析技术也必须推陈出新,以满足现代化分析的需求。可靠性分析技术对各行各业的影响越来越重要,尤其对测量技术方面的影响,而其中动态测量系统更为常见,对测量精度、准确性和可靠性的要求越来越高[115]。动态测量系统是一个相对复杂的系统,既可以是单一体系的测量系统,也可以是由众多的环节组合而成的完整系统。本书以光电测速系统为例,对该系统进行可靠性分析。例如含有光幕、控制电路、信号输入/输出、相机和激光器等组成的复杂自动测速系统。在研究动态测速系统的过程中误差就会随之产生,因此对测速系统的可靠性分析研究就变得很重要。由于军工武器方面的需求,目前对处于高速状态下的弹丸速度的准确性和速度测量系统的可靠性分析就成了必须突破的科研任务。针对弹丸测速系统的可靠性分析允许存在一定的可控误差,因为想要完全消除误差是不可能的,也不能使误差小到接近没有。即使花费大量的人力和物力也不一定能完全消除误差[116]。因此只要在一定的条件下和要求下得到更接近于真实值的最佳测量结果,即可对高速弹丸测速系统可靠性技术的发展进步提供较好的技术支持。

动态测量技术的发展日趋完善,并且在实际工作中被广泛推广和使用,但是关于动态测量系统是否具有较强的可靠性还尚未有明确的理论研究[117]。研究人员开始把目光转向了测量系统可靠性上,尽管目前获得了一定的研究成果,但总体而言,依然存在研究深度和研究广度的不足。例如,关于可靠性的具体量值分析不够透明化。除此之外,目前已经存在的相关评价指标也有不足[118]。测量系统的动态研究也是如此,如今并没有涉及动态特性等因素的影响,所以导致某些测量的指标不适合作为动态测量系统可靠性分析的评价标准。面对上述存在的问题,合理有效地分析动态测量系统的可靠性就成为学术制高点。

在实际情况中,光电特性各个测试都需要以严谨科学的测试方法对待。以往的方式需要对发光器件和接收器件分别进行测试,但是因为两个器件的相对位置存在差异,导致测量的工作量大,同时也无法真实反映实际系统的特性;如果采用光电对管来同时测量,不仅大大减少了人们的工作量,而且测试参数反而更接近实际参考值,所以测试所得的数据更具可信性。但是,光电器件的不同参数间存在着相互影响,这又对测试装置和方法提出了一个新的难题。使用由光电器件组成的测速系统时,要想提高系统测量精度就必须掌握硬件系统的性能,能够分析测试系统的硬件对测量结果产生的各种影响[119]。测速系统的性能,主要是受各种光电器件的协调与性能参数影响,从理论上计算出测速系统的系统误差,通过误差的大小来判断测速系统的可靠性是否达到测速的要求。

相机标定技术是计算机图像采集或者机器视觉中不可忽视的一项关键性技术。随着机器视觉的诞生,科研人员也逐渐意识到了相机标定技术的优势。在普遍的研究过程中,往往过于关注研究算法却忽视了算法精度这个影响因子[120]。在需要类似于缺陷检测等高精度的机器视觉测试系统中,要想获得最优的标定结果,就必须消除外部因素带来的标定误差的影响,这样才能为视觉测试系统提供一个稳定、快速、精确的测量值。因此,对影响相机标定的外部因素的探究应该在一定程度上引起人们的深思。相机标定误差的影响因素分为自身算法设定和外界环境两种类型。所以采取两种不同方法进行标定:基于标定物的方法和自标定方法。

计算机视觉中必不可少同时也是最关键的一步就是标定,不同标定精度和标定的稳定性对整个机器的精度影响巨大。在以往的标定方法中,主要的 5 个影响因素分别是:①世界坐标精确度;②标定图片的数量;③特征点的数目;④图片拍摄的角度;⑤特征点的提取精度等。除此之外,还有测量物距和相机焦距的影响,通过构造对应的误差模型,最终可以测量出误差与特征提取误差[121]。

标定物的方法是:选取一个精度相同的已知元素作为标定参照物,画出三维空间中的点与二维平面图中的点之间的几何物理关系并以此作为标定相机的限制参数,同时依靠算法来获取这些参数。比较典型的是 DLT(Direct Linear Transformation)方法和两步法、张正友标定法[122]。这些方法都能够得到一个很高的测量精度,尤其是在相机参数稳定不变的情况下,首选张正友标定方法。假设已有固定的标定算法,影响标定相机的外界因素主要由相机内收集到光照强度、待测物体的摆放位置、外界环境等[123]。因此,相机标定还应该富含一套科学的分析误差的模型比对方法,确定各项参数的最大误差范围以及不同程度的误差所造成的影响。目前,关于外界因素对标定精度的影响除了图像数量和特征点的方面外,其他方面的影响暂且没有受到研究者们的关注。

测速系统由两个 CCD 相机和两个光幕组成,根据空间内两个相机平面上位置的不同,进而根据这个空间上的距离以及弹丸通过两个光幕的时间求取弹丸的速度,但是测速系统可能存在一些误差,精度不是太高。因为造成测试误差的因素类型多而且具有不确定性,所以找到如何减小误差的方法就十分关键[124]。为了解决该难题,科研机构的研究人员提出了许多不同的处理方法。减小 CCD 分辨率误差可以通过增加 CCD 像素点,最小化 CCD 的分辨率引入的误差。同理,两相机之间的位置误差无法完全消除,只能有所减小,因此,相机的相对位置误差也成为影响结果的主要因素[122,125]。逐步探究测速系统的工作流程,寻找制造误差之处,例如两个 CCD 光轴之间的夹角造成的误差、基线类型对结果造成的误差。并在此基础上建立对应的误差影响模型。测速系统的测速原理是利用两台相机几乎同时对同一个物体进行高速拍摄,通过每个相机的成像位置关系来计算物体真实的三维坐标位置从而计算速度[126]。但是大部分测量系统因结构相对简单,造价低,操作便捷,可以实时测量并上传数据等优点,所以广泛应用于机器人引导、工业生产现场等对精度要求不是很高的领域。测量精度是测量系统最为重要的指标,在实际应用中,只要涉及测量都会存在误差,要么是系统误差,要么是人为造成的误差,相机标定的误差也必然存在[127]。但是国内外很多研究都是关于特征点的提取和标定,基本没有关注测试系统的测量精度。例如:分析基线距离、镜头焦距及光轴夹角等因素,最后分析得到光轴正交时系统测量误差最小;只是在理论上初步分析了光轴夹角、基线距与物距带来的影响;关于具体的测量精度还缺少进一步的定性和定量的分析[128]。

随着计算机的普及和数字化进程的推进,数字图像已经完全占据了工农业、医疗、军事、航天等重要领域。生产生活中,图像解析技术已经随处可见,如医学方面的 CT、MR,工业生产中的机械手、交通监控、电路板检查系统等。图像解析,主要是通过数学模型,加上图像处理技术,实现图像的特征和结构分析,从中提取有价值信息[129]。目前,对图像整体性分析、全面性描述以及归纳分类等工作内容大多通过人工智能识别的方法完成,人工智能的运用在机器视觉领域体现得更加淋漓尽致。图像解析的原理是,根据图像已有的特征,把图像分割成不同信息的不同区域,然后分别提取出想要的信息[130]。这些特征包括了图像的固有属性,也包括了在空间频域的属性,例如图片的灰度值、图片景物的轮廓、不同的颜色等,都能作为图片分割的依据。目的是将不同类型、不同特点的图像有序地归纳并整理分析,使得这些区域互不相交且具有一定的一致性。

可靠性的研究在全球范围内可以追溯到 1939 年前后,美国是最早开始研究可靠性问题的国家[131]。随后可靠性分析技术的兴起赢得了全球研究专家的瞩目。纵观可靠性研究的诞生到发展的过程,从提出到发展,经历了漫长的 40 年的过渡。进入 20 世纪 70 年代才基本成熟,而 80 年代开始了新的研究进程,90 年代出现新的可靠性理念[132]。我国的可靠性技术研究也没有处于下风,已应用于航空航天、机械加工、电子技术等领域；80 年代以来，可靠性成为研究的热门话题。直到现在，无论哪个技术的开发采用也没能脱离对该技术的可靠性分析，进而从侧面推动了可靠性研究的发展[133]。

本书将测速系统可靠性分析的算法与故障树、模糊层次和深度学习、BP 神经网络技术相结合，提出一种适用于高速弹丸测速系统可靠性分析的方法，该方法能够准确、可靠地完成对测速系统的可靠性分析。

第 2 章

智能车辆运动建模分析

2.1　非完整约束智能车辆的条件分析

2.2　智能车辆的运动控制问题

2.3　智能车辆运动控制方法

2.4　智能车辆运动学轨迹跟踪控制

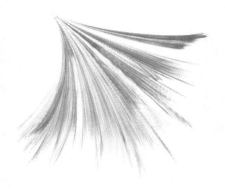

2.1　非完整约束智能车辆的条件分析

从力学的角度分析,系统所受到的约束可以分为"完整"与"非完整"两种类型。20 世纪末,非完整约束的概念初步形成,而后,科学技术迅速发展,多数后来研发的智能车辆系统都有非完整约束的存在,如何在非完整约束存在的情况下对系统进行控制逐渐成为热门的课题[134]。实质上,完整约束侧重于约束系统的姿态,而非完整约束侧重于约束系统的运动。智能车辆相比于受到完整约束的普通车辆,姿态空间的维数大于输入的维数,二者之间的运动及控制特性相异。

2.1.1　非完整约束与非完整系统

力学理论中的约束是指质点系统在惯性坐标系中的运动过程所受到的限制。系统在实际运动的过程中,如果没有受约束条件的限制,这样的系统就是自由系统,否则,该系统就是非自由系统。实际中多数运动系统都是非自由系统,从本质上看,可将这些系统所受的约束分为完整约束与非完整约束。系统所受的约束中只限制位姿空间的约束为几何约束,可表示为如下形式:

$$f(\boldsymbol{q}, t) = 0 \tag{2-1}$$

式中,t 表示时间;$\boldsymbol{q}$ 表示系统位姿的广义坐标向量,其一般形式为

$$\boldsymbol{q} = \begin{bmatrix} q_1 & q_2 & \cdots & q_n \end{bmatrix} \tag{2-2}$$

从上式可以看出,几何约束只对系统的几何位姿有限制,而不会影响系统的速度。

若存在一种约束不但对系统的速度有限制,而且对系统的位姿也限制,那么此类约束就是运动约束,它的表达形式如下:

$$f(\boldsymbol{q}, \dot{\boldsymbol{q}}, t) = 0 \tag{2-3}$$

式中，$f(\boldsymbol{q},\dot{\boldsymbol{q}},t) \in \mathbf{R}^{m \times 1}$，$m$ 是系统中存在的约束的数目；$\boldsymbol{q}$ 为系统的广义坐标向量；$\dot{\boldsymbol{q}}$ 为 $\boldsymbol{q}$ 的一阶微分。$\boldsymbol{q}$ 和 $\dot{\boldsymbol{q}}$ 可表示为以下形式：

$$\boldsymbol{q} = \begin{bmatrix} q_1 \\ q_2 \\ \vdots \\ q_n \end{bmatrix}, \quad \dot{\boldsymbol{q}} = \frac{\mathrm{d}\boldsymbol{q}}{\mathrm{d}t} = \begin{bmatrix} \dot{q}_1 \\ \dot{q}_2 \\ \vdots \\ \dot{q}_n \end{bmatrix} \tag{2-4}$$

多数现实情境下，运动约束与广义速度 $\dot{q}_i$ 之间是线性相关的，可将这种相关性表示成以下形式：

$$f(\boldsymbol{q},\dot{\boldsymbol{q}},t) = \sum_{i}^{n} \boldsymbol{W}_i(\boldsymbol{q}) \cdot \dot{\boldsymbol{q}} = A(\boldsymbol{q}) \cdot \dot{\boldsymbol{q}} = 0 \tag{2-5}$$

式中，$\boldsymbol{W}(\boldsymbol{q}) \in \mathbf{R}^{m \times n}$（$m < n$）为满秩矩阵，$\boldsymbol{W}_i(\boldsymbol{q}) \in \mathbf{R}^{1 \times n}$（$i = 1,2,\cdots,n$）中的元素分别对应一种约束，这种约束实际为广义速度 $\dot{\boldsymbol{q}}$ 的取值方向的约束。上式中所描述的约束满足线性化条件时就可称作 Pfaffian 约束。

实际上，在系统运动过程中，只限制系统位姿的约束是可积的，同样，只限制系统速度的约束是不可积的。

图 2-1 展示的为正处于纯滚动直线运动状态的轮子，其中，r 为轮子的半径，假设轮子为刚性材质，那么轮子的姿态可描述为 $\boldsymbol{q} = \begin{bmatrix} x_c & y_c & \varphi \end{bmatrix}^{\mathrm{T}}$；$A$ 为轮子与地面间的瞬时接触点，且 $v_A = 0$，轮子的运动约束表达式描述如下：

$$y_c = r \tag{2-6}$$

$$A(\boldsymbol{q}) \cdot \dot{\boldsymbol{q}} = \begin{bmatrix} 1 & 0 & -r \end{bmatrix} \begin{bmatrix} \dot{x}_c \\ \dot{y}_c \\ \dot{\varphi}_c \end{bmatrix} = \dot{x}_c - r\omega_c = v_A = 0 \tag{2-7}$$

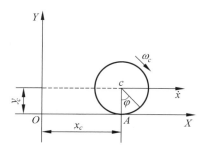

图 2-1   车轮做无滑动滚动直线运动

式(2-7)积分形式如下：

$$x_c - r\varphi_c = C \tag{2-8}$$

式中，C 是一个常数。式(2-6)与式(2-8)所描述的约束均为几何约束，因此在车轮为刚性材质的情况下,其运动过程会受到几何约束。

图 2-2 为刚性材质的轮子在水平面中做纯滚动自由运动的示意图,其位姿表达式为 $q = [x_c \quad y_c \quad \varphi \quad \theta]^T$。可将轮子在 A 点的线速度当作运动速度,约束方程描述如下:

$$y = r \tag{2-9}$$

$$A(q) \cdot \dot{q} = \begin{bmatrix} 1 & 0 & -r\cos\theta & 0 \\ 0 & 1 & -r\sin\theta & 0 \end{bmatrix} \begin{bmatrix} \dot{x}_c \\ \dot{y}_c \\ \omega_c \\ \omega \end{bmatrix} = \begin{bmatrix} x_c - r\omega_c\cos\theta \\ y_c - r\omega_c\sin\theta \end{bmatrix} = v_A = 0 \tag{2-10}$$

式中,ω_c 为 φ 的一阶微分。式(2-10)同时限制了轮子自由运动过程中的速度与位姿,上式中所描述的约束不能由积分的方法转换成几何的形式,图 2-2 中若是轮子沿着某个方向直线运动,那么其运动情况与图 2-1 相同。

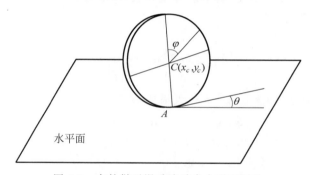

图 2-2　车轮做无滑动滚动自由平面运动

系统运动所受的不可积的约束为非完整约束,位姿所受的可积约束为完整约束,完整系统仅受完整约束的限制,而系统只要受到非完整约束限制,这样的系统就称非完整系统。

2.1.2　轮式移动车辆非完整性分析

早在 20 世纪 80 年代,学者们就开始了针对非完整约束移动车辆运动控制领域的探究工作,并取得了一定的成果[135]。由于轮式移动车辆系统中存在非完整约束,其本质上为非完整系统,受到的约束可用一阶不可积的微分来表示,且可转换成Pfaffian 约束方程:

$$A(q) \cdot \dot{q} = 0 \tag{2-11}$$

式中,$A(q) \in \mathbf{R}^{m \times n}$ 描述的为系统的广义坐标系数矩阵($m < n$);$q \in \mathbf{R}^n$ 是对系统中的广义坐标向量的描述。当轮式移动车辆系统沿着水平面做纯滚动运动时,它受到的非完整约束可描述为:

$$A(\boldsymbol{q}) \cdot \dot{\boldsymbol{q}} = \dot{x}\sin\theta - \dot{y}\cos\theta = \begin{bmatrix} \sin\theta & -\cos\theta & 0 \end{bmatrix} \begin{bmatrix} \dot{x} \\ \dot{y} \\ \dot{\theta} \end{bmatrix} = 0 \qquad (2\text{-}12)$$

引理 2.1 式(2-11)所描述的约束为非完整约束的一个充要条件是：系统中 i 与 m 的差值大于零，其中，i 为可接近分布维数的数目，m 为 $\dot{q}$ 的维数与约束数的差值。

$\boldsymbol{g}_1$ 与 $\boldsymbol{g}_2$ 均为列矩阵，二者组成了 $A(\boldsymbol{q})$ 的零空间矩阵 $S(\boldsymbol{q})$，其中，$A(\boldsymbol{q})$ 为系统的约束矩阵，式(2-13)描述了它们之间的相关性。

$$S(\boldsymbol{q}) = \begin{bmatrix} \boldsymbol{g}_1 & \boldsymbol{g}_2 \end{bmatrix} \begin{bmatrix} \cos\theta & 0 \\ \sin\theta & 0 \\ 0 & 1 \end{bmatrix} \qquad (2\text{-}13)$$

式(2-14)描述了系统中控制量 $\dot{q}$ 与线速度和角速度之间的关系，式中，u_1 表示线速度；u_2 表示角速度。

$$\dot{\boldsymbol{q}} = \begin{bmatrix} \cos\theta \\ \sin\theta \\ 0 \end{bmatrix} u_1 + \begin{bmatrix} 0 \\ 0 \\ 1 \end{bmatrix} u_2 \qquad (2\text{-}14)$$

相应地，$\boldsymbol{g}_1$ 和 $\boldsymbol{g}_2$ 的李括号[①]表达式描述如下：

$$[\boldsymbol{g}_1, \boldsymbol{g}_2] = \begin{bmatrix} -\sin\theta & \cos\theta & 0 \end{bmatrix}^{\mathrm{T}} \qquad (2\text{-}15)$$

从上述表达式可以看出，系统中 $i=3, m=2$，结合定理可知，轮式移动车辆系统是非完整度为 2 的非完整系统。

2.1.3　非完整移动车辆的可控性

由 2.1.1 节可知，移动车辆的约束可表示为 Pfaffian 约束的形式。如果 Pfaffian 约束可积，即为完整约束时，系统的运动在位形空间内就被限制于某个超曲面上，也就是说，系统运动的速度被限制在这个超曲面的切空间上。如果 Pfaffian 约束不可积，即为非完整约束时，系统的运动在位形空间内就不被限制在某个超曲面上，可以自由运动，即可在不同位形之间运动[136]。因此，非完整移动车辆在位形空间中可以自由地运动。很显然，对于这种自由运动，人们所关注的主要问题是这种自由运动是否可控？

对于超曲面上的任意两点 q_1 和 q_2，如果存在满足约束条件式(2-12)的轨迹 $q(t)$ 或者说存在特定的控制量 $u_1(t)$ 和 $u_2(t)$，能够使系统从点 q_1 到达 q_2，这就表明系统在超曲面上不受可接近性的影响，是可以任意到达的。如果系统不可控，则上述说明就不成立。因此，只需要判断系统的可接近性是否缺失，即可接近分布的维数是

---

① 李括号：黎曼几何中的一种运算。

否为 3。由 2.1.2 节中对轮式移动车辆非完整性的判断可知,系统不满足 Brockett 必要条件的限制,且在原点近似后的线性化系统是不可控的。相对应的李括号的秩为 3。故对应于非完整约束式(2-12)的非完整移动车辆是可控的。

2.1.4　非完整智能车辆的坐标系选择

智能车辆的位姿主要是指智能车辆在空间中的位置和姿态。为了描述智能车辆的位姿以及建立模型,首先要有一个清晰且统一的框架对车辆在空间中的位姿和约束进行描述,这就引入了坐标系的概念[137]。对于非完整智能车辆,其位置和姿态是在二维空间中描述的,所以在对本书中的车辆进行环境信息描述时,通常建立两个坐标系:全局坐标系(X-Y)和局部坐标系(X_b-Y_b)。

1.　全局坐标系

在非完整智能车辆的控制中,需要知道智能车辆自身在环境中的位置,需要对路标和目标进行识别,这样才能搜索并达到目标位置。全局坐标系的作用是对整个环境的信息进行描述,对智能车辆的当前位姿进行定位,并对路标和目标进行标示,是一种通用坐标系。在后文中,全局坐标起着定位和标示的重要作用。智能车辆全局坐标系如图 2-3 所示,其中,点 $M(x,y)$ 是智能车辆的质心在全局坐标系中的表示;(x_c,y_c) 为参考 G 点在全局坐标系中的位置;(x',y') 为参考 G 点在局部坐标系中的位置(假设智能车辆模型中质心与几何中心重合)。

2.　局部坐标系

局部坐标系,即车载局部坐标系,分别以智能车辆前进的方向和垂直于前进方向为横坐标和纵坐标。由于智能车辆具有独立移动特性,则必须在全局坐标系和局部坐标系之间建立映射关系。全局坐标系和局部坐标系之间的关系如图 2-3 所示。对

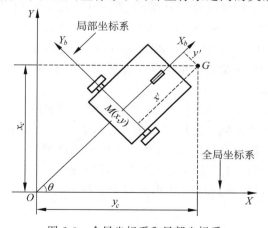

图 2-3　全局坐标系和局部坐标系

图 2-3 中的参考点 G 来说,全局坐标系和车载局部坐标系之间存在下列关系:

$$\begin{cases} x_c = x + x' \times \cos\theta - y \times \sin\theta \\ y_c = y + x' \times \sin\theta + y' \times \cos\theta \end{cases} \tag{2-16}$$

式(2-16)中,(x,y) 为智能车辆质心在全局坐标系中的位置。(x',y') 为参考点 G 在局部坐标系中的位置。(x_c,y_c) 为参考点 G 在全局坐标系中的位置。θ 为智能车辆前进方向与全局坐标系横轴之间的夹角,并定义:逆时针方向改变为正,顺时针方向改变为负。

2.2　智能车辆的运动控制问题

智能车辆一般工作在非结构环境中,工作范围较大,外部存在很多未知因素,因此需要研究解决一系列问题,包括环境探测、自主定位、任务规划、运动规划、运动控制等,其中,运动控制又是这些问题中的最基本问题,所有任务最终都是通过车辆的运动来实现的。

这里的运动控制特指反馈控制,对应的运动规划实质上是开环运动控制,其控制目标是寻找有界的控制输入,使非完整系统能够在一定时间内从任意初始位形到达给定的目标位形。运动规划本质上是两点边值问题,除了需要寻找到满足边界条件的轨迹外,同时还要寻找出最优路径,并且受到非完整约束的限制,并不是任意运动轨迹都是可行的,必须是满足非完整约束条件的运动才能实现,因此运动规划问题也比较困难。本书对运动规划问题不做讨论,重点研究智能车辆的反馈控制中的轨迹跟踪问题。根据控制目标的不同,非完整系统的反馈控制问题大致可分为三类:点镇定(point stabilization)、轨迹跟踪(trajectory tracking)和路径跟踪(path following)[138]。

点镇定问题指的是设计反馈控制器,使系统从给定的初始状态出发到达并稳定在任意给定的目标状态。一些文献中也称之为姿态镇定(posture stabilization)、姿态调节(posture regulation)、设定点调节(set-point regulation)等,各种名称中的点、状态、姿态、设定点等都是指由一组广义坐标描述的智能车辆的位形。在研究中,通常都将原点作为目标状态。

轨迹跟踪问题是指在惯性坐标系中,车辆从给定的初始状态出发,到达并跟随给定的参考轨迹。路径跟踪问题是指在惯性坐标系中,车辆从给定的初始状态出发,到达并跟随指定的几何路径。简单来说,两者的区别是路径跟踪只要求车辆能够跟踪已经规划好的路径,对何时到达何点不作要求,而轨迹跟踪要求车辆按时间变化的参考轨迹实时跟踪,所以路径跟踪问题相对容易解决,甚至可以看作轨迹跟踪的一种特例。

2.3 智能车辆运动控制方法

智能车辆的核心是控制系统,从控制工程的角度来看,智能车辆是一个非线性和不确定性系统,智能控制是近年来车辆控制领域研究的前沿课题,已经取得了相当丰富的成果。智能车辆轨迹跟踪控制系统的主要目的是通过给定各电机的驱动力矩,使得车辆的位置、速度等状态变量跟踪给定的理想轨迹。

2.3.1 滑模变结构控制

滑模变结构技术在过去的 60 年中经历了三个阶段的发展。第一阶段主要研究单输入/单输出线性对象的变结构控制。系统误差和它的导数作为状态变量构成状态空间,并选取相坐标的组合作为控制量。滑模对系统参数变化的不灵敏性引起了学者的注意。第二阶段是在 20 世纪 60 年代末,学者开始研究多输入/多输出系统和非线性系统的滑模变结构控制。滑模变结构取得了巨大的研究成果,然后由于硬件技术的缺乏,所以它还停留在理论阶段。到了 20 世纪 80 年代,随着科学技术进步,硬件技术的出现,与实际应用相结合使得该理论的发展进入了新阶段。此外,滑模技术被应用到更多繁杂的系统中,如广义的、非线性大系统,具有时滞的、分布参数的、离散的、非完整系统等。同时为了解决滑模控制中存在的有害抖动现象,还将模糊控制、遗传算法、神经网络控制、自适应控制等现代控制技术应用到滑模变结构技术中[139]。

滑模变结构控制策略与常规控制的根本区别在于控制的不连续性,即一种使系统"结构"随时间变化的开关特性。该控制特性可以迫使系统在一定特性下沿规定的状态轨迹作小幅度、高频率的上下运动,即所谓的"滑动模态"或"滑模"运动。这种滑动模态是可以设计的,且与系统的参数及扰动无关。这样,处于滑模运动的系统就具有很好的鲁棒性。

举例如下,设非线性控制系统如下:

$$\dot{x} = f(t, x, u) \tag{2-17}$$

式中,$x \in \mathbf{R}^n$,表示系统的状态变量;$u \in \mathbf{R}$,表示系统的控制量;t 为时间。

对于系统(2-17),存在滑模面 $s(x,t)=0$。控制器 $u=u(x,t)$ 按照下述逻辑在 $s(x,t)=0$ 上切换。

$$u(x,t) = \begin{cases} u^+(x,t), & s(x,t) > 0 \\ u^-(x,t), & s(x,t) < 0 \end{cases} \tag{2-18}$$

式中,$u^+(x,t)$,$u^-(x,t)$ 以及 $s(x,t)$ 都是光滑连续函数,$s(x,t)$ 称为切换函数。

图 2-4 是一个滑模面和运动点的图,可分为三种情况。

第一种情况如图 2-4 中 A 点,当系统经过一段时间到达滑模面,它并不会驻留

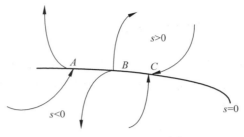

图 2-4   滑模面的三种点

在 $s=0$，会继续越过滑模面，这一类型的点表示常点。

第二种情况如图 2-4 中 B 点，当系统经过一段时间到达滑模面，它会向两侧运动从而远离该点，这一类型的点表示起点。

第三种情况如图 2-4 中 C 点，当系统经过一段时间到达滑模面，并驻留于滑模面上，这一类型的点表示止点。

针对系统(2-17)，需要确定一个 $s(x,t)$，设计控制器 $u(x,t)$ 满足以下几个条件：

(1) 设计的控制器使得滑动模态存在，即止点图，始终对运动点有吸引力

$$\lim_{s\to 0^+}\dot{s}(x)\leqslant 0, \quad \lim_{s\to 0^-}\dot{s}(x)\geqslant 0 \tag{2-19}$$

(2) 从滑模面 $s(x,t)=0$ 之外运动的点要想能够在一定的时间内运动到滑模面，它必须满足

$$V(s)=\frac{1}{2}s^2, \quad \dot{V}(s)\leqslant 0 \tag{2-20}$$

不仅如此，$s(x)$ 还要经过原点且可微。

(3) 保证控制过程中的稳定性和控制系统的动态性能。

滑模控制中存在频繁地切换，这会导致切换过度而不精确，使得系统产生剧烈振动，这在工程应用中是一个重要隐患。另外，系统中的时间滞后、扰动、未建模动态等因素也可能使系统产生不稳定的现象。

2.3.2   自适应控制

所谓自适应控制是指控制系统可以在线自动调整控制参数，使系统在参数变化、外部干扰以及外界环境变化等影响下，依然可以保证整个系统按照期望的性能指标运行。与此同时，系统本身可能还会受到外部环境变化、外部干扰和自身参数变化的影响。对于这些不确定性，系统的控制是该控制方法的重要特质。

与传统的 PID、最优控制等相比较，自适应控制不仅可以控制参数能够准确获取的系统，还可以控制参数不能准确获取的系统。它还可以抑制环境变化、系统自身参数变化、扰动的影响。该控制可以实时检测系统参数变化或者运行指标，从而改变控

制参数,保证系统工作在最佳状态或者接近最佳的工作状态。通常将该系统分为两种:第一种叫模型参考自适应控制系统,主要基于波波夫超稳定和李雅普诺夫稳定定理及正实性概念。第二种叫自适应调节器系统,主要基于辨识理论和概率控制理论[140]。

1. 模型参考自适应控制系统

图 2-5 是控制系统结构框图。由图可知该系统就是在最基础的反馈系统上添加了参考模型和自适应控制调节器模块。$y_m(t)$ 表示系统的期望输出。由于初始阶段被控对象的初始参数未知,因而控制器不能够很好地作用于系统,此时期望输出 $y_m(t)$ 和系统实际输出 $y_p(t)$ 之间会有一个较大的误差 $e_m(t)$。将自适应控制误差 $e_m(t)$ 引入调节器中,经过自适应算法运算以后可改变控制器参数,产生的新的控制器 $u(t)$ 作用于被控对象。从而使得自适应控制误差渐近收敛到零,即 $e_m(t) = y_m(t) - y_p(t) = 0$。

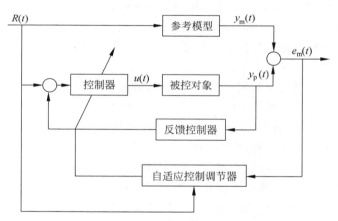

图 2-5　模型参考自适应控制系统框图

2. 自适应调节器系统

图 2-6 是自适应调节器系统框图。它的主要思想是先假定未知系统的参数是已知的,然后选择一个目标函数,确定最优控制律。根据控制输入和系统输出通过辨识机构辨识系统的参数,将此参数作为实际参数来修改控制参数,调节未知系统,如此循环直到被控系统的性能达到最佳状态。

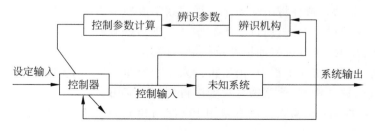

图 2-6　自适应调节器系统框图

这两种自适应控制系统的共同点就是它们的控制器参数都会随着被控对象特性的变化而不断调整，使得系统具备一定的自调整能力，然而它们的调节方法是不一样的。

目前，自适应控制技术已经被广泛应用到各个领域，例如航空航天方面、机器人操作、智能车辆、工业过程等。随着人们对控制系统要求的提高和技术的不断进步，自适应技术的应用前景将会越来越广阔。

2.3.3　反演控制

李雅普诺夫函数在非线性系统的设计中有着极其重要的作用。长期以来，关于李雅普诺夫函数稳定性理论虽取得了很多结果，但不存在一般性的构造李雅普诺夫函数的有效方法。20 世纪 80 年代，Backstepping（反演）设计方法的出现和发展解决了李雅普诺夫方法缺乏构造性的问题，它利用系统的结构特性递推地构造整个系统的李雅普诺夫函数，从而可以保证闭环控制系统的稳定性。

这种方法采用 Backstepping 设计，在每一步把状态坐标的变化、不确定参数的自适应调节函数和已知李雅普诺夫函数的虚拟控制系统的镇定函数等联系起来，通过逐步修正算法设计镇定控制器，实现系统的全局调节或跟踪。它适用于可状态线性化或严格参数反馈的不确定性系统，可以方便地使用符号代数软件来实现。因此 Backstepping 设计方法近年来引起了有关学者的高度重视，在第十四届 IFAC 世界大会及 1999 年美国控制会议 ACC 上，有 50 篇论文涉及 Backstepping 设计方法在不确定系统及各种对象中的理论与应用研究[141]。

反演控制设计的基本思想是将复杂的非线性系统分解成不超过系统阶数的子系统，然后为每个子系统分别设计李雅普诺夫函数和中间虚拟控制量，一直"后退"到整个系统，直到完成整个控制律的设计。利用反演控制技术设计机器人控制器，可以解决系统中的非匹配不确定性。通过在虚拟控制中引入微分阻尼项，可有效地改善系统动态性能；通过在虚拟控制中引入模糊系统或神经网络，可实现无需建模的自适应反演控制；通过在虚拟控制中引入切换函数，可实现具有滑模控制特性的反演控制。

2.3.4　其他控制方法

（1）基于模型的控制方法：与一般的机械系统一样，当机器人的结构及其机械参数确定后，其动态特性将由动力学方程即数学模型来描述。因此，可以采用自动控制理论所提供的设计方法，通过基于数学模型的方法设计机器人控制器。基于被控对象数学模型的控制方法有前馈补偿控制、计算力矩法、最优控制方法、非线性反馈控制方法等。但在实际工程中，由于机器人是一个非线性和不确定性系统，很难得到机器人精确的数学模型，使这些方法难以得到实际应用。

（2）PID 控制：机器人控制常采用 PD 控制和 PID 控制，优点是控制律简单，易于实现,无须建模,但这类方法有两个明显的缺点,一是难以保证受控机器人具有良好的动态和静态品质;二是需要较大的控制能量。

（3）鲁棒控制:它是一种保证不确定系统的稳定性以及达到满意控制效果的控制方法。鲁棒控制器的设计仅需知道限制不确定性的最大可能值的边界,鲁棒控制可同时补偿结构和非结构不确定性的影响,这也正是鲁棒控制优于自适应控制之处。除此之外,与自适应控制方法相比,鲁棒控制还有实现简单（没有自适应律）、对时变参数以及非结构非线性不确定性的影响有更好的补偿效果、更易于保证稳定性等优点。

（4）神经网络控制和模糊控制:神经网络和模糊系统具有高度的非线性逼近映射能力,神经网络和模糊系统技术的发展为解决复杂的非线性、不确定及不确知系统的控制开辟了新途径。采用神经网络和模糊系统,可实现对机器人动力学方程中未知部分的在线精确逼近,从而可通过在线建模和前馈补偿,实现机器人的高精度跟踪。

（5）迭代学习控制:它是智能控制中具有严格数学描述的一个分支,适合于解决强非线性、强耦合、建模难、运动具有重复性的对象的高精度控制问题。迭代学习控制方法不依赖于系统的精确数学模型,算法简单。与鲁棒控制一样,迭代学习控制也能处理实际系统中的不确定性,但它能实现完全跟踪,控制器形式更为简单且只需要较少的先验知识。机器人轨迹跟踪控制是迭代学习控制应用的典型代表。

2.4　智能车辆运动学轨迹跟踪控制

2.4.1　末端控制问题定位

本章的研究对象为两轮差分驱动的轮式移动平台,两个后轮各由一个独立的电机驱动,前轮为导向轮。当平台移动时,左右两个电机转速不同,两驱动轮会产生差动,进而实现车体的转弯。移动平台的结构如图 2-7 所示。

图中,r_L 和 r_R 分别为左右两轮的半径,b 为车体中心到驱动轮间的距离,$\dot{\theta}_L$ 和 $\dot{\theta}_R$ 为左右两轮的角速度,φ 为运动方向与 X 轴的夹角,移动平台的运动状态可表示为:$\boldsymbol{P} = (x \quad y \quad \varphi)^{\mathrm{T}}$,$\boldsymbol{q} = (V \quad \omega)^{\mathrm{T}}$,$(x, y)$ 表示移动平台在笛卡儿全局坐标系中的位置,V, ω 为移动平台前进的线速度和角速度。移动平台运动学方程为

$$\dot{\boldsymbol{P}} = \begin{bmatrix} \dot{x} \\ \dot{y} \\ \dot{\varphi} \end{bmatrix} = \begin{bmatrix} \cos\varphi & 0 \\ \sin\varphi & 0 \\ 0 & 1 \end{bmatrix} \begin{bmatrix} V \\ \omega \end{bmatrix} \tag{2-21}$$

左右轮的角速度$(\dot{\theta}_R, \dot{\theta}_L)$与移动平台的线速度和角速度之间的关系为

$$\begin{bmatrix} \dot{\theta}_R \\ \dot{\theta}_L \end{bmatrix} = \begin{bmatrix} 1/r_R & b/r_R \\ 1/r_L & -b/r_L \end{bmatrix} \begin{bmatrix} V \\ \omega \end{bmatrix} \tag{2-22}$$

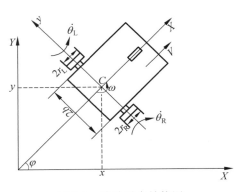

图 2-7   移动平台结构图

由式(2-22)可得

$$\begin{bmatrix} V \\ \omega \end{bmatrix} = \frac{1}{2} \begin{bmatrix} r_R & r_L \\ r_R/b & -r_L/b \end{bmatrix} \begin{bmatrix} \dot{\theta}_R \\ \dot{\theta}_L \end{bmatrix} \tag{2-23}$$

将式(2-23)代入式(2-21),得

$$\dot{\boldsymbol{P}} = \begin{bmatrix} \dot{x} \\ \dot{y} \\ \dot{\varphi} \end{bmatrix} = \begin{bmatrix} \cos\varphi & 0 \\ \sin\varphi & 0 \\ 0 & 1 \end{bmatrix} \frac{1}{2} \begin{bmatrix} r_R & r_L \\ r_R/b & -r_L/b \end{bmatrix} \begin{bmatrix} \dot{\theta}_R \\ \dot{\theta}_L \end{bmatrix} \tag{2-24}$$

轮式移动平台参考位姿指令为 $\boldsymbol{P}_r = (x_r \quad y_r \quad \varphi_r)^T$,参考速度指令为 $\boldsymbol{q}_r = (V_r \quad \omega_r)^T$,当它从位姿 $\boldsymbol{P} = (x \quad y \quad \varphi)^T$ 移动到 $\boldsymbol{P}_r = (x_r \quad y_r \quad \varphi_r)^T$ 时,在局部坐标系中的坐标为 $\boldsymbol{P}_e = (x_e \quad y_e \quad \varphi_e)^T$,式中,$\varphi_e = \varphi_r - \varphi$。

局部坐标系与笛卡儿全局坐标系的夹角为 φ,根据坐标变换公式得到移动平台的位姿误差方程为

$$\boldsymbol{P}_e = \begin{bmatrix} x_e \\ y_e \\ \varphi_e \end{bmatrix} = \begin{bmatrix} \sin\varphi & \sin\varphi & 0 \\ -\sin\varphi & \cos\varphi & 0 \\ 0 & 0 & 1 \end{bmatrix} \begin{bmatrix} x_r - x \\ y_r - y \\ \varphi_r - \varphi \end{bmatrix} \tag{2-25}$$

位姿误差微分方程为

$$\dot{\boldsymbol{P}}_e = \begin{bmatrix} \dot{x}_e \\ \dot{y}_e \\ \dot{\varphi}_e \end{bmatrix} = \begin{bmatrix} \omega y_e - V + V_r \cos\varphi_e \\ -\omega x_e + V_r \sin\varphi_e \\ \omega_r - \omega \end{bmatrix} \tag{2-26}$$

2.4.2 反演控制器设计原理

对于复杂的非线性系统控制律设计常常利用反演设计法。其基本思想是将系统分解成若干个子系统,且子系统的个数不超过系统阶数,接着利用"后退"的理念逐步为每一个子系统设计李雅普夫函数,并根据李雅普诺夫函数稳定性理论的条件设计辅助控制量,直至完成整个控制律的设计。该方法又称为回推法、反步法或后推法。

为了更为直观地表述反演控制方法的原理,对一个二阶系统的控制律进行设计。假设被控对象为

$$\begin{cases} \dot{x}_1 = x_2 \\ \dot{x}_2 = f(x,t) + b(x,t)u \end{cases} \quad (2\text{-}27)$$

式中,$b(x,t) \neq 0$。按照反演控制方法思想,将上述二阶系统分为两个子系统来进行控制律设计,其设计过程分为以下两个步骤:

步骤 1:子系统一的控制律设计。

系统位置误差:

$$z_1 = x_1 - z_d \quad (2\text{-}28)$$

式中,z_d 为期望参数。

式(2-28)的时间导数为

$$\dot{z}_1 = \dot{x}_1 - \dot{z}_d = x_2 - \dot{z}_d \quad (2\text{-}29)$$

该系统的虚拟控制量定义为

$$\alpha_1 = -c_1 z_1 + \dot{z}_d \quad (2\text{-}30)$$

式中,$c_1 > 0$。

该子系统的辅助控制量定义为

$$z_2 = x_2 - \alpha_1 \quad (2\text{-}31)$$

李雅普诺夫候选函数为

$$V_1 = \frac{1}{2}z_1^2 \quad (2\text{-}32)$$

式(2-32)的时间导数为

$$\dot{V}_1 = z_1\dot{z}_1 = z_1(x_2 - \dot{z}_d) = z_1(z_2 + \alpha_1 - \dot{z}_d) \quad (2\text{-}33)$$

将式(2-31)代入式(2-32),有

$$\dot{V}_1 = -c_1 z_1^2 + z_1 z_2 \quad (2\text{-}34)$$

如果 $z_2 = 0$,则 $V_1 \leqslant 0$。

步骤 2:子系统二的控制律设计。

定义李雅普诺夫函数:

$$V_2 = V_1 + \frac{1}{2}z_2^2 \tag{2-35}$$

由式(2-26)和式(2-27)可知

$$z_2 = \dot{x}_2 - \dot{\alpha}_1 = f(x,t) + b(x,t)u + c_1\dot{z}_1 - \ddot{z}_d \tag{2-36}$$

结合式(2-35)和式(2-36),得

$$\dot{V}_2 = \dot{V}_1 + z_2\dot{z}_2 = -c_1z_1^2 + z_1z_2 + z_2(f(x,t) + b(x,t) + c_1\dot{z}_1 - \ddot{z}_d) \tag{2-37}$$

选取控制律,使得 $\dot{V}_2 \leqslant 0$:

$$u = \frac{1}{b(x,t)}(-f(x,t) - c_2z_2 - z_1 - c_1\dot{z}_1 + \ddot{z}_d) \tag{2-38}$$

式中,$c_2 > 0$。

联立式(2-37)和式(2-38),得

$$\dot{V}_2 = -c_1z_1^2 - c_2z_2^2 \leqslant 0 \tag{2-39}$$

通过设计控制律,使系统满足李雅普诺夫稳定性条件,z_1 和 z_2 渐近稳定,保证系统全局意义下指数的渐近稳定性,且 z_1 以指数形式渐近收敛到零。

2.4.3　控制系统建模

如图 2-8 所示,受非完整约束的差分驱动轮式移动焊接机器人系统,该系统由轮式移动平台和安装在平台上的机械臂组成,焊枪安装在机械臂的末端,移动平台由两个独立驱动轮、一个导向轮和平台体组成。两个同轴驱动轮分别由两电机独立驱动,利用两轮的转速差实现转向的功能。其中,C 为移动平台的质心;F 为机械臂与平台的连接点;O 为驱动轮与平台轴线的交点;2b 为两驱动轮的距离;L_1、L_2 分别为机械臂的两个杆长;r 为驱动轮半径;La 为 C 与 F 之间的距离;d 为 O 与 C 的距离;φ 为方向角;移动平台在 F 点与驱动轮转速相关的运动方程为

$$\begin{bmatrix} \dot{x}_F \\ \dot{y}_F \end{bmatrix} = \begin{bmatrix} c(b\cos\varphi + (d+L_a)\sin\varphi) & c(b\cos\varphi - (d+L_a)\sin\varphi) \\ c(b\sin\varphi - (d+L_a)\cos\varphi) & c(b\sin\varphi + (d+L_a)\cos\varphi) \end{bmatrix} \times \begin{bmatrix} \dot{\theta}_R \\ \dot{\theta}_L \end{bmatrix} \tag{2-40}$$

式中,$c = \dfrac{r}{2b}$,$\dot{\theta}_R$、$\dot{\theta}_L$ 分别为右驱动轮和左驱动轮的角速度。

根据式(2-40),推导出焊枪末端速度方程为

$$\begin{bmatrix} \dot{x}_E \\ \dot{y}_E \end{bmatrix} = \begin{bmatrix} \dot{x}_F \\ \dot{y}_F \end{bmatrix} + \begin{bmatrix} \cos\phi & -\sin\phi \\ \sin\phi & \cos\phi \end{bmatrix} \begin{bmatrix} J_{11} & J_{12} \\ J_{21} & J_{22} \end{bmatrix} \begin{bmatrix} \dot{\theta}_1 + \dot{\phi} \\ \dot{\theta}_2 \end{bmatrix} \tag{2-41}$$

式中,$J_{ij}(i,j=1,2)$ 是基座固定的机械臂雅可比矩阵中的元素,$J_{11} = -L_1\sin\theta_1 - L_2\sin(\theta_1 + \theta_2)$,$J_{12} = -L_2\sin(\theta_1 + \theta_2)$,$J_{21} = L_1\cos\theta_1 + L_2\cos(\theta_1 + \theta_2)$,$J_{22} =$

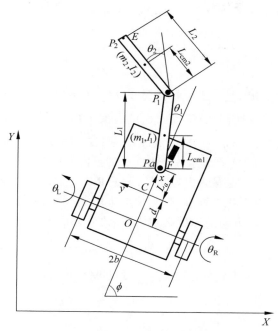

图 2-8　轮式移动焊接机器人结构图

$L_2\cos(\theta_1+\theta_2)$，$\theta_1$，$\theta_2$ 为连杆 1 和连杆 2 的转角。

由式（2-40）和式（2-41）可得到移动焊接机器人的前向微分运动学方程为

$$
\begin{bmatrix} \dot{x}_E \\ \dot{y}_E \\ \dot{x}_F \\ \dot{y}_F \end{bmatrix} = \begin{bmatrix} \cos\phi & -\sin\phi & 0 & 0 \\ \sin\phi & \cos\phi & 0 & 0 \\ 0 & 0 & \cos\phi & -\sin\phi \\ 0 & 0 & \sin\phi & \cos\phi \end{bmatrix} \times
$$

$$
\begin{bmatrix} \dfrac{r}{2}-cJ_{11} & \dfrac{r}{2}+cJ_{11} & J_{11} & J_{12} \\ -c(d+L_a+J_{21}) & c(d+L_a+J_{21}) & J_{21} & J_{22} \\ \dfrac{r}{2} & \dfrac{r}{2} & 0 & 0 \\ -c(d+L_a) & c(d+L_a) & 0 & 0 \end{bmatrix} \begin{bmatrix} \dot{\theta}_R \\ \dot{\theta}_L \\ \dot{\theta}_1 \\ \dot{\theta}_2 \end{bmatrix} \tag{2-42}
$$

式（2-42）可简化为以下形式：

$$
\dot{x} = Jv \tag{2-43}
$$

则

$$
\ddot{x} = \dot{J}v + J\dot{v} \tag{2-44}
$$

受到非完整约束的轮式智能车辆的动力学模型用拉格朗日动力学方法表示为

$$\boldsymbol{M}(\boldsymbol{q})\ddot{\boldsymbol{q}} + \boldsymbol{C}(\boldsymbol{q},\dot{\boldsymbol{q}})\dot{\boldsymbol{q}} + \boldsymbol{F}(\dot{\boldsymbol{q}}) + \boldsymbol{G}(\boldsymbol{q}) + \boldsymbol{H}(\boldsymbol{q},\dot{\boldsymbol{q}}) = \boldsymbol{B}(\boldsymbol{q})\boldsymbol{\tau} + \boldsymbol{\tau}_{d} + \boldsymbol{A}^{T}(\boldsymbol{q})\lambda$$

$$(2\text{-}45)$$

非完整约束表示为

$$\boldsymbol{A}(\boldsymbol{q})\dot{\boldsymbol{q}} = 0 \tag{2-46}$$

式中，$\boldsymbol{q} = [q_1 \cdots q_n]^T \in \mathbf{R}^n$，是广义坐标向量；$\boldsymbol{M}(\boldsymbol{q}) \in \mathbf{R}^{n \times n}$，为对称的正定惯性矩阵；$\boldsymbol{C}(\boldsymbol{q},\dot{\boldsymbol{q}}) \in \mathbf{R}^{n \times 1}$，表示与智能车辆位置和速度有关的向心力和哥式力矩阵；$\boldsymbol{F}(\dot{\boldsymbol{q}}) \in \mathbf{R}^{n \times 1}$，为表面摩擦力项；$\boldsymbol{G}(\boldsymbol{q}) \in \mathbf{R}^{n \times n}$ 为重力项；$\boldsymbol{H}(\boldsymbol{q},\dot{\boldsymbol{q}})$ 是建模误差项；$\boldsymbol{A}(\boldsymbol{q}) \in \mathbf{R}^{m \times n}$ 为约束矩阵；$\lambda \in \mathbf{R}^{m \times 1}$ 是表示约束力向量的拉格朗日乘子；$\boldsymbol{B}(\boldsymbol{q}) \in \mathbf{R}^{n \times (n-m)}$ 为输入变换矩阵；$\boldsymbol{\tau} \in \mathbf{R}^{(n-m) \times 1}$ 是输入力矩向量；$\boldsymbol{\tau}_d \in \mathbf{R}^{(n-m) \times 1}$ 是未知外部扰动向量。

对智能车辆提出以下几种约束，第一种约束限制车辆的速度方向仅仅沿着轮子滚动的方向，垂直于滚动方向的速度必须为零，约束方程为

$$-\dot{x}_c \sin\phi + \dot{y}_c \cos\phi - \dot{\phi}d = 0 \tag{2-47}$$

另外两种约束与移动平台的速度 $\dot{x}_c, \dot{y}_c, \dot{\phi}$ 和驱动轮转速 $\dot{\theta}_R, \dot{\theta}_L$ 相关，约束方程为

$$\dot{x}_c \cos\varphi + \dot{y}_c \sin\varphi + b\dot{\varphi} = r\dot{\theta}_R \tag{2-48}$$

$$\dot{x}_c \cos\varphi + \dot{y}_c \sin\varphi - b\dot{\varphi} = r\dot{\theta}_L \tag{2-49}$$

联立式(2-46)、式(2-47)、式(2-48)、式(2-49)，可解出约束矩阵为

$$\boldsymbol{A} = \begin{bmatrix} -\sin\phi & \cos\phi & -d & 0 & 0 & 0 & 0 \\ -\cos\phi & -\sin\phi & -b & r & 0 & 0 & 0 \\ -\cos\phi & -\sin\phi & b & 0 & r & 0 & 0 \end{bmatrix} \tag{2-50}$$

为了消除约束力 λ，由矩阵理论可找到一满秩矩阵 $\boldsymbol{S}(\boldsymbol{q})$，使得

$$\boldsymbol{A}(\boldsymbol{q})\boldsymbol{S}(\boldsymbol{q}) = 0 \tag{2-51}$$

$\boldsymbol{S}(\boldsymbol{q})$ 的解并不唯一，因此，可由式(2-46)确定关节速度输入向量 $\boldsymbol{v} = [\dot{\theta}_R \quad \dot{\theta}_L \quad \dot{\theta}_1 \quad \dot{\theta}_2]^T$，满足

$$\dot{\boldsymbol{q}} = \boldsymbol{S}(\boldsymbol{q})\boldsymbol{v} \tag{2-52}$$

式中，$\boldsymbol{q} = [x_c \quad y_c \quad \varphi \quad \theta_R \quad \theta_L \quad \theta_1 \quad \theta_2]^T$ 为整个系统的联合广义坐标。计算出矩阵 $\boldsymbol{S}(\boldsymbol{q})$ 为

$$\boldsymbol{S}(\boldsymbol{q}) = \begin{bmatrix} c(b\cos\phi - d\sin\phi) & c(b\cos\phi + d\sin\phi) & 0 & 0 \\ c(b\sin\phi + d\cos\phi) & c(b\sin\phi - d\cos\phi) & 0 & 0 \\ c & -c & 0 & 0 \\ 1 & 0 & 0 & 0 \\ 0 & 1 & 0 & 0 \\ 0 & 0 & 1 & 0 \\ 0 & 0 & 0 & 1 \end{bmatrix} \tag{2-53}$$

忽略智能车辆与地面之间的摩擦力,则 $F(\dot{q})=0$,根据式(2-43)、式(2-52),可得

$$\dot{q}=S(q)J^{-1}\dot{X} \tag{2-54}$$

令 $\bar{S}=S(q)J^{-1}$,式(2-54)可写为

$$\dot{q}=\bar{S}\dot{X} \tag{2-55}$$

方程(2-45)两边同时乘以 $\bar{S}^{T}$,联立式(2-51)、式(2-52)、式(2-53)、式(2-46),智能车辆的动力学模型可表示为

$$\bar{M}(q)\ddot{X}+\bar{C}(q,\dot{q})\dot{X}+\bar{G}(q)+\bar{H}(q,\dot{q})=\bar{\tau}_{d}+\bar{B}(q) \tag{2-56}$$

式中,$\bar{M}=\bar{S}^{T}M\bar{S}$,$\bar{C}=\bar{S}^{T}(M\dot{\bar{S}}+C\bar{S})$,$\bar{G}=\bar{S}^{T}G$,$\bar{H}=S^{T}H(q,\dot{q})$,$\boldsymbol{\tau}_{d}=S^{T}\boldsymbol{\tau}_{d}$,$\bar{B}=\bar{S}^{T}B\boldsymbol{\tau}$。

动力学方程(2-56)具有以下重要特性:

性质 1　惯性矩阵 $\bar{M}(q)$ 为正定的对称矩阵,满足 $\bar{M}^{T}=\bar{M}>0$。

性质 2　矩阵 $\dot{\bar{M}}(q)-2\bar{C}(q,\dot{q})$ 为斜对称矩阵,满足 $\dot{\bar{M}}-2\bar{C}=-(\dot{\bar{M}}-2\bar{C})^{T}$。

2.4.4　自适应反演控制器设计

步骤 1:为了保证系统的稳定性,根据式(2-26)定义李雅普诺夫函数:

$$V_{1}=\frac{1}{2}x_{e}^{2}+\frac{1}{2}y_{e}^{2}+\frac{1}{k_{2}}(1-\cos\varphi_{e}) \tag{2-57}$$

式中,k_{2} 为正的设计常数。式(2-57)的微分形式为

$$\dot{V}_{1}=x_{e}\dot{x}_{e}+y_{e}\dot{y}_{e}+\frac{1}{k_{2}}(\sin\varphi_{e})\dot{\varphi}_{e}$$

$$=x_{e}(\omega y_{e}-V+V_{r}\cos\varphi_{e})+y_{e}(-\omega x_{e}+V_{r}\sin\varphi_{e})+\frac{1}{2}\sin\varphi_{e}(\omega_{r}-\omega)$$

$$=x_{e}(-V+V_{r}\cos\varphi_{e})+\frac{1}{k_{2}}\sin\varphi_{e}(\omega_{r}-\omega+k_{2}y_{e}V_{r}) \tag{2-58}$$

选取控制律:

$$q=\begin{bmatrix}V\\\omega\end{bmatrix}=\begin{bmatrix}V_{r}\cos\varphi+k_{1}x_{e}\\\omega_{r}+k_{2}V_{r}y_{e}+k_{3}\sin\varphi_{e}\end{bmatrix} \tag{2-59}$$

式中,k_{1},k_{2},k_{3} 为正的常数。

将式(2-59)代入式(2-58),得

$$\dot{V}_{1}=-k_{1}x_{e}^{2}-\frac{k_{3}}{k_{2}}\sin^{2}\varphi_{e} \tag{2-60}$$

很明显,$\dot{V}_{1}\leqslant 0$,跟踪误差收敛。

步骤 2:以上设计的控制律无法在移动平台轮子半径未知的情况下用作轨迹跟踪,接下来基于反演法设计自适应控制律对半径进行估计。

定义 $a_1 = 1/r_L > 0$，$a_2 = 1/r_R > 0$，式(2-22)可表示为

$$\begin{bmatrix} \dot{\theta}_R \\ \dot{\theta}_L \end{bmatrix} = \begin{bmatrix} a_2 & a_2 b \\ a_1 & -a_1 b \end{bmatrix} \begin{bmatrix} V \\ \omega \end{bmatrix} \tag{2-61}$$

控制目标描述为

$$\begin{bmatrix} a_2 & a_2 b \\ a_1 & -a_1 b \end{bmatrix} \begin{bmatrix} V \\ \omega \end{bmatrix} = \begin{bmatrix} \hat{a}_2 & \hat{a}_2 b \\ \hat{a}_1 & -\hat{a}_1 b \end{bmatrix} \begin{bmatrix} V_d \\ \omega_d \end{bmatrix} \tag{2-62}$$

式中，$\hat{a}_1$，$\hat{a}_2$ 是 a_1，a_2 的估计值，由式(2-62)，得

$$\begin{bmatrix} V_d \\ \omega_d \end{bmatrix} = \begin{bmatrix} \dfrac{1}{2}\left[\left(\dfrac{a_2}{\hat{a}_2} + \dfrac{a_1}{\hat{a}_1}\right)V + \left(\dfrac{a_2}{\hat{a}_2} - \dfrac{a_1}{\hat{a}_1}\right)b\omega\right] \\ \dfrac{1}{2b}\left[\left(\dfrac{a_2}{\hat{a}_2} - \dfrac{a_1}{\hat{a}_1}\right)V + \left(\dfrac{a_2}{\hat{a}_2} + \dfrac{a_1}{\hat{a}_1}\right)b\omega\right] \end{bmatrix} \tag{2-63}$$

定义估计误差 $\tilde{a}_1 = a_1 - \hat{a}_1$，$\tilde{a}_2 = a_2 - \hat{a}_2$，将式(2-63)代入式(2-26)，得

$$\dot{\boldsymbol{P}}_e = \begin{bmatrix} -1 & y_e \\ 0 & -x_e \\ 0 & -1 \end{bmatrix} \frac{1}{2} \begin{bmatrix} 2 - \dfrac{\tilde{a}_2}{a_2} - \dfrac{\tilde{a}_1}{a_1} & b\left(\dfrac{-\tilde{a}_2}{a_2} + \dfrac{\tilde{a}_1}{a_1}\right) \\ \dfrac{1}{b}\left(\dfrac{-\tilde{a}_2}{a_2} + \dfrac{\tilde{a}_1}{a_1}\right) & 2 - \dfrac{\tilde{a}_2}{a_2} - \dfrac{\tilde{a}_1}{a_1} \end{bmatrix} \begin{bmatrix} V_d \\ \omega_d \end{bmatrix} + \begin{bmatrix} \cos\varphi_e & 0 \\ \sin\varphi_e & 0 \\ 0 & 1 \end{bmatrix} \begin{bmatrix} V_r \\ \omega_r \end{bmatrix} \tag{2-64}$$

定义李雅普诺夫函数：

$$V_2 = \frac{1}{2}x_e^2 + \frac{1}{2}y_e^2 + \frac{1}{k_2}(1 - \cos\varphi_e) + \frac{1}{2\gamma_2 a_1}\tilde{a}_1^2 + \frac{1}{2\gamma_1 a_2}\tilde{a}_2^2 \tag{2-65}$$

对 V_2 求导，得

$$\begin{aligned}
\dot{V}_2 &= x_e\dot{x}_e + y_e\dot{y}_e + \frac{1}{k_2}(\sin\varphi_e)\dot{\varphi}_e + \frac{1}{\gamma_2}\frac{\tilde{a}_1}{a_1}\dot{\tilde{a}}_1 + \frac{1}{\gamma_1}\frac{\tilde{a}_2}{a_2}\dot{\tilde{a}}_2 \\
&= x_e(V_r\cos\varphi_e - V_d) + \frac{1}{k_2}(\omega_r + k_2 y_e V_r - \omega_d)\sin\varphi_e - \\
&\quad \frac{1}{\gamma_1}\frac{\tilde{a}_2}{a_2}\left(\dot{\hat{a}}_2 - \frac{x_e\gamma_1 V_d}{2} - \frac{\gamma_1 b x_e \omega_d}{2} - \frac{\gamma_1}{2b}\frac{\sin\varphi_e}{k_2}V_d - \frac{\gamma_1}{2}\frac{\sin\varphi_e}{k_2}\omega_d\right) - \\
&\quad \frac{\tilde{a}_1}{a_1\gamma_2}\left(\dot{\hat{a}}_2 - \frac{x_e\gamma_2 V_d}{2} + \frac{x_e\gamma_2 b\omega_d}{2} + \frac{\gamma_2}{2b}\frac{\sin\varphi_e}{k_2}V_d - \frac{\gamma_2}{2}\frac{\sin\varphi_e\omega_d}{k_2}\right)
\end{aligned} \tag{2-66}$$

期望控制律为

$$\boldsymbol{q}_d = \begin{bmatrix} V_d \\ \omega_d \end{bmatrix} = \begin{bmatrix} V_r\cos\varphi_e + k_1 x_e \\ k_2 V_r y_e + k_3\sin\varphi_e + \omega_r \end{bmatrix} \tag{2-67}$$

参数自适应率为

$$\begin{bmatrix} \dot{\hat{a}}_1 \\ \dot{\hat{a}}_2 \end{bmatrix} = \begin{bmatrix} \dfrac{x_e \gamma_2}{2} V_d - \dfrac{x_e b \gamma_2}{2} \omega_d - \dfrac{\sin \varphi_e \gamma_2}{2b k_2} V_d + \dfrac{\sin \varphi_e \gamma_2}{2k_2} \omega_d \\ \dfrac{x_e \gamma_1}{2} V_d - \dfrac{x_e b \gamma_1}{2} \omega_d - \dfrac{\sin \varphi_e \gamma_1}{2b k_2} V_d + \dfrac{\sin \varphi_e \gamma_1}{2k_2} \omega_d \end{bmatrix} \tag{2-68}$$

式中，$k_1, k_2, k_3, \gamma_1, \gamma_2$ 为正的设计常数。

将式(2-67)、式(2-68)代入式(2-66)，得

$$\dot{V}_2 = -k_1 x_e^2 - \frac{k_3}{k_2} \sin^2 \varphi_e \leqslant 0 \tag{2-69}$$

2.4.5　自适应反演滑模控制器设计

令 $x_1 = X$，$x_2 = \dot{X}$，则非完整轮式智能车辆的动力学模型可表示为以下状态方程的形式：

$$\begin{cases} \dot{x}_1 = x_2 \\ \dot{x}_2 = \overline{M}^{-1}(q)(\overline{B}(q) - \overline{C}(q \cdot \dot{q})x_2 - \overline{G}(q) - F) \\ X = x_1 \end{cases} \tag{2-70}$$

式中，x_1, x_2, X 为状态向量；F 为系统的建模误差和外部干扰，且

$$F = \overline{H}(q, \dot{q}) + \overline{\tau}_d \tag{2-71}$$

假设外部干扰及建模误差缓慢变化，则

$$\dot{F} = 0 \tag{2-72}$$

令位置指令为 X_d，则自适应反演滑模控制器的设计过程如下：

步骤 1：定义位置跟踪误差为

$$e_1 = X - X_d \tag{2-73}$$

则

$$\dot{e}_1 = \dot{X} - \dot{X}_d = x_2 - \dot{X}_d \tag{2-74}$$

定义智能车辆系统的稳定系数为

$$\alpha_1 = c_1 e_1 \tag{2-75}$$

式中，c_1 为正的常数。

在进行控制器设计的时候，需要保证控制系统的稳定性，即智能车辆的位置跟踪误差和速度跟踪误差均应收敛，且收敛到 0，利用李雅普诺夫稳定判据对系统的稳定性进行判断。

定义速度误差：

$$e_2 = \dot{e}_1 + \alpha_1 = x_2 - \dot{X}_d + \alpha_1 \tag{2-76}$$

定义李雅普诺夫函数：

$$V_1 = \frac{1}{2} e_1^2 \tag{2-77}$$

则

$$\dot{V}_1 = e_1(x_2 - \dot{X}_d) = e_1(e_2 - \alpha_1) = e_1 e_2 - c_1 e_1^2 \tag{2-78}$$

在 $e_2 = 0$ 的情况下，$\dot{V}_1 \leqslant 0$，所设计的子系统是稳定的。

步骤 2：由于

$$\dot{e}_2 = \dot{x}_2 - \ddot{X}_d + \dot{\alpha}_1 \tag{2-79}$$

定义李雅普诺夫函数：

$$V_2 = V_1 + \frac{1}{2}s^2 \tag{2-80}$$

式中，s 为切换函数。定义切换函数为

$$s = k_1 e_1 + e_2 \tag{2-81}$$

$k_1 > 0$，则

$$\begin{aligned}
\dot{V}_2 &= \dot{V}_1 + s\dot{s} = e_1 e_2 - c_1 e_1^2 + s(k_1 \dot{e}_1 + \dot{e}_2) \\
&= e_1 e_2 - c_1 e_1^2 + s[k_1(e_2 - c_1 e_1) + \overline{M}^{-1}(q)(\overline{B}(q) - \\
&\quad \overline{C}(q, \dot{q})(e_2 + \dot{X}_d - \alpha_1) - \overline{G}(q) - F) - \ddot{X}_d + \dot{\alpha}_1]
\end{aligned} \tag{2-82}$$

为了使子系统稳定，需要满足 $\dot{V}_2 \leqslant 0$，设计控制器为

$$\begin{aligned}
\overline{B}(q) &= \overline{M}[-k_1(e_2 - c_1 e_1) - h(s + \beta\mathrm{sgn}(s)) + \ddot{X}_d - \alpha_1] + \\
&\quad \overline{C}(q, \dot{q})(e_2 + \dot{X}_d - \alpha_1) + \overline{G}(q) + \overline{F}\mathrm{sgn}(s)
\end{aligned} \tag{2-83}$$

步骤 3：实际控制过程中，由于参数不确定性及外部干扰无法获知，系统的总不确定性 F 难以确定，易造成抖振，采用自适应方法对 F 进行估计。

定义李雅普诺夫函数：

$$V_3 = V_2 + \frac{1}{2\gamma}\overline{F}^2 \tag{2-84}$$

式中，γ 为正的设计常数；$\hat{F}$ 为 F 的估计值，估计误差可表示为 $\overline{F} = F - \hat{F}$，则

$$\dot{\overline{F}} = \dot{F} - \dot{\hat{F}} = -\dot{\hat{F}} \tag{2-85}$$

$$\begin{aligned}
\dot{V}_3 &= e_1 e_2 - c_1 e_1^2 + s[k_1(e_2 - c_1 e_1) + \overline{M}^{-1}(q)(\overline{B}(q) - \\
&\quad \overline{C}(q, \dot{q})(e_2 + \dot{X}_d - \alpha_1) - \overline{G}(q) - \hat{F}) - \ddot{X}_d + \dot{\alpha}_1] - \\
&\quad \frac{1}{\gamma}\overline{F}(\dot{\hat{F}} + \gamma M^{-1}(q)s)
\end{aligned} \tag{2-86}$$

自适应反演滑模控制器设计如下：

$$\begin{aligned}
\overline{B}(q) &= \overline{M}[-k_1(e_2 - c_1 e_1) - h(s + \beta\mathrm{sgn}(s)) + \ddot{X}_d - \alpha_1] + \\
&\quad \overline{C}(q, \dot{q})(e_2 + \dot{X}_d - \alpha_1) + \overline{G}(q) + \hat{F}\mathrm{sgn}(s)
\end{aligned} \tag{2-87}$$

自适应控制律设计为

$$\dot{\hat{\boldsymbol{F}}} = -\gamma \overline{\boldsymbol{M}}^{-1}(\boldsymbol{q})s \tag{2-88}$$

联立式(2-86)、式(2-87)、式(2-88)得

$$\dot{V}_3 = e_1 e_2 - c_1 e_1^2 - h s^2 - h\beta s(\mathrm{sgn}(s)) \tag{2-89}$$

选取变换矩阵如下:

$$\boldsymbol{W} = \begin{bmatrix} c_1 + hk_1^2 & hk_1 - \dfrac{1}{2} \\[2mm] hk_1 - \dfrac{1}{2} & h \end{bmatrix} \tag{2-90}$$

$\boldsymbol{e} = [e_1 \quad e_2]^{\mathrm{T}}$,则

$$\boldsymbol{e}^{\mathrm{T}}\boldsymbol{We} = c_1 e_1^2 - e_1 e_2 + h s^2 \tag{2-91}$$

由式(2-89)、式(2-91)可得:

$$\dot{V}_3 = -\boldsymbol{e}^{\mathrm{T}}\boldsymbol{We} - h\beta s(\mathrm{sgn}(s)) \tag{2-92}$$

由于

$$|\boldsymbol{W}| = h(c_1 + k_1) - \dfrac{1}{4} \tag{2-93}$$

选取合适的 h,c_1,k_1,可使 $|\boldsymbol{W}| \geqslant 0$,$\boldsymbol{W}$ 为正定矩阵,则 $\dot{V}_3 \leqslant 0$ 成立,保证了系统的稳定性。

2.4.6 稳定性分析

定理一 考虑系统式(2-21)~式(2-23),控制律式(2-67)和参数自适应率式(2-68),对任意初始误差,系统在控制输入的作用下跟踪误差 $\boldsymbol{P}_e = (x_e \quad y_e \quad \varphi_e)^{\mathrm{T}}$ 有界,且 $\lim \| (x_e \quad y_e \quad \varphi_e)^{\mathrm{T}} \| = 0$。

证明: 根据式(2-69),由 Barbalat 引理可知,当 $t \to \infty$ 时,x_e,φ_e 收敛到零。用 ω_d 代替式(2-26)中的 ω,得

$$\dot{\varphi}_e = -k_2 V_r y_e - k_3 \sin\varphi_e \tag{2-94}$$

因 $t \to \infty$ 时,φ_e 收敛,式(2-94)可变为

$$\dot{\varphi}_e = -k_2 V_r y_e \tag{2-95}$$

V_r 为常值,则 $t \to \infty$ 时,$\xi = \varphi_e V_r^2$ 收敛到零,有

$$\dot{\xi} = V_r^2 \dot{\varphi}_e = -V_r^3 y_e k_2 \tag{2-96}$$

根据式(2-95)、式(2-96)得

$$\dot{\xi} = V_r^2 \dot{\varphi}_e \tag{2-97}$$

因 $t \to \infty$ 时,$\varphi_e \to 0$,由 Barbalat 引理,$\dot{\xi} \to 0$,即 $-V_r^3 y_e k_2 \to 0$,$V_r^3 k_2$ 为非零常量,则 $y_e \to 0$。

根据以上分析,x_e,y_e,φ_e 全部收敛于零,即跟踪误差 $\boldsymbol{P}_e = (x_e \quad y_e \quad \varphi_e)^{\mathrm{T}}$ 有界,且 $\lim \| (x_e \quad y_e \quad \varphi_e)^{\mathrm{T}} \| = 0$,证毕。

第 3 章

多车载平台协同机动策略

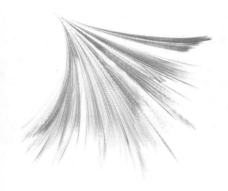

3.1 多运动平台协同任务规划建模

本章对多车协同机动策略构建了一个强化学习的虚拟环境。在协同规划问题中,首先从协同的角度分析了协同测量规划的关键因素,包括环境信息、无人车的续航里程等。在此基础上,对问题的关键因素和约束条件进行了数学化描述,通过数学模型,构造了多车协同测量规划问题的实例空间,通过从实例空间中随机生成大量的数据,来模拟交互的过程,优化模型。在协同测量问题中,通过暴雪和 DeepMind 联合开发的 PySC2 即时策略游戏环境搭建多无人车协同探测环境,通过 StarCraft2 地图编辑器,构建了多车协同测量的小地图,使用多智能神经网络控制无人车单元与环境进行交互。

3.1.1 协同问题分析

1. 车载平台

在执行协同测量的过程中,无人车需要在指定的时间赶到对应区域展开测量工作。在非测量区域,无人车一般保持匀速行驶。因此,在研究多车协同测量问题的时候,主要考虑无人车的行驶速度和最大里程。

无人车的行驶速度决定了是否能在对一个目标完成测量任务后及时转向下一个目标。无人车的最大里程,即为无人车燃料限制条件下的最大行驶距离,单个无人车的测量计划不能超过其最大里程[142]。

2. 多无人车协同侦察的空间特性

在无人车执行协同测量任务时,某时刻无人车只能出现在一个空间位置上,多无人车协同测量任务规划需要对多个无人车进行空间上的协同,保证无人车的最大效用。

空间协同是指将多个无人车在空间上分配在勘测目标区域,对目标进行测量。空间协同以无人车能够及时实现在不同侦察目标之间的转移为基础。无人车从一个测量目标转移到下一个目标的过程需要有效的路径规划支持。目前对于无人车路径规划问题的研究已经比较充分,因此本书在对多无人车协同测量任务规划问题建模时,约定路径规划算法以最大行驶速度为准则,考虑当地环境的地形特点,能够提供无人车在不同测量目标之间安全转移的路线,并给出无人车的行驶距离指标[143]。

3.1.2　多协同任务规划模型

多车协同测量任务描述为:

假设多个无人车需要对目标进行详细测量,测量前已经粗略评估出地方目标的相关位置信息,现在需要 N_V 辆车对 N_T 个目标进行勘测,综合考虑无人车的里程范围等其他因素,对测量问题进行建模。

对多车协同测量任务规划问题的表示说明如下:

基地:无人车出发的位置,完成测量任务返回的位置,坐标为 (x_0,y_0);

无人车:设车的数量为 N_V,用集合 $V=\{v_1,\cdots,v_{N_V}\}$ 表示,无人车最大里程为 L;

测量目标:设有 N_T 个需要测量的目标,用集合 $T_0=\{t_1,\cdots,t_{N_T}\}$ 表示,令 $T=\{0\}\bigcup T_0$,式中,0 表示基地;T 中的元素称为节点,表示需要测量的地方目标。目标 $i\in T_0$ 的坐标为 (x_i,y_i),无人车测量目标 i 时的概率为 $P_i\in[0.7,0.9]$;

路线集合:$\pi^v=\{(i,j)|i,j\in T\}$ 表示在考虑测量场地的各种条件之后,以无人车安全行驶的基本原则,根据任务规划算法得出的无人车 v 的侦察序列。

定义多车协同测量任务问题决策变量为 $X_{i,j}^v$:

$$X_{i,j}^v=\begin{cases}1,&\text{无人车 }v\text{ 从 }i\text{ 行驶到 }j\\0,&\text{否则}\end{cases}$$

多车协同测量模型如下:

$$\min L(\pi)=af_1+bf_2+cf_3,$$
$$0\leqslant a,b,c\leqslant a+b+c=1 \tag{3-1}$$

式中,a,b,c 分别代表三个优化目标线性组合系数。

$$\sum_{i=0}^{N_T}\sum_{v=1}^{N_V}X_{i,j}^v=1\,\forall\,j=1\cdots N_T \tag{3-2}$$

$$\sum_{j=0}^{N_T}\sum_{v=1}^{N_V}X_{i,j}^v=1\,\forall\,i=1\cdots N_T \tag{3-3}$$

式(3-2)代表每辆车测量节点一次,式(3-3)代表每辆车离开节点一次。$\pi^v=\{(i,j)|i,j\in T\}$,T 中的元素称为节点,表示需要测量的目标。

$$\forall i \in \mathbf{R}^v, j \in \mathbf{R}^v, \quad i \neq j, s_{i,j} \cdot X_{i,j}^v \leqslant L,$$
$$\forall v = 1 \cdots N_V \tag{3-4}$$

$$\min f_1 = \sum_{i=1}^{N_T} \sum_{j=1}^{N_T} \sum_{v=1}^{N_V} X_{i,j}^v \cdot s_{i,j} \tag{3-5}$$

因为无人车的行驶里程有限,且行驶时间越长,暴露在环境下的时间越长,干扰程度也就越大。因此,为了降低风险,无人车的行驶路程越短越好,式(3-4)表示无人车的行驶里程约束不能超过其最大里程,式(3-5)是所有无人车的总行驶里程,总里程越小,受到干扰的概率越小,是模型的优化目标之一。

$$\prod_{i=a^v}^{b^v} P_i \tag{3-6}$$

$$\sum_{n_i^v}^{b^v} \prod_{i=a^v}^{b^v} P_i, \quad a^v \leqslant n_i^v \leqslant b^v \tag{3-7}$$

每个要测量的目标节点对无人车的干扰程度不一致,为了尽量测量到多个节点,同时挑选使无人车最安全的路线,定义的无人车探测覆盖函数如式(3-6)所示,式中,a^v 为无人车 v 路径的开始节点;P_i 是无人车侦察 i 节点时的探测概率。假设无人车路径为 1,2,3,正确探测概率分别为 0.9,0.8,0.7,那么无人车节点 1 的探测覆盖函数为 0.9,节点 2 为 $0.9 \times 0.8 = 0.72$,节点 3 为 $0.9 \times 0.8 \times 0.7 = 0.50$。无人车整个路径的探测覆盖函数为节点覆盖函数的累加和,见式(3-8),式中,b^v 是无人车 v 侦察路径的结束节点,其中 $a^v \leqslant n_i^v \leqslant b^v$。

$$\max f_2 = \sum_{n_i^v}^{b^v} \prod_{i=a^v}^{b^v} P_i \tag{3-8}$$

$$\min f_3 = \mathrm{var}(\pi^v) \tag{3-9}$$

在实际执行任务的过程中,单个无人车的执行能力有限,为了避免单个无人车的负荷过大,通过引入节点的方差(3-9)调节各个无人车的负载。综合考虑无人车的行驶里程、干扰概率以及执行能力,本章采用了一种比较简单的线性组合的方式,使用不同的比例系数来组合无人车执行测量任务过程中的各个目标函数,如式(3-1)所示。

3.1.3　协同模型与奖励机制

在 3.1.2 节建立了多车协同任务规划模型,因为该模型不属于典型的优化组合问题模型,所以需要构造问题实例。通过模型,可以确定问题实例空间,通过在问题实例空间中大量地随机采样,生成大量的问题实例样本,可达到模拟强化学习算法与环境不断交互的目的。在交互的过程中,考虑环境信息、目标威胁、无人车行驶里程约束等条件,结合参数随机初始化的序列神经网络给出无人车的勘测序列。基于目标函数奖励机制的强化学习算法将多车测量过程看作一个马尔可夫决策过程,对该过程进行打分,并根据结果调整序列神经网络的参数,不断地优化序列神经网络,使测量序列达到近似最优[144]。当测量序列的结果达到要求之后,固定序列神经网络的参数,得出最终序列神经网络模型,整个过程如图 3-1 所示。

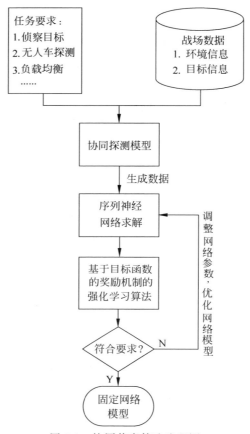

图 3-1　协同侦察算法流程图

3.2　多无人车协同任务环境搭建

在多车协同测量问题上,本章将该问题看作马尔可夫博弈过程,将多车系统当作多智能体系统进行研究。在多智能体强化学习环境的选择上,本章使用了谷歌 DeepMind 团队和暴雪联合开发的基于 StarCraft2 的 SC2LE 验证环境,通过地图编辑器的形式构建协同测量环境。

3.3　基于注意力 seq2seq 框架的强化学习简介

在自顶向下研究方向下实现多车协同测量任务规划,首先要建立合理的协同侦察任务规划模型。本章分析了协同测量任务规划问题的关键要素,包括环境的信息、测量目标节点的准确探测概率、无人车的行驶里程等,在此基础上,对问题的关键因素和约束条件进行数学化描述,建立了合理的数学模型。其次要针对该模型采用合理的方法进行求解。该问题本质上是一个组合优化问题,同时也是一个 NP 问题。对于这个优化问题,典型的群体智能算法,往往只能给出静态环境下的特定解,对于环境信息可变模型,当数据变动时,需要重新优化,实时性差[145]。

　　针对该问题,本章提出了一种基于强化学习与 seq2seq 神经网络框架的多车协同任务规划方法。首先,基于 Transformer 注意力神经网络搭建了 seq2seq 框架的求解模型,能够针对模型数据求解出合理的多车协同测量序列。然后,通过基于模型的强化学习算法,对求解模型不断优化,最终得到近似最优解模型。通过从协同测量数学模型的数据空间中随机采样问题样本,使得模型对整个问题空间样本均能得出有效解,大大改善了求解模型的动态性,其次,基于 Transformer 的求解模型在求解速度上远远优于传统群体智能算法,解决了经典群体智能算法实时性差的问题。

3.4　seq2seq 框架与 Transformer 模型

　　seq2seq 框架是一种用于映射可变长度序列到另一可变长度序列的 RNN 架构,2014 年由 Cho 等提出,由 Sukskever 在翻译应用中使用。该技术突破了传统固定大小输入问题框架,开创了将经典深度神经网络运用于翻译与智能问答这一类序列型任务的先河,并被证实在翻译领域以及人机问答、快答应用中具有不俗的表现。

　　seq2seq 框架解决问题的主要思路是通过深度神经网络将一个作为输入的序列映射为一个作为输出的序列,这一过程由编码输入与解码输出两个环节组成。其中负责处理输入序列的神经网络称为编码器(encoder),负责接收编码器的输入并产生输出序列的神经网络称为解码器(decoder),编码器将序列数据映射为一个中间向量,解码器负责从中间向量中解码出期望的序列数据。该架构主要创新之处为编码器和解码器的长度可以不同,因此可以处理可变长度序列。seq2seq 的整体框架如图 3-2 所示,该模型每一时刻的输入与输出是不一样的,对于每一个依次传入的序列项,都有其对应的输出。如图 3-2 所示,现有序列"How are you EOL"作为输入,那么我们的目的就是将该序列输入网络中之后,将其映射为序列"I am fine EOL"输出。

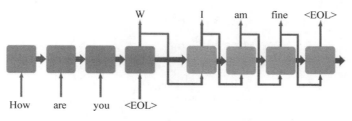

图 3-2　seq2seq 框架结构示意图

在编码器中,各类长度不同的输入序列 X ,一般将会由循环神经网络(Recurrent Neural Network,RNN)构建的编码器编译为中间向量 c ,该向量 c 通常为 RNN 中最后一个状态 h ,或是多个节点的状态 h 的加权总和。

$$h_t = f(x_t, h_{t-1})$$
$$c = \varnothing(\{h_1 \cdots h_{T_s}\})$$

(3-10)

编码完成后,中间向量 c 将会进入解码器进行解码。解码的过程可以被理解为运用贪心算法返回对应概率最大的序列,或通过集束搜索在序列输出前检索大量的序列,从而得到最优的选择。

$$s_t = f(y_{t-1}, s_{t-1}, c)$$
$$p(y_t \mid y_{<t}, X) = g(y_{t-1}, s_{t-1}, c)$$

(3-11)

为了解决 RNN 输出的中间向量 c 的维度太小而难以适当地概括一个长序列的问题,Bahdanau D. 在 2015 年针对 seq2seq 框架引入了注意力机制(attention mechanism),通过将中间向量 c 的元素与输出序列的元素相关联,使解码过程可以聚焦于输入序列的不同部分来收集产生下一个输出序列所需的编码细节,每个时间步关注输入序列的特定部分,这使得该网络的性能得到了明显改善。

然而基于 RNN 网络的 seq2seq 结构存在网络训练时间长,难以较好实现并行计算的问题,谷歌在 2017 年提出了 Transformer 模型,该模型抛弃了传统的时序结构,并且在语序特征的提取效果较传统的 RNN、LSTM 更好,逐渐被应用至各个领域,如 GPT 模型以及谷歌最新提出的 Bert 模型等[146]。

Transformer 模型结构如图 3-3 所示。该模型整体上仍使用了 seq2seq 的 encoder-decoder 框架。其 encoder 组件由 6 个 encoder 共同堆叠而成,每个 encoder 又包括 Multi-Head Attention 和 Feed Forward 两层网络组成。decoder 组件组成也基本如此,但是在 self-attention 和 Feed-Forward 间添加了一层 Encoder-Decoder Attention 用于关注 encoder 的编码信息。

该结构对于输入序列信息,首先将序列数据编码为向量(Embedding 操作),然后输入 self-attention 层。对于每一个输入 Embedding 向量 X ,网络定义了三个 64 维参数向量矩阵 W^Q、W^K、W^V ,分别对应输入的三个向量:querys、keys、values,得到输入序列中子序列与其他子序列之间的区分,以确定在某个位置编码特定子序列时,需要聚焦的子序列。

$$Q = XW^Q$$
$$K = XW^K$$
$$V = XW^V$$
$$Z = \text{softmax}\left(\frac{QK^{\mathrm{T}}}{\sqrt{d_k}}\right) * V$$

(3-12)

通过矩阵间的运算能得到输入序列潜在的语义信息,最后经过 softmax 操作得

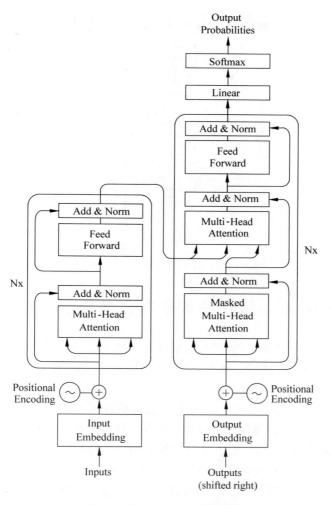

图 3-3 Transformer 网络模型

到每个子序列被关注程度的分值（权重），其中 $\sqrt{d_k}$ 可以调节内积的大小，防止内积进入 softmax 溢出区。

Transformer 架构在结构上的创新之处是在 self-attention 基础上提出了 Multi-header attention（MHA）层，用以提升网络的性能。MHA 层结构如图 3-4 所示。

MHA 层将 querys、keys、values 通过参数矩阵映射后，再重复 attention，将此过程重复 h 次，即将多个 self-attention 得到的 $\boldsymbol{Z}$ 矩阵进行 Concat 操作然后融合，公式如下：

$$\boldsymbol{Z} = \text{Concat}(\boldsymbol{Z}_0, \boldsymbol{Z}_1, \cdots, \boldsymbol{Z}_7) * \boldsymbol{W}^0 \tag{3-13}$$

相较于 self-attention 更多关注于子序列与整个序列的联系，Multi-header attention 机制拓展了模型对于序列不同位置关注能力的同时，也拓展了模型的表征子空间。

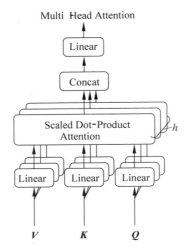

图 3-4　Multi-header attention 层结构图

3.5　seq2seq 框架解决协同侦察任务规划关键问题

在多车协同测量任务规划问题中,对多个目标测量规划,等同于在当前环境条件下给出合理的测量路径序列。然而,求解多车协同测量任务规划问题与求解序列问题又有显著区别,主要体现在:

(1) 在多车协同规划问题中,目标信息并非是序列相关的,因此需要对序列模型的编码器进行修改,防止测量节点目标的顺序对生成的最优路径造成影响。

(2) 在求解序列问题时,输入序列之间的约束是隐形的,如翻译应用中的语言语法约束是不可见的,然而在多车协同规划问题中,任务的目标是清晰的,能测量到的数据以及无人车本身的信息是已知的,因此执行任务时对执行序列的约束是可见的,如何在编码器规划路径的过程中,加入多车的测量约束,是本章的工作之一。

(3) 大部分序列模型是监督模型,而多车协同测量问题只有优化目标,因此如何通过优化目标优化序列模型,使规划出的路径相对最优,是本章的工作之一。

基于 seq2seq 框架的思想,本章提出了基于注意力机制的协同测量任务规划求解模型,在谷歌 Transformer 序列模型的基础上,对无人车协同任务规划问题的特性进行了定性适配,使其能够对多车协同规划多目标组合优化问题进行优化求解。协同测量序列模型通过训练一个任务分配策略 $p(\pi|s)$,从当前环境约束条件中给出任务规划。定义给出的规划序列为 $\pi = (\pi_1, \cdots, \pi_{N_T})$,$\pi_t \in T$,$s$ 为当前规划问题的实例。

$$p_\theta(\pi \mid s) = \prod_{t=1}^{n} p_\theta(\pi_t \mid s, \pi_{1:t-1}) \tag{3-14}$$

测量节点坐标的 embeddings 编码通过协同侦察序列模型的编码器、解码器处理后,利用掩码机制来约束解码过程,给出合理的任务规划序列 π。

3.6　协同任务规划求解模型的构建

3.6.1　编码器

本章协同测量序列模型的编码器结构基于 Transformer 模型的编码器修改而成,主要解决了测量节点序列非相关性对编码器的干扰问题。

在多车协同侦察问题中,各个测量节点的相关信息并非是序列相关的,而 Transformer 模型编码器默认会对数据的序列相关性进行学习[147]。因此,本章采用的编码器结构并没有使用 Position embedding 层。在编码器的设计上,首先将节点的信息映射为 $d_h = 128$ 维的 Node embeddings,然后进行编码处理。为了区分在测量模型中的基地节点与测量节点,在线性映射层中,使用了不同的参数:

$$h_i^{(0)} = \begin{cases} W^x(x_i, y_i) + b^x, & i = 0 \\ W_0^x(x_0, y_0) + b_0^x, & i = 1, \cdots, n \end{cases} \tag{3-15}$$

式中,W^x, b^x 为线性映射层的参数。

经过编码的节点信息通过 N 层注意力层,其中注意力层由 MHA 和 node-wise fully connection feed-forward(FF)层两个子层构成,各子层输入与输出使用 sikp-connection 连接,编码器的网络结构如图 3-5 所示,skip-connection 的设计灵感来自微软的 ResNet,解决了网络层数加深之后学习效果反而变差的问题,是现代神经网络广泛采用的设计理念之一[148]。

$$\hat{h}_i = BN^l(h_i^{(l-1)} + MHA(h_1^{(l-1)}, \cdots, h_n^{(l-1)})) \tag{3-16}$$

$$H_i^{(l)} = BN^l(\hat{h}_i + FF^l(\hat{h}_i)) \tag{3-17}$$

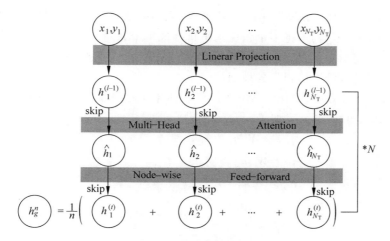

图 3-5　编码器网络结构

注意力层编码处理的计算公式如式(3-16)和式(3-17),定义 $h_i^{(l)}$ 为第 l 层产生的节点 embedding,$l \in \{1, \cdots, N\}$,其中带有上标的 BN 和 MHA 代表层之间不共享参数。MHA 层使用 $M = 8$ 个 heads,每个的维度为 $d_h/M = 16$。FF 层使用了一个隐含层,维度为 512,使用 Relu 激活函数。在实际的实验过程中,测试结果表示使用 batch normalization(BN)正则化效果好于 Transformer 编码器的正则化层,因此本章采用了 BN 对网络的输出进行正则化。在解码器最后一层,通过计算网络输出层 embedding 的平均值得到 graph embedding:$\bar{h}^{(N)} = 1/n \sum_{i=1}^{n} h_i^{(N)}$,然后将输出层 embedding 和 graph embedding 传递至解码器。

3.6.2　解码器

在解码器的结构设计上,本章并没有采用 Transformer 模型中并行结构的解码器,因为在多车测量任务规划的过程中,需要实时地获取当前的最新信息然后做出决策,该过程无法并行执行,而需要逐步地进行决策。针对以上问题,本章对解码器进行了重新设计。

解码过程是逐步进行的,在每个时间点 t,解码器通过接收编码器输出层节点的 graph embedding 和 $t-1$ 时刻测量节点的 node embeddings、当前无人车剩余里程、当前节点的生存概率来生成 context embedding,由 context embedding 经过注意力层决策出下一步要测量的节点 π_t,解码器的结构如图 3-6 所示,其中 context embedding 的计算公式如下:

$$h_{(c)}^{(N)} = \begin{cases} [\bar{h}^{(N)}, h_{\pi_{t-1}}^{(N)}, \hat{D}_{i,t}, p_i], & t > 1 \\ [\bar{h}^{(N)}, h_{\pi_0}^{(N)}, \hat{D}_{0,t}, p_0], & t = 1 \end{cases} \tag{3-18}$$

式中,$\hat{D} = L - \delta_{\pi_t}$ 为当前无人车的剩余里程;δ_{π_t} 是当前无人车在此次任务中 π_t 时的路程;$[\cdot, \cdot, \cdot, \cdot]$ 表示将多个张量水平拼接成单个张量。

由上述信息计算出的 context embedding 经过一个简化的 MHA 层,以及一个单层的 attention 层,最终得到任务规划策略。

为了提高计算效率,简化的 MHA 层没有使用 skip-connection、batch normalization 和 Feed-Forward,计算公式如下:

$$q_{(c)} = W^Q h_{(c)}^{(N)}$$
$$k_i = W^K h_i^{(N)}$$
$$v_i = W^V h_i^{(N)} \tag{3-19}$$

$$u_{(c)j} = \begin{cases} \dfrac{\boldsymbol{q}_{(c)}^{\mathrm{T}} k_j}{\sqrt{d_k}}, & j \neq \pi_{t'} \, \forall \, t' < t \\ -\infty, & \text{其他} \end{cases} \tag{3-20}$$

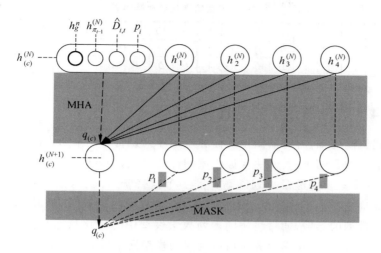

图 3-6　解码器网络结构

$$h_{(c)}^{(N+1)} = \mathrm{softmax}(u_{(c)}) \qquad (3\text{-}21)$$

在式(3-20)中，$d_k = d_h/M$；其他代表在做测量序列规划的时候将不符合约束条件的节点的相似度设置为负值，可以避免不符合条件的节点出现在无人车的测量序列中。

$$y_{(c)j} = \begin{cases} C \cdot \tanh\left(\dfrac{h_{(cj)}^{(N+1)^{\mathrm{T}}} k_j'}{\sqrt{d_k}}\right), & j \neq \pi_{t'} \, \forall \, t' < t \\ -\infty, & \text{其他} \end{cases} \qquad (3\text{-}22)$$

为了得到最终的任务规划策略，解码器的最后一层使用了单层的注意力层，将解码器的输出转换为节点的访问策略，如式(3-23)：

$$p_i = p_\theta(\pi_t = i \mid s, \pi_{1:t-1}) = \frac{e^{y_{(c)i}}}{\displaystyle\sum_j e^{y_{(c)j}}} \qquad (3\text{-}23)$$

3.6.3　掩码机制

为了将多车协同测量规划数学模型中，多车实际测量的约束条件作用于解码过程，在解码器的设计过程中，留下了可以手动干预相似度的方法[148]。在实际解码协同任务规划的工作过程中，解码器保留了一个多车状态矩阵，如表 3-1 所示，根据当前的多车剩余行驶里程情况，以及测量节点的生存概率情况等，实时更新当前节点的测量情况，并以掩码的方式作用于解码过程，达到规划出的测量序列符合模型约束条件的目的，符合条件的节点可安排到测量序列。

表 3-1　节点信息状态矩阵示意

	0	1	2	3	4	5	6	7	8	9	10	11	12	13	14	15	16	17	18	19
Y/N	0	1	0	1	1	1	0	1	1	1	0	1	1	0	0	0	1	1	1	0
Y/N	0	1	1	1	1	0	0	0	1	0	0	1	1	1	1	0	0	1	1	1

3.6.4　结合强化学习与优化目标

由掩码机制可知,解码器做出的任务规划序列是符合约束条件的,但一开始序列神经网络的参数是随机的,无法保证模型的性能表现,需要随序列神经网络参数进行优化[149]。而多车协同测量规划问题并非一个监督学习问题,模型无法从标签数据中获得性能提升。为了改善模型的性能表现,本章采用了 REINFORCE(强化学习)算法来改善模型的参数,通过将协同规划数学模型中的优化目标与强化学习算法的损失函数相结合,使强化学习算法可以为序列模型网络规划出的路径打分,并通过不断地训练最大化目标分值,达到改善序列模型性能表现的目的。

REINFORCE 强化学习损失函数为

$$\mathcal{L}(\theta \mid s) = E_{p\theta(\pi \mid s)}[(L(\pi) - b(s))\nabla \log p_{\theta}(\pi \mid s)] \tag{3-24}$$

式中,log 默认底为 2。通过修改强化学习的目标函数,使 $L(\pi) = af_1 + bf_2 + cf_3$,达到优化任务规划的目的,式中,$f_1, f_2, f_3$ 分别是多车测量模型中的三个优化目标函数;a, b, c 分别对应三个目标函数在损失函数的比例系数。$b(s)$ 是 REINFORCE 算法中的 baseline,baseline 可以减小模型的方差并提升模型的训练速度。这里采用了滑动平均模型 $M \leftarrow \beta M + (1-\beta)L(\pi)$ 作为 REINFORCE 算法的 baseline。

3.6.5　仿真实验验证与分析

首先,需要根据任务详情构建模型,本章针对多车协同测量规划环境进行了建模,并定义了优化目标函数。然后,构建神经网络求解模型,通过从问题空间中大量随机采样样本,生成模拟数据,来模拟强化学习智能体与环境不断交互的过程,对求解模型进行训练和优化,直到模型表面达到预期。

算法的流程图如图 3-7 所示。

在训练过程中,代价函数的滑动平均模型的 M 初始化为 $L(\pi)$,衰减率为 $\beta = 0.8$。求解模型使用 Adam 优化器,初始化学习率为 $\eta = 10^{-4}$,其中编码器注意力层的数量 $N = 3$,节点数量为 20,网络的参数在 $\left(\frac{-1}{\sqrt{d}}, \frac{1}{\sqrt{d}}\right)$ 服从均匀分布。本章模拟 5 辆车对 20 个目标进行测量,在满足无人车的行驶里程约束的情况下,优化无人车的准确探测概率和总里程。本章使用的序列模型数据中,无人车的节点和基地坐标数据服从在 $[0,1]$ 上的均匀分布,无人车测量目标 i 时的概率从 $P_i \in [0.7, 0.9]$ 中随机生成。损失函数中的目标函数系数为 $[0.3, -0.5, 0.2]$。

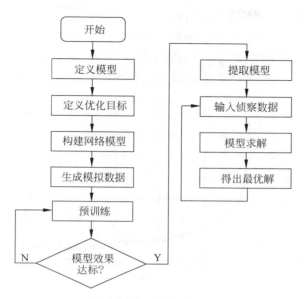

图 3-7 模型训练流程图

本章的实验条件如下：

CPU：AMD Ryzen 1600x；

GPU：Nvidia GTX1080；

内存：16GB；

框架：PyTorch 0.4.1。

模型在本机上一共训练了 100 轮，每轮训练包含 2000 组数据，训练结果如图 3-8 所示。

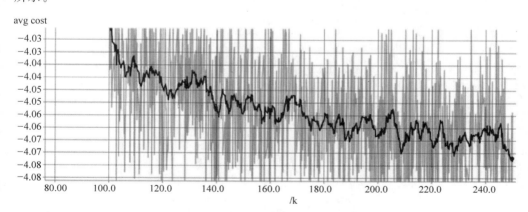

图 3-8 模型优化指标曲线

该网络的优化目标为多无人车的总行驶里程，以及负载均衡值的线性组合，最终结果越小越好。由图 3-8 可以看出，模型在训练的过程中，目标函数被不断地优化，验证了本章协同规划求解模型的有效性。

　　模型训练过程中,每训练一轮,随机生成 1000 组验证数据对模型性能进行验证,结果如图 3-9 所示。其中,图 3-9(a)表明了随着模型训练的增加,协同测量任务规划序列中,无人车的行驶里程随着求解模型的训练过程逐渐降低,降低无人车的总里

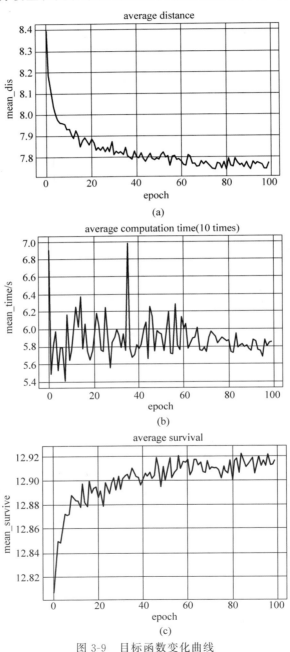

图 3-9　目标函数变化曲线

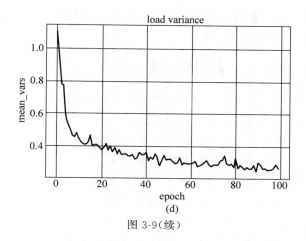

图 3-9(续)

程,可降低无人车受到干扰的风险,有助于提高准确探测概率。同时,也有助于降低无人车的能耗。图 3-9(b)表明了在使用验证数据对模型性能进行验证时,模型求解的运算时间。由图可知,随着模型性能表现越来越好,求解时间并没有增加,表明了模型的性能提升是通过学习不断优化的结果,而不是通过增加迭代次数、求解时间带来的性能提升。图 3-9(c)是衡量协同任务规划优化目标中无人车的探测覆盖值,由图可见,随着训练的进行,无人车的探测覆盖值得到了显著提高,同时图 3-9(d)也表明了,在测量节点的分配中,无人车之间的负载均衡度量度越来越低,表现为无人车测量节点趋向于平均。负载均衡能避免单个无人车负载过重,也可以避免单个无人车超过其行驶里程,降低了无人车损坏的风险。

3.7　基于 EDDRQN 网络的多运动平台协同探测规划

不同于自顶向下的研究角度,从自底向上的角度研究多车协同测量任务规划问题,需要将多车系统中的无人车单元看作具有一定自我调节能力的个体,通过个体对环境的感知和学习做出决策,然后通过与其余个体进行有限的信息交流实现整体的一致性,以达到完成任务的目的,在问题的求解过程中,自底向上的研究角度强调个体对环境的感知和应对[150]。

如果使用传统的控制方法控制多车,系统的设计将异常复杂,难以实现。而强化学习作为一种从环境的反馈中学习的方法,非常适合解决自底向上角度的无人车协同问题[151]。因此,本书在仿真环境中建立了多车协同测量环境,并提出了基于 EDDRQN 网络的多智能强化学习网络,并应用于多车协同测量规划中。通过使用深度神经网络控制无人车单元,使无人车可以根据当前环境信息做出决策,并使用强化学习的方法,使无人车可以在仿真环境中学习如何协同完成探测任务。针对多车在同一环境中学习策略互相干扰的问题,引入了 Off-environment 学习策略,减轻了互相干扰问题,提高了无人车学习协同任务的速度。在仿真实验中表明,通过强化学习的多车系统能够很好地完成任务。

3.7.1　基于强化学习的多运动平台协同关键问题

基于强化学习的多车协同工作过程可以用马尔可夫博弈过程来描述,这里用元组$(n,S,A_1,\cdots,A_n,T,\gamma,R_1,\cdots,R_n)$来描述。式中,$n$表示无人车的个数;$S$为系统的状态,这里指多车的联合状态;$T$为状态转移函数,指给定无人车当前状态和联合行为时,下一状态的概率分布,即$T:S\times A_1\times A_2\times\cdots\times A_n\times S\rightarrow[0,1]$;$R$为回报函数,$R_i:S\times A_1\times A_2\times\cdots\times A_n\times S\rightarrow[0,1]$;$R_i(s,a_1,\cdots,a_n,s')$表示无人车$i$在状态$s$时,采取联合行为$(a_1,\cdots,a_n)$之后在状态$s'$取得的回报。

在有多个无人车的情况下,状态转移的结果是由多个无人车联合动作所确定的,$\boldsymbol{a}_k=[a_{1,k}^{\mathrm{T}},\cdots,a_{n,k}^{\mathrm{T}}]$,$\boldsymbol{a}_k\in\boldsymbol{A}$,$a_{1,k}^{\mathrm{T}}\in A_i$,联合策略$\boldsymbol{h}$也是如此。因为无人车的回报函数$R_{i,k+1}$取决于联合动作,因此也取决于联合策略:

$$R_i^h(x)=E\left\{\sum_{k=0}^{\infty}\gamma^k R_{i,k+1}\mid x_0=x,h\right\} \tag{3-25}$$

因此每个无人车的Q函数也取决于联合动作和联合策略:

$$Q_i^h:S\times A\rightarrow\mathbf{R},Q_i^h(x,a)=E\left\{\sum_{k=0}^{\infty}\gamma^k R_{i,k+1}\mid x_0=x,a_0=a,h\right\} \tag{3-26}$$

与单个无人车强化学习情景相比,多车协同强化学习的主要区别在于,多车的状态转移和回报都是建立在联合动作的条件下的,如图3-10所示。

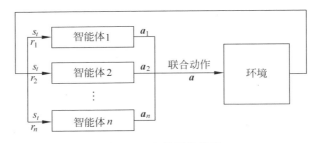

图 3-10　多体强化学习

随着无人车的数量由单数变为复数,多车强化学习协作系统也出现了相应的挑战,主要体现为:随着无人车数量的增加,相比于单车情景,多车的联合状态和联合动作空间呈几何级增长,增加了多车系统获取有效策略的难度。需要构建合适的控制网络,能使多车之间既能有效地沟通,达到共享环境信息的目的,又能使无人车之间互相独立地完成协同任务。

为了使无人车能有效地从探索过的经验中学习,在单车环境中,绝大多数强化学习算法都使用了经验回放机制来加速智能体的学习过程。然而复数无人车在强化学习环境中学习有效协同策略时,单个无人车学习到的最优策略随其余无人车策略的改变而改变,造成无人车的经验回放中存在变量,会对无人车的学习过程造成干扰,导致系统不稳定。

随着深度学习技术的发展,对于多车系统获取有效策略难度较高问题可以使用神经网络来解决,在谷歌提出的深度 Q 网络(DQN)算法中就使用了神经网络来替代 Q 函数,解决了单智能体强化学习环境中传统表格式存储方法的局限性。在多车协同任务规划中,本书也通过建立神经网络控制的方式,对多无人车的联合状态和联合动作空间进行表示。

针对多车之间信息共享,协同作业问题,可以使用多智能体强化学习算法对无人车进行控制,在执行协同任务时,该算法将其中的多个无人车看作多个智能体,通过对环境的探索与反馈学习合理的协同策略,通过无人车之间的强化学习控制网络参数共享来达到共享信息的目的。

针对多车协同学习中互相干扰的问题,大部分多智能体强化学习算法为了避免干扰,都选择了关闭经验回放机制,如 DRQN、IQL、DDRQN 算法等,针对此问题,本书在 DDRQN 算法的基础上,提出了增强型的 EDDRQN 网络,通过在无人车回放记忆中引入基于当时策略的联合动作概率,使得在利用回放记忆提高学习效果的训练过程中可以通过重要性采样矫正干扰,加速网络训练。

3.7.2 深度 Q 网络

一个单智能体,环境完全可观测的强化学习过程可以表示为马尔可夫决策过程(MDP),$M=\{S,A,P,r,\gamma\}$,其中,r^t 是智能体在 t 时刻接收到的环境奖励;S 为状态集;A 为动作集;P 为状态转移概率;$\gamma\in[0,1]$ 是衰减系数。在时刻 t,智能体从环境中观测状态 $s_t\in S$,根据策略 $\pi(a\mid s)$ 选择动作 $a_t\in A$,执行该动作并以概率 $P_{s,s'}^a$ 转移到下一个状态 s',同时接收环境反馈的奖励 r。强化学习的目标是通过调整策略来最大化累计奖励[152]。学习过程的累计奖励函数 R 为:$R=\sum_{t=0}^{T}\gamma^t r^t$,强化学习通常使用值函数估计某个策略 π 的优劣程度。当前策略的 Q 函数为:$Q^\pi(s,a)=E[R_t\mid s_t=s,a_t=a]$,由于策略是最大化值函数的策略,最优值动作值函数为:$Q^*(s,a)=E_{s'}[r+\gamma_{a'}^{\max}Q^*(s',a')\mid s,a]$,此时最优策略是:$\pi^*=\arg\max Q^\pi(s,a)$。

深度 Q 网络使用参数化的神经网络来逼近 Q 函数 $Q(s,a;\theta)$,在第 i 轮迭代中 DQN 的目标函数为:$L_i(\theta_i)=E_{s,a,r,s'}[(y_i^{\mathrm{DQN}}-Q(s,a;\theta_i))^2]$,其中,$y_i^{\mathrm{DQN}}=r_i+r_{a'}^{\max}Q(s',a';\theta_i^-)$,$\theta_i^-$ 是目标网络的参数,在训练的过程中每隔一定轮数与 Q 网络同步一下参数。训练通过最小化目标函数找到最优策略。在训练的过程中 DQN 使用经验回放技术,通过重复采样历史数据不仅有效地提高了样本的使用效率,而且减少了数据之间的相关性,有效防止了学习网络的过拟合。DQN 算法在 Atari 游戏中取得了超越人类选手的表现[153]。

3.7.3 独立 DQN 和深度递归 Q 网络

独立 Q 学习是一种解决多智能体强化最简单和经典的算法,每个智能体根据状态和自己的动作学习自己的 Q 函数。Tampuu 将 IQL 算法和 DQN 算法相结合,拓展到多智能体学习环境下,他为每个智能体设置独立的 DQN 网络,学习私有的 Q 函数 $Q^m(s, a_i^m; \theta_i^m)$,将其应用到乒乓游戏上。然而 IQL 算法无法在原理上保证收敛性,只能应用于比较小的范围内[154]。

DQN 假设环境是完全可观测的,智能体能观测到环境的真实状态 s。但是在部分可观测条件下,智能体观测到的状态 o_t 与 s_t 相关,但是并不代表环境的真实状态[155]。针对单智能体部分可观测条件下的强化学习问题,Hausknecht 提出了深度递归 Q 网络(DRQN),不同于用神经网络逼近值函数 $Q(s, a)$,他将 DQN 网络中的前向神经网络替换成 LSTM 循环神经网络,用来逼近 $Q(o, a)$,可以保留智能体一定时间段的记忆和内部状态。DRQN 通过添加代表网络隐藏状态的输入 h_{t-1},形成新的 Q 函数 $Q(o_t, h_{t-1}, a; \theta_i)$。

3.7.4　深度分布式递归 Q 网络

将深度强化学习应用于部分可观测多智能体环境下,最直接的方法是将 DRQN 和 IQL 相结合,每个智能体的 Q 值函数可以表示为 $Q^m(o_t^m, h_{t-1}^m, a^m; \theta_i^m)$,每个智能体在 t 时刻从环境中接收自己的观测值 o_t^m,保留自己的内部状态 h_t^m[156]。但是简单地将两者相结合的算法在实际应用中表现不佳。Jakob Foerster 在此基础上做了改进并提出了深度分布式递归 Q 网络(DDRQN),如图 3-11 所示,将网络分为消息动作网络 Q_z 和行为动作网络 Q_a,将网络输出的维度从 $|Z| \times |A|$ 降低到 $|Z| + |A|$。为了改进 DRQN 和 IQL 结合方法的性能表现,该作者在以下三个方面进行了改善。一是邻近动作输入,在下一个时刻 $t+1$,通过给每个智能体输入 t 时刻的动作 a 和 z,使递归神经网络能够记忆动作历史。二是内部网络参数共享,通过保留智能体内部状态 h_t^m,同时共享 Q-Net 网络的参数,使得智能体能够共享一些公共的信息并保证独立性。三是关闭经验重放,防止环境的不确定性导致智能体被过时的经历误导。

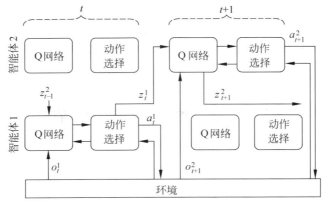

图 3-11　DDRQN 数据流图

虽然 DDRQN 网络可以解决部分可观测条件下的多智能体强化学习问题,但是它沿用 IQL 的设计造成它在训练的过程中仍受到环境不稳定性的干扰,不能使用经验回放技术将智能体在探索过程中的历史数据充分地利用。

3.7.5 基于 EDDRQN 的运动平台协同探测网络构建

Kamil Ciosek 在研究重大罕见事件(SRE)对策略梯度强化学习的影响问题中提出了 off-environment RL 算法,通过将环境变量引入优化目标,同时优化策略梯度和环境变量的提议分布解决了智能体在面临 SRE 情况下的鲁棒性问题。

针对多智能体环境的不确定性对网络的干扰,DDRQN 关闭了经验回放机制。针对这个问题,本书将智能体造成的环境不稳定性作为环境变量,通过学习存在环境变量情况下当前环境的策略分布来消除干扰,并使用经验回放机制来提升智能体的学习效率。

对于 $m \in M \equiv \{1, \cdots, m\}$ 个智能体通力合作的,由状态 $s_t \in S$ 组成的强化学习环境中,每个智能体执行动作 $a_m \in A$,形成一个联合动作 $a \in A \equiv A^m$,共享相同的回报函数 $r(s,a):S \times A \to \mathbf{R}$。每个智能体 m 从观测函数 $O(s,m):S \times M \to Z$ 中观测到自己对环境的认知 $z \in Z$,然后根据自己的策略 $\pi_m(a_m \mid \tau_m):T \times A \to [0,1]$,在自己的观测历史 $\tau_m \in T \equiv (Z \times A)^*$ 上调整自己的行动[160]。在每次完成状态转换之后,动作 a_m 和新的观测 $O(s,m)$ 被添加到 τ_m,形成 τ'_m。这里用 $-m$ 表示除智能体 m 之外的其他智能体,如 $a = [a_m, a_{-m}]$。整个决策过程用过程 $G = \langle S, A, P, r, Z, O, m, \gamma \rangle$ 来表示。

首先假设全局可观测的环境下,Q 函数直接从真实状态 s 中学习,在给出其他智能体的策略时,可以得出单个智能体目标贝尔曼最优方程:

$$Q_m^*(s, a_m \mid \pi_{-m}) = \sum_{a_{-m}} \pi_{-m}(a_{-m} \mid s)$$

$$\left[r(a_m, a_{-m}, s) + \gamma \sum_{s'} P(s' \mid s, a_m, a_{-m}) \max_{a'_m} Q^*(s', a'_m) \right] \tag{3-27}$$

式中,不稳定的部分是

$$\pi_{-m}(a_{-m} \mid s) = \prod_{i \in m} \pi_i(a_i \mid s) \tag{3-28}$$

它会随着其他智能体策略的改变而改变。因此,要想使用经验回放,在时刻 t_c,将 $\pi_{-m}^{t_c}(a_{-m} \mid s)$ 存储在回放记忆,形成一个增强的记忆单元 $< s, a_m, r, \pi_{-m}(a_{-m} \mid s), s' > (t_c)$,在回放时刻 t_r,通过重要性采样得出目标环境的策略分布,最小化损失函数来学习策略:

$$L(\theta) = \sum_{i=1}^{b} \frac{\pi_{-m}^{t_r}(a_{-m} \mid s)}{\pi_{-m}^{t_i}(a_{-m} \mid s)} [y_i^{\mathrm{DQN}} - Q(s, a; \theta)^2] \tag{3-29}$$

式中,t_i 是采集第 i 个数据样本的时间。

在局部可观测的条件下,重要性权重的导数的计算异常复杂,因为智能体的行动观测值历史不仅取决于智能体的策略,还取决于智能体的转移概率和观测。因此本书定义了一个增强的 MDP 过程,$\hat{G} = \langle \hat{S}, A, \hat{P}, \hat{r}, Z, \hat{O}, m, \gamma \rangle$,状态空间 $\hat{s} = \{s, \tau_{-m}\} \in \hat{S} = S \times T^{n-1}$。这个状态空间既包含原始的状态 s,也包含其他智能体的动作观测历史 τ_{-m}。对应的也定义了一个新的观测函数 $\hat{O}$ s.t. $\hat{O}(\hat{s}, a) = O(s, a)$。在这些定义的基础上对应定义新的回报函数 $\hat{r}(\hat{s}, a) = \sum\limits_{a_{-m}} \pi_{-m}(a_{-m} \mid \tau_{-m}) r(s, a)$,最后定义新的转移函数。

$$
\begin{aligned}
\hat{P}(\hat{s}' \mid \hat{s}, a) &= P(s', \tau' \mid s, \tau, a) \\
&= \sum_{a_{-m}} \pi_{-m}(a_{-m} \mid \tau_{-m}) P(\hat{s}' \mid \hat{s}, a) p(\tau'_{-m} \mid \tau_{-m}, a_{-m}, s')
\end{aligned} \tag{3-30}
$$

根据以上的定义可以得出 $\hat{G}$ 的贝尔曼方程:

$$
\begin{aligned}
Q(\tau, a) &= \sum_{\hat{s}} p(\hat{s} \mid \tau) \\
&\left[\hat{r}(\hat{s}, a) + \gamma \sum_{\tau', \hat{s}', a'} \hat{P}(\hat{s}' \mid \hat{s}, a) \pi(a', \tau') p(\tau' \mid \tau, \hat{s}', a) Q(\tau', a') \right]
\end{aligned} \tag{3-31}
$$

将其中的元素用 $\hat{G}$ 中元素新的定义代替,可以得到和式(3-27)拥有相同形式的、新的 Q 值函数:

$$
\begin{aligned}
Q(\tau, a) &= \sum_{\hat{s}} p(\hat{s} \mid \tau) \sum_{a_{-m}} \pi_{-m}(a_{-m} \mid \tau_{-m}) \cdot \\
&\left[r(s, a) + \gamma \sum_{\tau', \hat{s}', a'} P(s' \mid s, a) p(\tau'_{-m} \mid \tau_{-m}, a_{-m}, s') \cdot \right. \\
&\left. \pi(a', \tau') p(\tau' \mid \tau, \hat{s}', a) Q(\tau', a') \right]
\end{aligned} \tag{3-32}
$$

3.7.6　实验及结果分析

本节在多车协同测量环境中验证 EDDRQN 算法的效能表现。在仿真环境中,我方需要在 180s 内对目标进行测量完毕,初始化拥有 3 辆无人车,分别对 25 个目标进行测量,其中有 2 个目标在探测视野内,其余目标随机分布在地图内。无人车需要对地图进行探索,发现目标并进行测量。地图的奖励机制设置为,当一个目标被测量完毕后,奖励分值+10,当一个无人车出现故障而无法继续行驶时,奖励分值-10。当所有目标测量完毕后,统计各个无人车对所有目标的测量数值,并将奖励值按各自测量到的目标数的比例分配给各个无人车。当任务超时或者无人车全部故障而无法行使任务时,判定为探测任务失败,进行下一轮训练。在实验环境里,EDDRQN 网络将控制仿真环境中每个单位,通过观测环境给出的特征层来获取自己的对于当前环境的观测,并根据自己当前的状态选择能执行的动作。

　　测试的环境为 SC2LE,实验使用 PyTorch 深度学习框架来 EDDRQN 构建网络,图像特征使用 Oriol Vinyals 中的网络结构对环境给出的特征层进行学习后提取。实验过程中三个算法的参数统一设置为衰减系数 $\gamma = 0.95$,Adam 梯度下降的学习率为 0.001,动作选择的 ε-greedy 策略 $\varepsilon = 1 - 0.5^{\frac{1}{n}}$,每 400 步同步目标网络和 Q 值网络的参数。仿真实验初始化渲染图如图 3-12 所示,为了加速训练,在实际训练的过程中,关闭图形渲染以加速多无人车学习过程。实验的结果如图 3-13~图 3-17 所示。

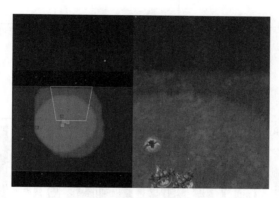

图 3-12　仿真环境

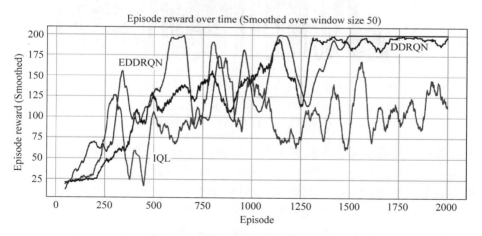

图 3-13　算法平均经历收获比较

　　由图 3-13 可以看出,相比于 DDRQN 网络,基于 EDDRQN 网络的多车协同控制网络在迭代中获得的平均奖励比 DDRQN 高,由环境的奖励说明可知,平均奖励代表了无人车有效地完成任务的程度,由于测量点在环境中大部分是随机分布的,所

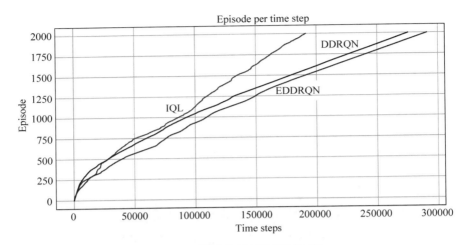

图 3-14　算法持续时间长度比较

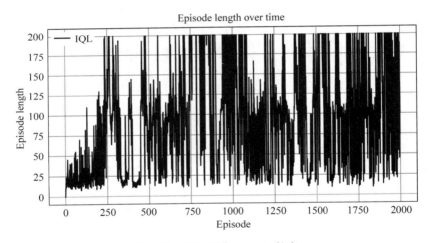

图 3-15　IQL 网络 episode 长度

以稳定的得分代表多无人车找到了有效的协作方法。且算法最后相比于 DDRQN 更早地趋于稳定,效率高于 DDRQN。由图 3-14 可以看出,在三种算法都迭代了相同的轮数条件下,EDDRQN 总体的持续时间相比于 IQL 和 DDRQN 更长,同时也更加稳定,在本测量环境中表示无人车的工作时间更久。

对比在学习中每轮迭代的 episode 长度,EDDRQN 的稳定性明显优于 DDRQN,算法迭代的过程中 episode 长度的波动相比 IQL 和 DDRQN 明显减少,说明在多智能体的强化学习环境的学习中,互相干扰的情况得到了有效地缓解。由图 3-17 可以看出,EDDRQN 通过一定的迭代步数已经趋于稳定,在实验中表现为无人车在训练的过程中学习到了一定的策略,可以很好地完成任务。

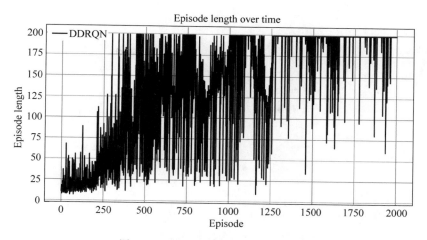

图 3-16　DDRQN 网络 episode 长度

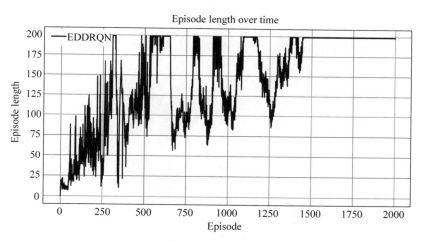

图 3-17　EDDRQN 网络 episode 长度

第 4 章

光学探测技术

4.1 相机标定

相机标定技术是三维信息获取的一个重要环节,就是利用空间物体表面某点的世界坐标与它在图像中对应点坐标的位置,确定相机的内外参数,进而获得目标点图像坐标与目标点三维世界坐标的转换关系。

4.1.1 相机成像模型

计算机视觉研究中,三维空间中的物体到像平面的投影关系即为成像模型,理想的投影成像模型是光学中的中心投影,也称为针孔模型[161]。针孔模型是假设物体表面上的反射光都经过一个针孔而投影到像平面上,满足光的直线传播条件。如图 4-1 为相机针孔成像模型的几何结构,主要由光心(投影中心)、成像面和光轴组成,它反映了任意空间点对应图像点之间的映射关系。

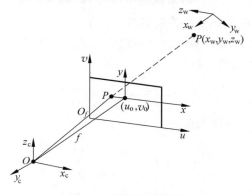

图 4-1 针孔成像模型

如图 4-1 所示，P 是空间中的任意一点，标定时有四种坐标系。(x_w, y_w, z_w) 是物体点 P 在三维空间坐标系中的坐标；(x_c, y_c, z_c) 是 P 点在相机坐标系中的坐标；(x, y, z) 是 P 点在图像坐标系中的坐标；(u, v) 是待测物上 P 点的计算机图像像素坐标。相机标定的目的就是找到空间坐标系 $O_w\text{-}x_w\text{-}y_w\text{-}z_w$ 与像素坐标系 $O_f\text{-}u\text{-}v$ 之间的转换关系，即求解相机的内部参数和外部参数。

4.1.2 标定原理

将物体点 P 的三维空间坐标 (x_w, y_w, z_w) 变换到像素坐标 (u, v) 需要以下 3 个步骤完成：

1. 由空间坐标 (x_w, y_w, z_w) 到相机坐标 (x_c, y_c, z_c) 的投影变换关系

由于空间坐标系和相机坐标系的位置和方向均不相同，所以它们之间存在两种变换关系：平移变换和旋转变换。平移变换代表相机坐标系原点相对于空间坐标系原点的平移量，故有平移矩阵 $\boldsymbol{T} = \begin{bmatrix} t_x & t_y & t_z \end{bmatrix}^{\mathrm{T}}$，其中，$t_x, t_y, t_z$ 分别为沿 X 轴、Y 轴、Z 轴的平移量[162]。旋转变换代表相机坐标系相对于空间坐标系的旋转量，由旋转关系可得

$$\begin{bmatrix} x_c \\ y_c \\ z_c \end{bmatrix} = \begin{bmatrix} r_1 & r_2 & r_3 \\ r_4 & r_5 & r_6 \\ r_7 & r_8 & r_9 \end{bmatrix} \begin{bmatrix} x_w \\ y_w \\ z_w \end{bmatrix} \tag{4-1}$$

从而获得空间坐标系和相机坐标系之间的变换矩阵为

$$\begin{bmatrix} x_c \\ y_c \\ z_c \\ 1 \end{bmatrix} = \begin{bmatrix} r_1 & r_2 & r_3 & t_x \\ r_4 & r_5 & r_6 & t_y \\ r_7 & r_8 & r_9 & t_z \\ 0 & 0 & 0 & 1 \end{bmatrix} \begin{bmatrix} x_w \\ y_w \\ z_w \\ 1 \end{bmatrix} \tag{4-2}$$

所获得的变换矩阵记作 $\boldsymbol{A}_1$。

2. 由相机坐标 (x_c, y_c, z_c) 到图像坐标 (x, y, z) 的投影转换关系

相机坐标系与图像坐标系的关系如图 4-2 所示。

如图 4-2 所示，$O_c P$ 与图像平面 XOY 相交于 P_t，$O_c O$ 间的距离为焦距 f。由 $\triangle Q_c O P_t$ 与 $\triangle O_c Z_c P$ 相似可得

$$x = f\frac{x_c}{z_c}, \quad y = f\frac{y_c}{z_c} \tag{4-3}$$

故两个坐标系间的转换关系为

$$\begin{bmatrix} x \\ y \\ 1 \end{bmatrix} = \frac{1}{z_c} \begin{bmatrix} f & 0 & 0 & 0 \\ 0 & f & 0 & 0 \\ 0 & 0 & 1 & 0 \end{bmatrix} \begin{bmatrix} x_c \\ y_c \\ z_c \\ 1 \end{bmatrix} \tag{4-4}$$

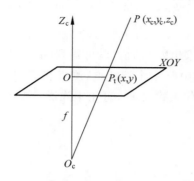

图 4-2 相机坐标系-图像坐标系关系图

将所获得的变换矩阵记作 $\boldsymbol{A}_2$。

3. 图像坐标 (x,y,z) 到像素坐标 (u,v) 的转换关系

图像坐标与像素坐标之间的转换即为相机靶面坐标系上的点转化为计算机屏幕上像素坐标的存储位置,转换关系为

$$\begin{bmatrix} u \\ v \\ 1 \end{bmatrix} = \begin{bmatrix} n_x & 0 & u_0 \\ 0 & n_y & v_0 \\ 0 & 0 & 1 \end{bmatrix} \begin{bmatrix} x \\ y \\ 1 \end{bmatrix} \tag{4-5}$$

式中,n_x,n_y 表示相机靶面内水平方向和竖直方向上单位距离内的像素数;(u_0,v_0) 是图像坐标系原点 O 在像素坐标系中的坐标。

从上式获得两个坐标系间的变换矩阵 $\boldsymbol{A}_3$。

采用整体法对参数矩阵进行求解,可获得三维空间坐标到像素坐标间的变换式为

$$z_c \begin{bmatrix} u \\ v \\ 1 \end{bmatrix} = \boldsymbol{A}_3 \boldsymbol{A}_2 \boldsymbol{A}_1 \begin{bmatrix} x_w \\ y_w \\ z_w \\ 1 \end{bmatrix} \tag{4-6}$$

引入透视投影矩阵 $\boldsymbol{A}$,将式(4-6)化为

$$\begin{bmatrix} u \cdot w \\ v \cdot w \\ w \end{bmatrix} = \boldsymbol{A} \begin{bmatrix} x_w \\ y_w \\ z_w \\ 1 \end{bmatrix} \tag{4-7}$$

式中,$\boldsymbol{A}$ 为 4×4 矩阵;a_{ij} 是它的矩阵值。将式(4-7)展开消去 w,并在等式两边同时除以 a_{34},为了方便表示,令 $k_{ij} = a_{ij}/a_{34}$,得到

$$\begin{cases} k_{11}x_{\mathrm{w}} + k_{12}y_{\mathrm{w}} + k_{13}z_{\mathrm{w}} + k_{14} - k_{31}x_{\mathrm{w}}u - k_{32}y_{\mathrm{w}}u - k_{33}z_{\mathrm{w}}u = u \\ k_{21}x_{\mathrm{w}} + k_{22}y_{\mathrm{w}} + k_{23}z_{\mathrm{w}} + k_{24} - k_{31}x_{\mathrm{w}}v - k_{32}y_{\mathrm{w}}v - k_{33}z_{\mathrm{w}}v = v \end{cases} \tag{4-8}$$

由式(4-8)可知,只要求出 k_{ij} 的值,就可得到 (u,v) 和 $(x_{\mathrm{w}},y_{\mathrm{w}},z_{\mathrm{w}})$ 之间的关系。为了确定 k_{ij} 的值,在空间中取 n 个特征点,测得它们的世界坐标 (x_i,y_i) 和像素坐标 (u_i,v_i),将每个坐标值代入式(4-8),可用矩阵形式表示为

$$\begin{bmatrix} x_{\mathrm{w}1} & y_{\mathrm{w}1} & z_{\mathrm{w}1} & 1 & 0 & 0 & 0 & 0 & -x_{\mathrm{w}1}u_1 & -y_{\mathrm{w}1}u_1 & -z_{\mathrm{w}1}u_1 \\ x_{\mathrm{w}1} & y_{\mathrm{w}1} & z_{\mathrm{w}1} & 1 & 0 & 0 & 0 & 0 & -x_{\mathrm{w}1}v_1 & -y_{\mathrm{w}1}v_1 & -z_{\mathrm{w}1}v_1 \\ \vdots & \vdots & \vdots & \vdots & \vdots & \vdots & \vdots & \vdots & \vdots & \vdots & \vdots \\ x_{\mathrm{w}n} & y_{\mathrm{w}n} & z_{\mathrm{w}n} & 1 & 0 & 0 & 0 & 0 & -x_{\mathrm{w}n}u_n & -y_{\mathrm{w}n}u_n & -z_{\mathrm{w}n}u_n \\ x_{\mathrm{w}n} & y_{\mathrm{w}n} & z_{\mathrm{w}n} & 1 & 0 & 0 & 0 & 0 & -x_{\mathrm{w}n}v_n & -y_{\mathrm{w}n}v_n & -z_{\mathrm{w}n}v_n \end{bmatrix} \begin{bmatrix} k_{11} \\ k_{12} \\ k_{13} \\ k_{14} \\ k_{21} \\ k_{22} \\ k_{23} \\ k_{24} \\ k_{31} \\ k_{32} \\ k_{33} \\ k_{34} \end{bmatrix} = \begin{bmatrix} u_1 \\ v_1 \\ u_2 \\ v_2 \\ \vdots \\ u_n \\ v_n \end{bmatrix} \tag{4-9}$$

将获得的 k_{ij} 的值存储起来,使用时,只要将其代入式(4-8)就可以通过已知的像素坐标 (u,v) 推算出空间坐标的平面值 $(x_{\mathrm{w}},y_{\mathrm{w}})$,再结合其高度值,即可确定各像素点在空间中的实际坐标值。

4.1.3　实现方法

由以上推算可知,相机标定的实质是找出 n 个特征点,并得到它们在世界坐标上的平面坐标值 (x_i,y_i) 和在像素坐标系下的像素坐标值 (u_i,v_i),其中,$i=1,2,\cdots,n$,将获得的坐标值代入式(4-9),即可解出标定矩阵,完成标定。标定流程如图 4-3 所示。

使用美国 IMPERX 公司的最大分辨率为 6600×4400 的 BOBCATGEVB0620 相机,以及焦距为 4mm 的高分辨率 CCD 相机,作为本课题的实验器材[163]。为了证明棋盘格模板的有效性,在 Qt Creator 平台下,调用 OpenCV 函数库中的棋盘格模板标定函数,使用了一个 5×7 型黑白相间的矩形棋盘格,在不同位置拍摄 10 幅相机获取的图像,如图 4-4 所示,其中,图(a)代表相机获取的标定图像,图(b)代表矫正后的图像,标定后的摄像机参数如表 4-1 所示。

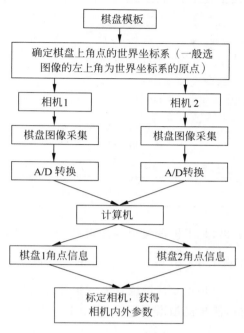

图 4-3 相机标定流程图

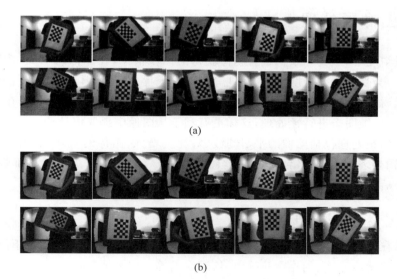

(a)

(b)

图 4-4 基于棋盘格模板张正友标定法的标定结果

(a) 相机拍摄的图像；(b) 矫正后的图像

表 4-1　基于棋盘格模板张正友标定法获取的相机标定参数

	相机 1 参数			相机 2 参数		
内参数矩阵	$\begin{bmatrix} 4356.428 & 0 & 3238.775 \\ 0 & 4374.541 & 2207.767 \\ 0 & 0 & 1 \end{bmatrix}$			$\begin{bmatrix} 4356.428 & 0 & 3236.235 \\ 0 & 4374.541 & 2209.017 \\ 0 & 0 & 1 \end{bmatrix}$		
畸变系数矩阵	$\begin{bmatrix} -0.105 & -0.173 & 0 & 0 & 1.373 \end{bmatrix}^{\mathrm{T}}$			$\begin{bmatrix} -0.132 & -0.423 & 0 & 0 & 2.872 \end{bmatrix}^{\mathrm{T}}$		
旋转矩阵			$\begin{bmatrix} -0.472 & -0.855 & -0.215 \\ 0.863 & -0.398 & -0.312 \\ 0.181 & -0.332 & 0.925 \end{bmatrix}$			
平移矩阵			$\begin{bmatrix} 1.826 & 2.441 & 0.105 \end{bmatrix}^{\mathrm{T}}$			

从以上结果可以看出,基于棋盘模板的标定算法标定结果精度高。对于相机的焦距 $f = f_x \times d_x = 4356.428 \times \dfrac{5.93}{6400} = 4.036\mathrm{mm}$,与实际焦距 4mm 特别接近,且从上面的标定过程可以看出,张正友标定法只需一张黑白相间的棋盘格图像,在标定的过程中简单移动标定板,使相机拍摄到不同角度的几幅图像,即可完成标定,实验过程非常简便。

4.2　图像预处理

一般情况下,从实际景物或者物体获得的图像信息,在图像的生成、传输和变换的过程中,会受到镜头精度、拍摄角度等因素的干扰,在扰动(灯光、环境等)情况下拍摄的图像质量不高,会对后续的边缘检测和特征点提取产生影响,因此,在立体匹配前,必须对二维图像进行预处理,这样更有利于从图像中提取信息。

图像的预处理包括图像的平滑滤波、对比度增强、图像的灰度化、图像特征提取等[164]。预处理中出现的错误和偏差会直接影响后续处理与决策的正确性,精确的预处理为后续处理提供置信度高的输入资料。

4.2.1　图像平滑滤波

图像在生成和传输的过程中常受到各种噪声源的干扰而引起质量下降,这些噪声源包括传感器噪声、相片颗粒噪声、信道误差等。为了抑制噪声,改善图像质量,必须对图像进行平滑处理,本书主要采用空间域滤波方法进行图像的滤波降噪。

空域滤波器是一种对像素邻域进行滤波处理的滤波模块,也称作图像平滑处理,它使用连续函数内像素加权和来实现[165]。滤波原理是通过滤波模板与图像中像素点进行卷积运算,用所得结果取代原来的数值。卷积运算如图 4-5 所示。

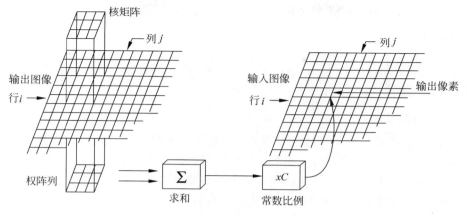

图 4-5 卷积运算

常用的空域图像平滑处理方法有以下几种：

1. 邻域平均法

邻域平均法是一种在空间域上对图像进行平滑处理的方法，用某个像素邻域内各点灰度值的平均值代替该像素原来的灰度值得到平滑处理后的图像[166]。

设噪声 $\boldsymbol{\eta}(m,n)$ 是加性白噪声，其均值为 0，方差（噪声功率）为 σ^2，而且噪声与图像 $\boldsymbol{f}(m,n)$ 不相关。因此包含噪声的图像 $\boldsymbol{f}'(m,n)$ 为

$$\boldsymbol{f}'(m,n) = \boldsymbol{f}(m,n) + \boldsymbol{\eta}(m,n) \tag{4-10}$$

经邻域平均法处理后的图像 $\boldsymbol{g}(m,n)$ 为

$$\boldsymbol{g}(m,n) = \frac{1}{N} \sum_{(i,j \in S)} \sum \boldsymbol{f}'(i,j)$$

$$= \frac{1}{N} \sum_{(i,j \in S)} \sum (\boldsymbol{f}(i,j) + \boldsymbol{\eta}(i,j))$$

$$= \frac{1}{N} \sum_{(i,j \in S)} \sum \boldsymbol{f}(i,j) + \frac{1}{N} \sum_{(i,j \in S)} \sum \boldsymbol{\eta}(i,j) \tag{4-11}$$

式中，S 是 (m,n) 邻域内的点集；N 是该邻域内像素点的个数。一般常用的有四点邻域和八点邻域。对式(4-11)的噪声分量求平均值和方差：

$$\mathrm{E}\left\{\frac{1}{N} \sum \sum \boldsymbol{\eta}(i,j)\right\} = \frac{1}{N} \sum \sum \mathrm{E}\{\boldsymbol{\eta}(i,j)\} = 0 \tag{4-12}$$

$$\mathrm{D}\left\{\frac{1}{N} \sum \sum \boldsymbol{\eta}(i,j)\right\} = \frac{1}{N^2} \sum \sum \mathrm{D}\{\boldsymbol{\eta}(i,j)\} = \frac{1}{N}\sigma^2 \tag{4-13}$$

从上述公式可以看出，邻域平均后，残余噪声的平均值仍为 0，而方差由原来的 σ^2 下降为 $\frac{1}{N}\sigma^2$。图像 $f(m,n)$ 变为 $\frac{1}{N} \sum \sum f(i,j)$，这个变化引起 $g(m,n)$ 的失真，具体表现在图像中目标物的轮廓或者细节变模糊了。为了保持平滑处理后的图

像平均值不变,模板内各元素之和为 1。四邻域和八邻域的邻域平均算法用模块分别表示如下:

$$\boldsymbol{M}_1 = \frac{1}{5} \begin{bmatrix} 0 & 1 & 0 \\ 1 & 1 & 1 \\ 0 & 1 & 0 \end{bmatrix}, \quad \boldsymbol{M}_2 = \frac{1}{8} \begin{bmatrix} 1 & 1 & 1 \\ 1 & 0 & 1 \\ 1 & 1 & 1 \end{bmatrix}, \quad \boldsymbol{M}_3 = \frac{1}{16} \begin{bmatrix} 1 & 2 & 1 \\ 2 & 4 & 2 \\ 1 & 2 & 1 \end{bmatrix} \quad (4\text{-}14)$$

2. 中值滤波法

中值滤波法是一种非线性的处理方法,能够在抑制噪声的同时减少模糊边缘。在一定条件下,中值滤波法可以克服线性滤波器所带来的细节模糊,对滤除脉冲干扰以及颗粒噪声最为有效,并且在实际运算中不需要图像的统计,使用比较方便。

中值滤波法用邻域点的中值代替该点的数值,设 $x_1, x_2, \cdots, x_n$ 为点 (x, y) 及其邻域的灰度值,若 $x_{i1} \leqslant x_{i2} \leqslant \cdots \leqslant x_{in}$,则把 n 个数值的大小排序如下:

$$g(x, y) = \text{Median}[x_1, x_2, \cdots, x_n] = \begin{cases} x_{i\left(\frac{n+1}{2}\right)}, & n \text{ 为奇数} \\ \frac{1}{2}\left[x_{i\left(\frac{n}{2}\right)} + x_{i\left(\frac{n+1}{2}\right)}\right], & n \text{ 为偶数} \end{cases} \quad (4\text{-}15)$$

根据需要的不同,滤波器的窗口可以是正方形、近似圆形或十字形。如图 4-6 所示。

5×5方形窗口　　5×5 圆形窗口　　5×5十字形窗口　　3×3 方形窗口　　3×3 方形窗口

图 4-6　中值滤波常用窗口

中值滤波的工作步骤如下:

(1) 将模板在图中滑动,并将模板中心与图像某个像素位置重合;

(2) 读取模板下各对应像素的灰度值;

(3) 将这些灰度值从小到大排序,找出中间值;

(4) 将这个中间值赋给对应模板中心位置的像素。

从以上步骤可以看出,中值滤波器的主要功能就是让与周围像素灰度值的差比较大的像素改成与周围像素值接近的像素,从而消除孤立的噪声点。除此之外,中值滤波能够保持图像的边缘,能很好地去除二值噪声,能够在抑制随机噪声的同时不使边缘模糊,因而受到欢迎。图 4-7 为对图像进行平滑滤波的实验结果。

4.2.2　彩色图像转化为灰度图像

由于本书主要研究的目的是利用图像的灰度值恢复物体的三维信息,而 CCD 相机获取的原始图像是彩色的,不能直接获取像素点的灰度值,并且在后面的研究中要对灰度图像进行处理,因此在本书应用程序中把彩色图像转换成灰度图像是十分

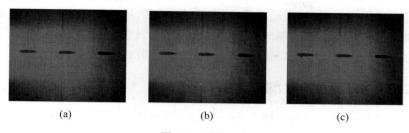

图 4-7　平滑滤波

（a）原图像；（b）均值滤波运行结果；（c）中值滤波运行结果

必要的。

　　灰度图是指只含亮度信息，不含彩色信息的图像，彩色图片经过灰度化处理以后，就会形成一幅亮度由暗到明的黑白照片，而且相邻两个像素点之间的灰度变化是连续的[167]。所以，要想表示灰度图，就必须把亮度值进行灰度化。通常划分成 0～255 共 256 个级别，0 最暗，表示全黑，255 最亮，表示全白。

　　灰度处理方法主要有三种：

　　（1）最大值法：将彩色图像中的 RGB 分量亮度最大值作为灰度图像的灰度值，如式（4-16）：

$$f(i,j) = \max(\boldsymbol{R}(i,j), \boldsymbol{G}(i,j), \boldsymbol{B}(i,j)) \tag{4-16}$$

彩色图像经过最大值的方法处理后，会得到亮度很高的灰度图像。

　　（2）平均值法：将彩色图像中的三分量亮度求平均得到一个灰度值，如式（4-17）：

$$f(i,j) = (\boldsymbol{R}(i,j) + \boldsymbol{G}(i,j) + \boldsymbol{B}(i,j))/3 \tag{4-17}$$

彩色图像经过平均值法处理后，得到的灰度图像比较柔和。

　　（3）加权平均值法：根据重要性及其他指标，将三个分量以不同的权值进行加权平均。由于人眼对绿色的敏感最高，对蓝色敏感最低，因此，按式（4-18）对 RGB 三分量进行加权平均能得到较合理的灰度图像。

$$f(i,j) = 0.30\boldsymbol{R}(i,j) + 0.59\boldsymbol{G}(i,j) + 0.11\boldsymbol{B}(i,j) \tag{4-18}$$

图 4-8 是对一个弹丸图像运用三种灰度化方法得到的实验结果。

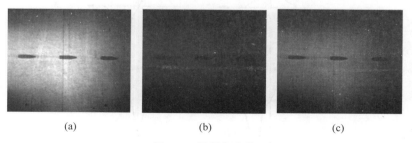

图 4-8　图像灰度化

（a）最大值法；（b）平均值法；（c）加权平均值法

从实验结果可以看出,用最大值法,各个点之间的灰度值变化不是很明显;平均值法和加权平均值法能够清晰地显示出各点之间的灰度变化,但是从弹丸的周围可以看出,采用加权平均值法,得到的灰度图像的效果更好,变化更为明显。

4.2.3　图像边缘检测

进行边缘特征提取是为了便于下一步的立体匹配。通常,立体匹配的计算量都是非常大的,如果对特征进行匹配,则可以大大减少匹配的计算量。

在计算机视觉中,图像中目标物体的边缘特征对于后续的目标识别和三维重构是非常重要的信息。边缘是两个具有不同灰度级的图像区域的边界,它在两幅图像中产生相似的结果,并且分布较合理。因此,我们选择边缘点作为初始匹配的基元。目前,比较经典的边缘检测方法有微分算子法和 Canny 边缘检测算子法[168]。

1. 微分算子

边缘是指其周围像素灰度急剧变化的那些元素的集合,存在于目标、背景和区域之间。图像边缘可划分为阶跃状边缘和屋顶状边缘,其中,阶跃状边缘两边像素的灰度值明显不同;而屋顶状边缘处于灰度值由小到大再到小的变化转折点。图像边缘检测最基本的方法有一阶微分算子和二阶微分算子。在数学上可以利用灰度变化曲线的一阶、二阶导数来描述两种不同的边缘,边缘示意图及相应的一阶、二阶导数变化规律如图 4-9 所示。

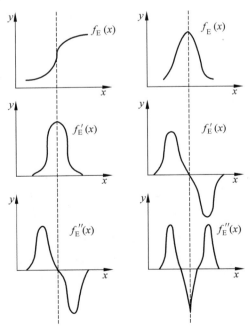

图 4-9　阶跃状边缘和屋顶状边缘的一阶及二阶导数变化规律

常见的一阶微分算子有 Roberts 算子和 Sobel 算子,较为常见的二阶微分算子有 Laplacian 算子、Laplacian-Guass 算子。

1) Roberts 算子

Roberts 算子是利用局部差分算子获取边缘信息,采用对角线方向相邻两个像素的插值代替梯度。设 $\boldsymbol{I}(i,j)$ 表示像素灰度,则

$$f_x = \boldsymbol{I}(i,j) - \boldsymbol{I}(i+1,j+1) \tag{4-19}$$

$$f_y = \boldsymbol{I}(i+1,j) - \boldsymbol{I}(i,j+1) \tag{4-20}$$

Roberts 算子的卷积核为

$$\text{水平边缘 } \boldsymbol{f}_x: \begin{bmatrix} 1 & 0 \\ 0 & -1 \end{bmatrix}, \quad \text{垂直边缘 } \boldsymbol{f}_y: \begin{bmatrix} 0 & 1 \\ -1 & 0 \end{bmatrix}$$

图像点(i,j)的梯度近似值为

$$\Delta \boldsymbol{I}(x,y) = \sqrt{f_x^2 + f_y^2} \tag{4-21}$$

Roberts 算子检测定位精度比较高,其检测水平、垂直方向边缘的性能要好于斜线方向边缘,从世界图像处理效果看,用 Roberts 算子检测边缘较好,但它对噪声干扰比较敏感。

2) Sobel 算子

Sobel 算子在以像素点为中心的 3×3 邻域内做灰度加权运算,根据该点是否处于极值状态进行边缘检测,其本质上仍然是一种梯度幅度,即

$$s_x = \{\boldsymbol{I}(i-1,j+1) + 2\boldsymbol{I}(i,j+1) + \boldsymbol{I}(i+1,j+1)\} - \{\boldsymbol{I}(i-1,j-1) +$$
$$2\boldsymbol{I}(i,j-1) + \boldsymbol{I}(i+1,j-1)\} \tag{4-22}$$

$$s_y = \{\boldsymbol{I}(i-1,j-1) + 2\boldsymbol{I}(i-1,j) + \boldsymbol{I}(i-1,j+1)\} - \{\boldsymbol{I}(i+1,j-1) +$$
$$2\boldsymbol{I}(i+1,j) + \boldsymbol{I}(i+1,j+1)\} \tag{4-23}$$

Sobel 算子的卷积核为

$$\text{水平边缘 } \boldsymbol{s}_x: \begin{bmatrix} -1 & -2 & -1 \\ 0 & 0 & 0 \\ 1 & 2 & 1 \end{bmatrix}, \quad \text{垂直边缘 } \boldsymbol{s}_y: \begin{bmatrix} -1 & 0 & 1 \\ -2 & 0 & 2 \\ -1 & 0 & 1 \end{bmatrix}$$

则梯度幅值的近似值表示如下:

$$\Delta \boldsymbol{I}(x,y) = \sqrt{s_x^2 + s_y^2} \tag{4-24}$$

Sobel 算子的抗噪声干扰性较好,可以平滑噪声使边缘信息较为准确,但是它的定位精度不是很理想,容易检测出伪边缘信息。

3) 二阶微分算子

二阶微分算子是根据图像边缘点二阶导数过零点的性质来进行边缘检测。与一阶微分算子相比,Laplacian 算子对噪声更敏感,它使噪声成分加强。在实际应用中,为了进一步改善 Laplacian 算子的性能,Mart 等提出先用高斯型二维低通滤波器对图像进行滤波平滑,然后再对图像作 Laplacian 边缘提取,这种方法即为 Laplacian-

Guass 算子法。

2. Canny 算子

Canny 算子是具有优良性能的边缘检测算子,它在许多图像处理的领域里都得到广泛的应用。其基本思想是先对待处理的图像选择一定的 Guass 滤波器进行平滑滤波,然后采用一种称之为"非极值抑制"的方法,对平滑滤波后的图像进行处理,得到最终所需的边缘图像[169]。在实际应用中,选取高斯函数的一阶导数作为阶跃型边缘的次最优检测算子。

二维高斯函数表达式如下:

$$G_\sigma = \frac{1}{\sqrt{2\pi}\sigma} \mathrm{e}^{\frac{x^2+y^2}{2\sigma^2}} \tag{4-25}$$

梯度向量:

$$\boldsymbol{\nabla I}(x,y) = \begin{bmatrix} \dfrac{\partial I}{\partial x} & \dfrac{\partial I}{\partial y} \end{bmatrix} \tag{4-26}$$

为了提高效率,采用分解的办法,将 ∇G 的两个滤波器卷积模板分解为两个一维行列滤波器:

$$\frac{\partial I}{\partial x} = kx\mathrm{e}^{-\frac{x^2}{2\sigma^2}}\mathrm{e}^{-\frac{y^2}{2\sigma^2}} = h_1(x)h_2(y) \tag{4-27}$$

$$\frac{\partial I}{\partial y} = kx\mathrm{e}^{-\frac{y^2}{2\sigma^2}}\mathrm{e}^{-\frac{x^2}{2\sigma^2}} = h_1(y)h_2(x) \tag{4-28}$$

式中,k 为常数; $h_1(x) = \sqrt{k}\,x\mathrm{e}^{-\frac{x^2}{2\sigma^2}}$, $h_1(y) = \sqrt{k}\,y\mathrm{e}^{-\frac{y^2}{2\sigma^2}}$, $h_2(x) = \sqrt{k}\,\mathrm{e}^{-\frac{x^2}{2\sigma^2}}$, $h_2(y) = \sqrt{k}\,\mathrm{e}^{-\frac{y^2}{2\sigma^2}}$, $h_1(x) = xh_2(x)$, $h_1(y) = yh_2(y)$。

梯度幅值为

$$\Delta\boldsymbol{I}(x,y) = \sqrt{G_x^2 + G_y^2} \tag{4-29}$$

梯度方向为

$$\theta(x,y) = \arctan\left(\frac{G_x}{G_y}\right) \tag{4-30}$$

为了使边缘定位准确,必须进行非极大值抑制(Non-maxima Suppression,NMS),即细化梯度幅值中的屋脊带,只保存下幅值局部变化最大的点。在这个过程中,Canny 算法在 3×3 邻域中对梯度幅值矩阵 $\boldsymbol{M}(i,j)$ 的全部像素顺着梯度方向进行梯度幅值的插值。在每个点上,邻域的中心像素 $m(i,j)$ 和沿着梯度方向上的两个梯度幅值的插值进行比较,如果邻域中心点的幅值 $m(i,j)$ 小于或等于梯度方向上的两个插值,则把 $m(i,j)$ 相对应的边缘设置为 0,这个过程把图像的宽屋脊带进行细化,使其变为一个像素宽,而且还保存下屋脊的梯度幅值。用数学表达式表示非极大值抑制过程为

$$N(i,j) = \mathrm{NMS}[M(i,j), \boldsymbol{\eta}(i,j)] \tag{4-31}$$

$N(i,j)$为经过 NMS 过程处理后的图像。再采用两个不同的阈值对该图像进行分割，获得两个阈值的边缘图像 $T_1(i,j)$ 与 $T_2(i,j)$，其中，$T_1(i,j)$ 为高阈值获得的图像（强边缘），把边缘连接成轮廓；$T_2(i,j)$ 为低阈值获得的图像（弱边缘），即在 $T_1(i,j)$ 轮廓的端点处的 8 个邻域方向搜寻可连接到轮廓上的弱边缘，如此下去，采用递归跟踪的方法在 $T_1(i,j)$ 中寻找弱边缘，直到把 $T_1(i,j)$ 中全部的缝隙填满为止。

由以上分析可知，Canny 算子具有良好的抗噪性，稳定性强，边缘检测精度高，更有利于三维重构的立体匹配，因此，本书采用 Canny 算子进行边缘检测，同时，为了验证 Canny 算子的有效性，也进行了其他边缘检测的实验，如图 4-10 所示。

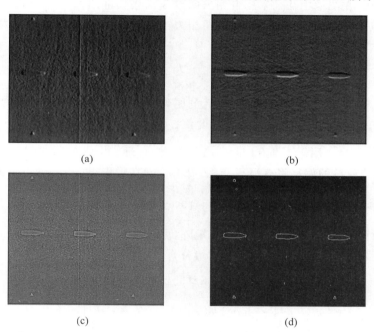

图 4-10 各检测算子对图像的处理结果

（a）Roberts 算子；（b）Sobel 算子；（c）Laplacian 算子；（d）Canny 算子

从图 4-10 各检测算子的实验对比结果可以直观地看出，Canny 算子检测出来的图像边缘的连续性、稳定性、抗噪性和精确性都比较理想。

4.2.4 图像角点检测

图像还有一个重要的特征，那就是角点。图像中的角点主要是指图像中具有较高曲率的点、两条或者多条边缘相交的地方、边界处发生较大变化的地方以及图像灰度梯度变化较大的地方。角点检测是最常用的特征点检测，不仅可以提取出图像的重要特征,还可以减少大量数据的计算量,提高计算机的运行效率,使得计算机能够实时处理有效信息。

目前,常用的角点检测方法有 Harris 算法和 SUSAN 算法[170]。Harris 算法是基于对灰度图像的灰度梯度进行处理的,SUSAN 算子是基于图像灰度处理的。这两种算法具有广泛的代表性,它们各有优缺点。

1. Harris 角点检测

Harris 角点检测是选取一个以目标像素点为中心的局部窗口,在图像像素上逐点移动该窗口,根据该窗口内像素与周边像素的灰度变化情况确定角点,即灰度变化剧烈的像素点为角点,其检测方法简单,只用到一阶差分及滤波,能有效提取出目标物的特征点。在图像中往往采用自相关函数来描述局部图像灰度的变化程度,而图像中的角点与自相关函数的曲率值密切相关[171]。自相关函数的表达式为

$$
\begin{aligned}
E(x,y) &= [I(x+u,y+v) - I(x,y)]^2 \\
&= \sum_{u,v} W(u,v) \left[u \frac{\partial f}{\partial x} + u \frac{\partial f}{\partial y} + O(u^2+v^2) \right]^2
\end{aligned}
\tag{4-32}
$$

式中,$E(x,y)$ 是两个窗口偏移 (x,y) 后的图像灰度平均变化;$W(u,v)$ 是图像窗口函数;$I(x,y)$ 表示像素点 (x,y) 的灰度值;(u,v) 表示像素点 (x,y) 的移动情况;$W_{u,v} = e^{-\frac{1}{2}(u^2+v^2)/\sigma^2}$ 用于对窗口进行高斯平滑处理,提高抗噪能力。在角点处,$E(x,y)$ 随着窗口的偏移将有显著变化。$E(x,y)$ 在像素点 (u,v) 处可近似表示为

$$
E(x,y) = [x,y] M \begin{bmatrix} x \\ y \end{bmatrix}
\tag{4-33}
$$

式中,M 为像素点 (u,v) 的自相关函数矩阵,可表示为

$$
\begin{aligned}
M(x,y) &= W(u,v) \begin{bmatrix} I_x^2 & I_x I_y \\ I_y I_x & I_y^2 \end{bmatrix} \\
&= \begin{bmatrix} \left(\dfrac{\partial I}{\partial x}\right)^2 \otimes h(x,y) & \left(\dfrac{\partial I}{\partial x} \cdot \dfrac{\partial I}{\partial y}\right) \otimes h(x,y) \\ \left(\dfrac{\partial I}{\partial y} \cdot \dfrac{\partial I}{\partial x}\right) \otimes h(x,y) & \left(\dfrac{\partial I}{\partial y}\right)^2 \otimes h(x,y) \end{bmatrix} \\
&= \begin{bmatrix} A(x,y) & C(x,y) \\ C(x,y) & B(x,y) \end{bmatrix}
\end{aligned}
\tag{4-34}
$$

式中,I_x 为 x 方向上的梯度;I_y 为 y 方向上的梯度;$h(x,y)$ 为一阶高斯平滑滤波函数。

自相关函数的一阶曲率为矩阵 M 的特征值,当矩阵 M 的两个特征值都较大时,可认为该点为角点。确定一个角点的判断式如下:

$$
R(x,y) = \det[M(x,y)] - k \cdot \mathrm{tr}^2[M(x,y)] > 阈值
\tag{4-35}
$$

式中,$\det[M(x,y)] = AB - C^2$,$\mathrm{tr}^2[M(x,y)] = A + B$。$k$ 为 Harris 角点检测尺度

因子,一般取 0.04～0.06,通常情况下 k 取值为 0.04 获得的结果较好。当某个像点满足式(4-35),就可以确定该点即为寻找的角点。

2. SUSAN 角点检测

SUSAN 角点检测是一种基于最小核心值相似区域的角点检测算法,只与图像像素的灰度值相关,并采用等方向性的圆形模板移动窗口进行角点的检测[172]。

将位于圆形窗口模板中心等待检测的像素点称为核心点。设图像为非纹理的,核心点的邻域被划分为两个区域:灰度值等于(或相似于)核心点灰度的区域即核值相似区(Univalue Segment Assimilating Nucleus,USAN)和灰度值不相似于核心点灰度的区域。USAN 的概念是 SUSAN 算法的准则,它包含了图像结构中大量的信息。USAN 具有三种典型形状,分别是:核心点在 USAN 区域内;核心点是一个边缘点;核心点是角点,如图 4-11 所示。

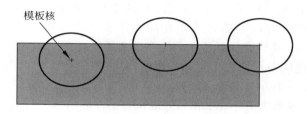

图 4-11　USAN 的典型形状

USAN 区域面积较大(超过一半)时,核心点像素与图像中的灰度一致,在模板核接近边缘时减少,在角点处取得最小值。基于这一原理,Smith 提出了最小核值相似区(Smallest Univalue Segment Assimilating Nucleus,SUSAN)角点检测算法。

将模板中的各像素点与核心点的灰度值用相似比较函数来进行比较:

$$c(\boldsymbol{r},\boldsymbol{r}_0)=\begin{cases}1, & |I(\boldsymbol{r})-I(\boldsymbol{r}_0)|\leqslant t \\ 0, & |I(\boldsymbol{r})-I(\boldsymbol{r}_0)|>t\end{cases} \tag{4-36}$$

式中,$\boldsymbol{r}_0$ 为模板图像核心点的位置;$\boldsymbol{r}$ 为模板图像中其他点的位置;$I(\boldsymbol{r})$ 和 $I(\boldsymbol{r}_0)$ 分别为模板中图像像素的灰度值和核心点的灰度值;t 为灰度差值的阈值;$c(\boldsymbol{r},\boldsymbol{r}_0)$ 表示输出的灰度比较结果函数。

用式(4-36)比较模板中的所有像素点,并计算比较函数的输出和:

$$s(\boldsymbol{r}_0)=\sum_{\boldsymbol{r}}c(\boldsymbol{r},\boldsymbol{r}_0) \tag{4-37}$$

由式(4-37)得到的 s 值与给定的阈值 g 进行比较,得到角点的初始响应函数表达式:

$$R(\boldsymbol{r}_0)=\begin{cases}g-s(\boldsymbol{r}_0), & s(\boldsymbol{r}_0)<g \\ 0, & 其他\end{cases} \tag{4-38}$$

式中，g 是一个固定的几何阈值，一般将阈值设置为模板像素个数的一半。

重复式(4-36)～式(4-38)，得到模板中所有图像像素的角点初始响应，最后搜索到所有角点初始响应中的局部最大值，即为角点。

3. 融合的角点检测算法

常用的 Harris 角点检测算法具有计算简单、旋转不变等优点，但它对噪声、尺度比较敏感，随着尺度因子 k 设置不同，图像角点提取效果差别很大，而 SUSAN 算法只能检测出图像的所有角点，不能分辨出角点是否有效，并且当图像边缘模糊时，提取的角点不精确[173]。因此，针对 Harris 和 SUSAN 角点检测算法的一些不足，提出了一种将 Harris 算法和 SUSAN 算法相融合的角点提取方法。

融合的角点检测算法首先采用 Harris 算子提取图像的角点，将这些角点作为初始的角点集。再计算这些初始角点以及它们周围小范围邻域中点的 USAN 区域，如果某个点的 USAN 区域大于设置的阈值，就认为该点不是角点，剔除该点。该方法只需设置 Harris 的尺度因子 k 的初始值，不需要人为调节，而且也不需要计算图像每个像素的 USAN 区域，只需计算出初始角点及它们周围小范围邻域中的点的 USAN 区域即可，所以计算效率和准确性都得到了提高。

为了验证改进的角点检测算法的有效性，对采集的标定模板图像做了一系列实验，并将实验结果与 Harris 算法和 SUSAN 算法进行比较。制作一个 5×7 的黑白相间的棋盘模板，每个格子是 $30\text{mm} \times 30\text{mm}$ 的正方形，对标定模板进行角点检测并提取出这些角点在图像坐标系中的坐标，如图 4-12 所示。其中图(a)为采集到的标定模板的原始图像；图(b)中红色"十"为采用 Harris 算法进行角点检测的结果，蓝色"口"为采用 SUSAN 算法进行角点检测的结果；图(c)是将 SUSAN 算法和 Harris 算法相融合进行角点检测的结果。

为了对角点检测精度进行定量分析，引入平均绝对误差 E，数学表达式如下：

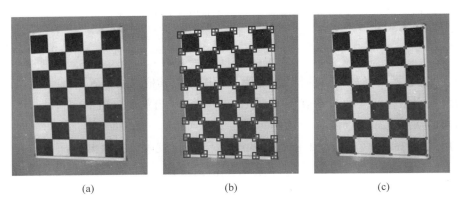

|(a)|(b)|(c)|

图 4-12　角点检测结果

(a) 原始标定模板图片；(b) Harris 和 SUSAN 角点检测；(c) 融合的角点检测

$$E = \frac{\sum_{i=1}^{N} \sqrt{(X_i - x_i)^2 + (Y_i - y_i)^2}}{N} \tag{4-39}$$

式中，(X_i, Y_i) 是通过角点检测算法检测到的坐标；(x_i, y_i) 是棋盘格角点的实际图像坐标；N 是检测到的角点的数量。分别将 Harris 算法、SUSAN 算法和本节提出的融合的角点检测算法提取的角点坐标代入式(4-39)得到 $E_1 = 1.10538$，$E_2 = 0.80847$，$E_3 = 0.30985$。经计算平均绝对误差，可以看出融合的角点检测算法提取角点的精确度高，效果较理想，并且在提取角点时不需要人为调节参数，使用更方便。

4.3　基于 SFS 算法的三维物体形状表面恢复方法

4.3.1　明暗恢复形状的原理

明暗恢复形状(Shape From Shading, SFS)方法是计算机视觉学科领域里的一个基本问题。SFS 算法主要是根据单幅数字图像的灰度明暗变化恢复物体的三维表面上各点的相对高度或表面法向量等参数值[174]。具体来说是利用假设好的一个确定的光照反射模型来确立物体表面形状与图像亮度之间的函数关系，并依据对表面形状的先验模型构建对形状参数的约束条件，然后对在这些约束条件下联立的方程求解，以得到物体表面的三维形状。这个过程相当于完成一个从二维空间到三维空间的逆映射，是成像的逆过程，目的是要完成物体高度信息的再恢复。

1. 朗伯体反射模型和余弦定理

朗伯体(Lambertian)具有以下性质：不论表面被如何辐射，在所有的观察方向上都呈现相同的亮度，所有的入射光都被反射，即满足以下假设条件[175]。

(1) 光源为无限远处的点光源，或者均匀照明的平行光。

(2) 成像几何关系为正交投影。

(3) 物体表面为理想散射表面。从所有观察方向看它都具有同样的亮度，并且完全反射所有入射光，如图 4-13 所示。

图 4-13　表面反射模型

为了描述表面反射特性，定义一个双向反射分布函数 f_e，它是表面片反射到观察者方向 (θ_e, φ_e) 上的辐射率 $\mathrm{d}L_e$ 与光源的某一方向 (θ_i, φ_i) 入射的辐照度 $\mathrm{d}E_e$

之比：

$$f_e(\theta_i,\varphi_i,\theta_e,\varphi_e) = \frac{\mathrm{d}L_e(\theta_i,\varphi_i,\theta_e,\varphi_e,E_i)}{\mathrm{d}E_i(\theta_i,\varphi_i)} \tag{4-40}$$

式中，(θ_i,φ_i) 表示光线入射的方向；(θ_e,φ_e) 表示朝向观察者的方向，如图 4-14 所示。

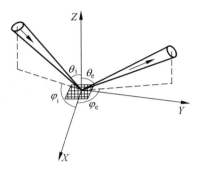

图 4-14 双向反射分布函数

由定义可推出朗伯体表面的双向反射函数 $f_e(\theta_i,\varphi_i,\theta_e,\varphi_e)$ 为常数，且

$$f(\theta_i,\varphi_i,\theta_e,\varphi_e) = \frac{1}{\pi} \tag{4-41}$$

在一个无限远点光源的照明下，朗伯体表面的辐照度可以用下式表示：

$$I(\theta_i,\varphi_i) = E_0\frac{\delta(\theta_i - \theta_e)\delta(\varphi_i - \varphi_e)}{\sin\theta_i} \tag{4-42}$$

式中，E_0 表示总辐照度，将式(4-41)代入表面辐射方程：

$$\begin{aligned}L(\theta_e,\varphi_e) &= \int_0^{2\pi}\int_0^{\pi/2} f(\theta_i,\varphi_i,\theta_e,\theta_e)I(\theta_i,\varphi_i)\sin\theta_i\cos\theta_i\mathrm{d}\theta_i\mathrm{d}\varphi_i \\ &= \frac{E_0}{\pi}\cos\theta_s\end{aligned} \tag{4-43}$$

式(4-43)即为朗伯体余弦定理，说明表面亮度与光源入射角的余弦成正比。

2. 辐照度方程

前面已经知道朗伯体表面的辐照度为

$$L(\theta_e,\varphi_e) = \frac{E_0}{\pi}\cos\theta_s \tag{4-44}$$

式中，θ_s 光源入射方向与该照射点的夹角。假设任意一点的表面法向量为 $\boldsymbol{n}_s = (p,q,-1)$，光源入射方向向量为 $\boldsymbol{n} = (p_s,q_s,-1)$，则

$$\cos\theta_s = \frac{\boldsymbol{n}_s \cdot \boldsymbol{n}}{\|\boldsymbol{n}_s \cdot \boldsymbol{n}\|} = \frac{p_sp + q_sq + 1}{\sqrt{p_s^2 + q_s^2 + 1}\sqrt{p_s + q_s + 1}} \tag{4-45}$$

把式(4-45)代入式(4-44)得到物体辐射率与表面方向之间的关系：

$$R(p,q) = \frac{E_0}{\pi} \frac{p p_s + q q_s + 1}{\sqrt{p^2 + q^2 + 1} \sqrt{p_s^2 + q_s^2 + 1}} \tag{4-46}$$

式中，$R(p,q)$ 表示物体表面反射特性和光源分布的信息，称为反射图。

反射图说明了亮度与表面方向间的关系，图像中某点的辐照度 $E(x,y)$ 正比于成像表面上相应点的辐射率。如果该点的表面梯度是 (p,q)，则该点的辐射率为 $R(p,q)$，通过归一化把比例系数设置为 1，就可得到图像的辐照方程：

$$E(x,y) = \rho R(p,q) = \frac{p p_s + q q_s + 1}{\sqrt{p^2 + q^2 + 1} \sqrt{p_s^2 + q_s^2 + 1}} \tag{4-47}$$

上式表明在图像平面中点 (x,y) 处的辐照度等于场景表面对应点的表面方向 p 和 q 的反射图的值。由该式可知：梯度空间中的一点对应着一级亮度，而图像中每一级亮度对应着梯度空间中的一些点。

3. 相关约束条件

一般情况下，图像中单独点的亮度测量只能提供一个约束条件，即辐照度方程，而表面方向有两个自由度，所以，如果没有附加信息则无法根据图像的辐照度方程求解出表面三维信息，即 SFS 问题是一个病态的问题[176]。为避免 SFS 问题的病态性，一些附加约束条件的引入就尤为必要。通常引入的主要约束条件有如下几种：亮度约束、光滑性约束、可积性约束、亮度梯度约束和单位法向量约束等。

1）亮度约束条件

在该约束条件中，一般假设实际拍摄的图像亮度与反射函数的亮度是相等的，即

$$\iint (I - R)^2 \, \mathrm{d}x \, \mathrm{d}y = 0 \tag{4-48}$$

式中，I 是测量亮度；R 是反射图亮度估计。

2）光滑性约束条件

假设物体表面是光滑的，则相邻点法向量方向接近，即

$$\iint (p_x^2 + p_y^2 + q_x^2 + q_y^2) \, \mathrm{d}x \, \mathrm{d}y = 0 \tag{4-49}$$

式中，$p_x = \dfrac{\partial p}{\partial x}$，$p_y = \dfrac{\partial p}{\partial y}$，$q_x = \dfrac{\partial q}{\partial x}$，$q_y = \dfrac{\partial q}{\partial y}$。通常，光滑性约束条件对高度在 x 和 y 方向上的改变要求不高，一般为常量即可：

$$\iint (p_x^2 + q_y^2) \, \mathrm{d}x \, \mathrm{d}y = 0 \tag{4-50}$$

若以表面法向量 $\boldsymbol{N}$ 来表示光滑性约束条件，则式（4-50）又可以写成如下的形式：

$$\iint (\| \boldsymbol{N}_x \|^2 + \| \boldsymbol{N}_y \|^2) \, \mathrm{d}x \, \mathrm{d}y = 0 \tag{4-51}$$

上式表示表面法向量是逐渐变化的。

3）可积性约束条件

可积性约束,即 $z_{x,y} = z_{y,x}$,可表述为下面两种形式

$$\iint (p_y - q_x)^2 \mathrm{d}x \mathrm{d}y = 0 \tag{4-52}$$

或

$$\iint ((z_x - p)^2 + (z_y - q)^2) \mathrm{d}x \mathrm{d}y = 0 \tag{4-53}$$

4)亮度梯度约束条件

假设恢复图像的亮度梯度与输入图像的亮度梯度相等,即

$$\iint ((R_x - I_x)^2 (R_y - I_y)^2) \mathrm{d}x \mathrm{d}y = 0 \tag{4-54}$$

5)单位法向量约束条件

若恢复表面法向量为单位法向量,则

$$\iint (\| \boldsymbol{N} \| - 1) \mathrm{d}x \mathrm{d}y = 0 \tag{4-55}$$

4.3.2　典型 SFS 算法的分类与比较

根据建立正则化模型方式的不同,现有的 SFS 方法大致可以分为四类:最小值方法(minimization approaches)、演化方法(propagating approaches)、局部方法(local approaches)以及线性方法(linear approaches)[177]。

最小值方法是通过最小化一个能量方程获得 SFS 问题的解,它从整体上处理图像信息。构造合适的能量方程并选择合适的最小值算法,是该方法的关键。其典型算法有 Horn、Zheng 和 Chenllappa、Iee 和 Kuoad 等算法。

演化方法是将 SFS 问题看作动力系统求最优解问题的方法,该方法的主要思想是从图像中已知方向和高度的参考点出发,通过迭代的方式推演出整个曲面的形状信息。该算法的一个关键步骤是找到图像中可唯一确定形状的某一点或者某些点,并从这些点出发,或者通过迭代方式,或者沿图像中特定的直线或曲线路径积分,进而求得整个表面的解。

局部方法是将反射模型与假设的物体表面局部形状相结合,构成关于物体局部形状参数的线性偏微分方程,再利用已知边界条件来求得该方程组的唯一解,即可确定物体的局部三维表面模型。具有代表性的方法是 LEE 算法和 ROSENFELD 算法,假设物体表面任意点局部表面为球形表面[178]。

线性方法是一种通过对反射函数的线性化,将 SFS 非线性问题转化为线性问题的求解方法。该方法主要是认为将 SFS 反射函数 Taylor 展开后,低阶的线性部分是主要的部分,高阶非线性部分可以忽略,将原来的非线性反射函数近似成线性方程。因此,本方法不需要引入光滑性约束条件。常见的线性方法有 Pentland 算法和 Tsai-Shah 算法。

SFS 问题的 4 类典型算法在原理、求解方法及实施效果等方面各有特点。最小

值方法所采用的正则化模型是一个非线性二次泛函,确定全局极小值所对应的极小解即为 SFS 问题的解,该方法计算过程易于理解,算法比较稳定、精度高,并且抗噪性强。演化方法本身已保证了求解的收敛性,可以得到 SFS 问题的期望结果,但是求解速度较慢,而且由于该方法必须确定图像的奇点,因此容易受到图像噪声的影响,导致求解过程不够稳定,并且对于有阴影区域的图像,其恢复效果则较差。最小值方法和演化方法,在有唯一解的情况下,该解在理论上可以无限精确地逼近 SFS 问题的真解[179]。局部方法和线性方法是通过稳定收敛的算法来求得的,其中,局部方法可通过求局部问题的解直接得到物体表面的局部形状,不需多次迭代,求解速度快。而线性方法是通过对反射函数的线性化操作使得对解的搜索控制在一个线性空间中,其搜索效率较高,求解速度也较快[180]。但是线性方法存在对反射函数的线性化误差,局部方法存在对物体表面局部形状的人为假设偏差,这两种误差的存在使线性方法和局部方法的解只能是对真解的一种近似,即始终存在系统误差,无法精确逼近真解。

综上所述,SFS 方法有各自的优缺点,每种方法都对一些特殊场合的曲面重构具有一定的优越性,能够得到一定的三维重构结果。但是每种研究方法都存在缺陷,算法相对都比较复杂,并且没有较高的恢复精度,有待于在精度、速度上做进一步的改进和提高。

4.3.3　三维曲面的表达

对于三维物体表面上的任一点 $P(x,y,z(x,y))$,假设三维表面形状方程以数学函数的形式表示为 $z=f(x,y)$,并假设函数 $f(x,y)$ 是有界闭区域上的有界函数,且函数 $f(x,y)$ 上的所有点均为连续不断,则三维形貌信息可通过下列四种方式表达[181],如图 4-15 所示。

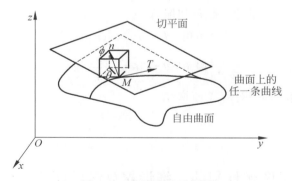

图 4-15　曲面表达示意图

（1）表面深度值 z,即根据 x,y 求出每个点的深度值 z。

（2）表面点法向量 (n_x,n_y,n_z),对于三维表面 $z=f(x,y)$,表面法向量可表示为 $(f_x,f_y,-1)$。

（3）表面梯度 (p,q)，即 $\left(\dfrac{\partial f}{\partial x},\dfrac{\partial f}{\partial y}\right)$，其中，$p=\dfrac{\partial z}{\partial x}=\dfrac{\partial f(x,y)}{\partial x}$，$q=\dfrac{\partial z}{\partial y}=\dfrac{\partial f(x,y)}{\partial y}$。

（4）表面倾角 ϕ 和偏角 θ：$\boldsymbol{n}=(p,q,1)=(l\sin\phi\cos\theta,l\sin\theta\cos\phi)$。

各表达式间可以相互换算，若得到一种表达式，则其他表达式可以通过计算获得，换算关系如下：

（1）根据倾角偏角计算表面法向量，几何关系如图 4-15 所示：

$$\begin{cases} n_x = l\sin\phi\cos\theta \\ n_y = l\sin\phi\sin\theta \\ n_z = l\cos\phi \end{cases} \tag{4-56}$$

将表面法向量表示成 $(f_x,f_y,-1)$ 形式，可得：

$$\begin{cases} f_x = -\dfrac{n_x}{n_z} = -\dfrac{l\sin\phi\cos\theta}{l\cos\phi} = -\tan\phi\cos\theta \\ f_y = -\dfrac{n_y}{n_z} = -\dfrac{l\sin\phi\sin\theta}{l\cos\phi} = -\tan\phi\sin\theta \end{cases} \tag{4-57}$$

因此，用倾角和偏角表示的法向量为 $(-\tan\phi\cos\theta,-\tan\phi\sin\theta,-1)$。

（2）根据倾角偏角计算表面梯度

梯度 $\mathbf{grad}f(x,y)$ 的数学表达式如下：

$$\mathbf{grad}f(x,y)=\frac{\partial f}{\partial x}i+\frac{\partial f}{\partial y}j \tag{4-58}$$

因此，

$$\begin{cases} p = f_x = -\tan\phi\cos\theta \\ q = f_y = -\tan\phi\sin\theta \end{cases} \tag{4-59}$$

（3）根据表面法向量计算倾角和偏角

$$\begin{cases} \text{倾角：} \phi = \arccos(n_z) \\ \text{偏角：} \theta = \arctan\left(\dfrac{n_y}{n_x}\right) \end{cases} \tag{4-60}$$

（4）根据表面法向量计算表面梯度

$$\begin{cases} p = f_x, & q = f_y \\ p = -n_x/n_z, & q = -n_y/n_z \end{cases} \tag{4-61}$$

4.3.4 基于图像恢复的三维形貌算法设计

从前面的分析可知，假设光源的入射强度为 I，物体表面反射率为常量 ρ，光源向量与物体表面法向量的夹角为 ϕ 时，则沿法向量方向的反射强度 E 可根据式（4-62）获得：

$$E = I\rho\cos\phi \tag{4-62}$$

假设表面光滑,并且局部形状为球形,则物体表面必定存在一点的法向量方向与光源向量方向相同[182],从而 $\phi = 0$,根据式(4-62)可知, $E_{max} = I\rho$,此点亮度必然最大。由此得出一个结论:图像中最亮点的表面法向量与光源向量方向相同。因此,在光源向量方向确定的情况下,图像中最亮点的表面法向量也随即确定。设图像中任意点 i 的反射强度为 E_i,则从式(4-62)可知:

$$E_i = I\rho\cos\phi_i \tag{4-63}$$

若以光源方向为 Z 轴建立坐标系统,则光源的倾角 ϕ_s 为0,将 ϕ_s 代入式(4-63),得

$$\frac{E_i}{E_{max}} = \frac{I\rho\cos\phi_i}{I\rho} = \cos\phi_i \tag{4-64}$$

从而, i 点与光源方向的夹角 ϕ_i 的值可以从下式获得:

$$\phi_i = \arccos\frac{E_i}{E_{max}} \tag{4-65}$$

在光源向量为 z 的坐标系中,夹角 ϕ_i 即为表面法向量的倾角,根据曲面表达方式的描述可知,若能得到曲面上各点的倾角和偏角,则曲面的形状可以唯一绘出[184]。

若将光源表面梯度 (p_s, q_s) 和物体表面梯度 (p_i, q_i) 表示为倾角和偏角的函数,根据式(4-59)可得

$$\begin{cases} p_s = -\tan\phi_s\cos\theta_s \\ q_s = -\tan\phi_s\sin\theta_s \\ p_i = -\tan\phi_i\cos\theta_i \\ q_i = -\tan\phi_i\cos\theta_i \end{cases} \tag{4-66}$$

根据朗伯体表面反射模型可知

$$E_i = I\rho\frac{p_sp_i + q_sq_i + 1}{\sqrt{p_s^2 + q_s^2 + 1}\sqrt{p_i^2 + q_i^2 + 1}} \tag{4-67}$$

若入射光强度恒定,表面反射系数为常数,则在一次测量中, I 和 ρ 的值为常量,可将它们视为比例常数,暂时不考虑。将以倾角和偏角形式表示的 p_s, q_s, p_i, q_i 代入反射亮度公式,可表示为

$$E_i = \frac{\tan\phi_s\cos\theta_s\tan\phi_i\cos\theta_i + \tan\phi_s\sin\theta_s\tan\phi_i\sin\theta_i + 1}{\sqrt{\tan\phi_s^2\cos\theta_s^2 + \tan\phi_s^2\sin\theta_s^2 + 1}\sqrt{\tan\phi_i^2\cos\theta_i^2 + \tan\phi_i^2\sin\theta_i^2 + 1}} \tag{4-68}$$

对式(4-68)化简可得

$$\begin{aligned} E_i &= (\tan\phi_s\cos\theta_s\tan\phi_i\cos\theta_i + \tan\phi_s\sin\theta_s\tan\phi_i\sin\theta_i + 1)\cos\phi_s\cos\phi_i \\ &= \sin\phi_s\cos\theta_s\sin\phi_i\cos\theta_i + \sin\phi_s\sin\theta_s\sin\phi_i\sin\theta_i + \cos\phi_s\cos\phi_i \\ &= \cos(\theta_s - \theta_i)\sin\phi_s\sin\phi_i + \cos\phi_s\cos\phi_i \end{aligned} \tag{4-69}$$

将公式描述为一般形式,即将 E 表示为倾角 ϕ 和偏角 θ 的函数,可得

$$E = \cos(\theta_s - \theta)\sin\phi_s\sin\phi + \cos\phi_s\cos\phi \tag{4-70}$$

假设物体的任意局部形状为球形,球半径为 r,球心坐标为 (x_0, y_0, z_0),在球面上任取一点 i,并假设图像 i 的坐标为 (x_i, y_i, z_i),f 点表面法向量的倾角和偏角分别为 ϕ_i 和 θ_i,则根据球面的几何关系,如图 4-16 所示,可得

$$\begin{cases} x_i = x_0 + r\sin\phi_i\cos\theta_i \\ y_i = y_0 + r\sin\phi_i\sin\theta_i \\ z_i = z_0 + r\cos\phi_i \end{cases} \tag{4-71}$$

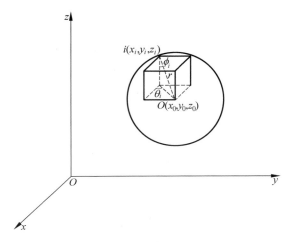

图 4-16　曲面上任意点的球面逼近

将任意点推广到整个球面,可得到如下球面坐标函数:

$$\begin{cases} x = x_0 + r\sin\phi\cos\theta \\ y = y_0 + r\sin\phi\sin\theta \\ z = z_0 + r\cos\phi \end{cases} \tag{4-72}$$

将倾角 ϕ 和偏角 θ 视为自变量。对 x, y, z 求全微分,可得

$$\begin{cases} \mathrm{d}x = -r\sin\phi\sin\theta\,\mathrm{d}\theta + r\cos\phi\cos\theta\,\mathrm{d}\phi \\ \mathrm{d}y = -r\sin\phi\cos\theta\,\mathrm{d}\theta + r\cos\phi\sin\theta\,\mathrm{d}\phi \\ \mathrm{d}z = -r\sin\phi\,\mathrm{d}\phi \end{cases} \tag{4-73}$$

若将反射强度、倾角、偏角均视为 x 轴的函数,则根据复合函数求导法则,可得

$$\frac{\mathrm{d}E}{\mathrm{d}x} = \sin(\theta_s - \theta)\sin\phi_s\sin\phi\,\frac{\mathrm{d}\theta}{\mathrm{d}x} + \cos(\theta_s - \theta)\sin\phi_s\cos\phi\,\frac{\mathrm{d}\phi}{\mathrm{d}x} - \cos\phi_s\sin\phi\,\frac{\mathrm{d}\phi}{\mathrm{d}x} \tag{4-74}$$

若将反射强度、倾角、偏角均视为 y 轴的函数,则根据复合函数求导法则,可得

$$\frac{dE}{dy} = \sin(\theta_s - \theta)\sin\phi_s\sin\phi\,\frac{d\theta}{dy} + \cos(\theta_s - \theta)\sin\phi_s\cos\phi\,\frac{d\phi}{dy} - \cos\phi_s\sin\phi\,\frac{d\phi}{dy}$$

$$(4\text{-}75)$$

将式(4-74)进行展开,化简整理得

$$\frac{dE}{dx} = \sin(\theta_s - \theta)\sin\phi_s\sin\phi\,\frac{d\theta}{dx} + \cos(\theta_s - \theta)\sin\phi_s\cos\phi\,\frac{d\phi}{dx} - \cos\phi_s\sin\phi\,\frac{d\phi}{dx}$$

$$= \sin\theta_s\cos\theta\sin\phi_s\sin\phi\,\frac{d\theta}{dx} + \cos\theta_s\sin\phi_s\left(-\sin\theta\sin\phi\,\frac{d\theta}{dx} + \cos\theta\cos\phi\,\frac{d\phi}{dx}\right) +$$

$$\sin\theta_s\sin\theta\sin\phi_s\cos\phi\,\frac{d\phi}{dx} - \cos\phi_s\sin\phi\,\frac{d\phi}{dx} \qquad (4\text{-}76)$$

根据式(4-73)可得

$$\frac{d\theta}{dx} = \frac{r\cos\phi\cos\theta\,\dfrac{d\phi}{dx} - 1}{r\sin\phi\sin\theta} \qquad (4\text{-}77)$$

将式(4-77)代入式(4-76)得

$$\frac{dE}{dx} = \frac{\sin\theta_s\sin\phi_s\,\dfrac{d\phi}{dx}}{\sin\theta} - \cos\phi_s\sin\phi\,\frac{d\phi}{dx} + \frac{\cos\theta_s\sin\phi_s}{r} - \frac{\sin\theta_s\cot\theta\sin\phi_s}{r} \qquad (4\text{-}78)$$

将式(4-75)展开,化简整理得

$$\frac{dE}{dy} = \sin\theta_s\cos\theta\sin\phi_s\sin\phi\,\frac{d\theta}{dy} - \cos\theta_s\sin\theta\sin\phi_s\sin\phi\,\frac{d\theta}{dy} + \cos\theta_s\cos\theta\sin\phi_s\cos\phi\,\frac{d\phi}{dy} +$$

$$\sin\theta_s\sin\theta\sin\phi_s\cos\phi\,\frac{d\phi}{dy} - \cos\phi_s\sin\phi\,\frac{d\phi}{dy} \qquad (4\text{-}79)$$

由式(4-73)可得

$$\frac{d\theta}{dy} = \frac{1 - r\cos\phi\cos\theta\,\dfrac{d\phi}{dy}}{r\sin\phi\sin\theta} \qquad (4\text{-}80)$$

将式(4-80)代入式(4-79)得

$$\frac{dE}{dy} = \frac{\sin\theta_s\sin\phi_s}{\sin\theta} - \frac{\cos\theta_s\tan\theta\sin\phi_s}{r} + \frac{\cos\theta_s\sin\phi_s\cos\phi}{r}\,\frac{d\phi}{dy} - \cos\phi_s\sin\phi\,\frac{d\phi}{dy}$$

$$(4\text{-}81)$$

对恢复物体表面的局部做球面假设,则

$$\begin{cases} dx = -r\sin\phi\sin\theta d\theta + r\cos\phi\cos\theta d\phi \Rightarrow \cos\theta dx = -r\sin\phi\sin\theta\cos\theta d\theta + r\cos\phi\cos^2\theta d\phi \\ dy = r\sin\phi\cos\theta d\theta + r\cos\phi\sin\theta d\phi \Rightarrow \sin\theta dy = r\sin\phi\sin\theta\cos\theta d\theta + r\cos\phi\sin^2\theta d\phi \end{cases}$$

$$(4\text{-}82)$$

将式(4-82)中两式相加,整理得

$$d\phi = \frac{\cos\theta dx + \sin\theta dy}{r\cos\phi} \tag{4-83}$$

将式(4-83)分别代入式(4-78)和式(4-81),得

$$\begin{cases} \dfrac{dE}{dx} = \dfrac{\cos\theta_s\sin\phi_s}{r} - \dfrac{\cos\phi_s\sin\phi\cos\theta}{r\cos\phi} + \left(\dfrac{\sin\theta_s\sin\phi_s}{r} - \dfrac{\cos\phi_s\sin\phi\sin\theta}{r\cos\phi}\right)\dfrac{dy}{dx} \\[3mm] \dfrac{dE}{dy} = \dfrac{\sin\theta_s\sin\phi_s}{r} - \dfrac{\cos\phi_s\sin\phi\sin\theta}{r\cos\phi} + \left(\dfrac{\cos\theta_s\sin\phi_s}{r} - \dfrac{\cos\phi_s\sin\phi\cos\theta}{r\cos\phi}\right)\dfrac{dx}{dy} \end{cases}$$
$$\tag{4-84}$$

则

$$\begin{cases} r\cos\phi\,\dfrac{dE}{dx} = \cos\theta_s\sin\phi_s\cos\phi - \cos\phi_s\sin\phi\cos\theta + (\sin\theta_s\sin\phi_s\cos\phi - \cos\phi_s\sin\phi\sin\theta)\dfrac{dy}{dx} \\[3mm] r\cos\phi\,\dfrac{dE}{dy} = \sin\theta_s\sin\phi_s\cos\phi - \cos\phi_s\sin\phi\sin\theta + (\cos\theta_s\sin\phi_s\cos\phi - \cos\phi_s\sin\phi\cos\theta)\dfrac{dx}{dy} \end{cases}$$
$$\tag{4-85}$$

将式(4-85)整理得

$$\begin{cases} \dfrac{r\cos\phi\,\dfrac{dE}{dy} - \sin\theta_s\sin\phi_s\cos\phi + \cos\phi_s\sin\phi\sin\theta}{\cos\theta_s\sin\phi_s\cos\phi - \cos\phi_s\sin\phi\cos\theta} = \dfrac{dy}{dx} \\[5mm] \dfrac{r\cos\phi\,\dfrac{dE}{dx} - \cos\theta_s\sin\phi_s\cos\phi + \cos\phi_s\sin\phi\cos\theta}{\sin\theta_s\sin\phi_s\cos\phi - \cos\phi_s\sin\phi\sin\theta} = \dfrac{dx}{dy} \end{cases}$$
$$\tag{4-86}$$

则

$$\frac{r\cos\phi\,\dfrac{dE}{dy} - \sin\theta_s\sin\phi_s\cos\phi + \cos\phi_s\sin\phi\sin\theta}{\cos\theta_s\sin\phi_s\cos\phi - \cos\phi_s\sin\phi\cos\theta}$$
$$= \frac{\sin\theta_s\sin\phi_s\cos\phi - \cos\phi_s\sin\phi\sin\theta}{r\cos\phi\,\dfrac{dE}{dx} - \cos\theta_s\sin\phi_s\cos\phi + \cos\phi_s\sin\phi\cos\theta} \tag{4-87}$$

将式(4-87)进行化简整理得

$$r^2\cos^2\phi\,\frac{dE}{dx}\frac{dE}{dy} - (\cos\theta_s\sin\phi_s\cos\phi - \cos\phi_s\sin\phi\cos\theta)r\cos\phi\,\frac{dE}{dy} -$$

$$(\sin\theta_s\sin\phi_s\cos\phi - \cos\phi_s\sin\phi\sin\theta)r\cos\phi\,\frac{dE}{dx} = 0$$

$$r\cos\phi\,\frac{dE}{dx}\frac{dE}{dy} - (\cos\theta_s\sin\phi_s\cos\phi - \cos\phi_s\sin\phi\cos\theta)\frac{dE}{dy} -$$

$$(\sin\theta_s\sin\phi_s\cos\phi - \cos\phi_s\sin\phi\sin\theta)\frac{dE}{dx} = 0 \tag{4-88}$$

在圆形假设前提下，$\dfrac{\mathrm{d}E}{\mathrm{d}x}\dfrac{\mathrm{d}E}{\mathrm{d}y}$ 的值很小，在运算中可以忽略。将式（4-88）化简为

$$-(\cos\theta_s\sin\phi_s\cos\phi - \cos\phi_s\sin\phi\cos\theta)\,\frac{\mathrm{d}E}{\mathrm{d}y} - (\sin\theta_s\sin\phi_s\cos\phi - \cos\phi_s\sin\phi\sin\theta)\,\frac{\mathrm{d}E}{\mathrm{d}x} = 0$$

$$（4\text{-}89）$$

从前面的分析可以知道 $\phi = \arccos\dfrac{E}{E_{\max}}$，将 ϕ 值代入上式，可得到偏角 θ 的计算公式：

$$\theta = \arctan\frac{\boldsymbol{I}_y\cos\theta_s - \boldsymbol{I}_x\sin\theta_s}{\boldsymbol{I}_x\cos\theta_s\cos\phi_s + \boldsymbol{I}_y\cos\phi_s\sin\theta_s} \tag{4-90}$$

式中，$\boldsymbol{I}_x$，$\boldsymbol{I}_y$ 分别为表面法向量沿 x，y 方向上的导数；ϕ_s，θ_s 分别为光源方向的倾角和偏角。

得到图像中某点的倾角 ϕ 和偏角 θ 以后，根据公式计算该点的表面法向量，设表面法向量的表示形式为 (u_1,v_1,w_1)，则该值可从式（4-91）获得：

$$\begin{aligned} u_1 &= \sin\phi\cos\theta \\ v_1 &= \sin\phi\sin\theta \\ w_1 &= \cos\phi \end{aligned} \tag{4-91}$$

由于 (u_1,v_1,w_1) 是在光源坐标系下求得的表面法向量，需要将其旋转到物体坐标系，坐标旋转示意图如图 4-17 所示。

图 4-17 中，向量 $\boldsymbol{S}$ 即为光源向量，坐标系 X-Y-Z 为物体三维坐标系，将 Z 轴旋

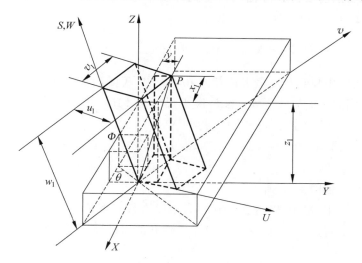

图 4-17 坐标旋转示意图

转到与 S 同向,则转换后的光源三维坐标系表示为 $U\text{-}V\text{-}W$。若空间中某一点 P 在光源 $U\text{-}V\text{-}W$ 系中的坐标为 (u_1, v_1, w_1),则在 $X\text{-}Y\text{-}Z$ 坐标系中的坐标 (x_1, y_1, z_1) 可以表示为式(4-92):

$$x_1 = -u_1 \cos\phi \cos\theta + v_1 \sin\phi + w_1 \sin\phi \cos\theta$$
$$y_1 = u_1 \cos\phi \sin\theta + v_1 \cos\theta - w_1 \sin\phi \sin\theta \quad (4\text{-}92)$$
$$z_1 = u_1 \sin\phi + 0 + w_1 \cos\phi$$

如将 P 点在两个坐标系中的坐标分别表示成向量形式 $\begin{pmatrix} u_1 \\ v_1 \\ w_1 \end{pmatrix}$ 和 $\begin{pmatrix} x_1 \\ y_1 \\ z_1 \end{pmatrix}$,那么,坐标变换可表示成式(4-93):

$$\begin{pmatrix} x_1 \\ y_1 \\ z_1 \end{pmatrix} = \boldsymbol{R} \begin{pmatrix} u_1 \\ v_1 \\ w_1 \end{pmatrix} \quad (4\text{-}93)$$

其中,旋转矩阵

$$\boldsymbol{R} = \begin{bmatrix} -\cos\phi \cos\theta & \sin\phi & \sin\phi \cos\theta \\ \cos\phi \sin\theta & \cos\theta & -\sin\phi \sin\theta \\ \sin\phi & 0 & \cos\phi \end{bmatrix} \quad (4\text{-}94)$$

图像上每个点的表面法向量都可通过上述公式计算得到,根据表面法向量可以绘出物体的三维形貌。但是,表面法向量只能描绘物体的形状特点,不能得到每一点的精确尺寸,所以需要进行表面法向量到深度坐标值的转换[185]。将所有点的表面法向量通过式(4-95)得到规一化的灰度值:

$$z(\text{row} + \text{col} + \text{size}) = \frac{z_1}{\sqrt{x_1^2 + y_1^2 + z_1^2}} \times 255 \quad (4\text{-}95)$$

在所有灰度中找到灰度最大值存入 $\text{max}x$ 中,灰度最小值存入 $\text{min}n$ 中,假设所拍摄图像中物体的最大尺寸为 MaX,最小尺寸为 MiN,则图像中该点对应的深度 $\text{depth}[x + y\text{size}]$ 可通过式(4-96)计算得到[186]。

$$\text{depth}[x + y\text{size}] = (Z[x + y\text{size}] - \text{min}n)(\text{MaX} - \text{MiN})/(\text{max}x - \text{min}n) + \text{MiN} \quad (4\text{-}96)$$

算法流程图如图 4-18 所示。

在实际应用中,选用高度已知的弹丸,用以进行灰度比对,根据比对灰度的尺寸可以确定图像上每点的厚度,从而可以建立弹丸的三维模型,判断弹丸在飞行过程中的损耗情况[187]。

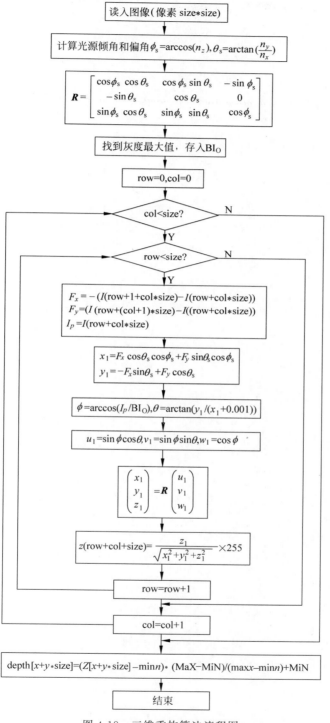

图 4-18　三维重构算法流程图

第5章

基于多源探测的数据融合方法

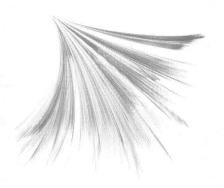

5.1 D-S 证据理论

D-S 证据理论作为一种不确定性推理方法,具有无需事件先验概率的优点,现在已经广泛应用于信息融合、决策分析和模式识别等多个领域[188]。

5.1.1 D-S 证据理论基础

设对某命题的辨识框架为 Θ,它是关于命题的各种相互独立的可能答案或假设的一个有限集合。Θ 中所有可能子集的集合用幂集 2^{θ} 来表示,若 Θ 中有 N 个元素,则 2^{θ} 中有 $2N-1$ 个元素。因 Bayes 推理对 Θ 中的元素是用概率来表示不确定性并对它们进行运算,当然也能够提供计算其幂集元素的逻辑。D-S 证据理论则是对 2^{θ} 中的元素用可信度作为不确定性的基本度量,并使用 Dempster 综合规则进行运算,以把两个或多个离散的判定结果和数据源组合起来,导出一个组合结果所应具有的高、低不确定性度量[189]。

首先,我们引入几个定义:

1. 基本可信度分配函数 $m(A)$

$m(A)$ 是幂集 2^{θ} 到[0,1]之间的映射,表示对 A 的精确信任,满足两个条件:

(1) 不可能事件的基本可信度分配(函数值)为 0,$m(\phi)=0$;

(2) 幂集 2^{θ} 中全部元素的基本可信度分配值之和为 1,$\sum\limits_{A \subseteq 2^{\theta}} m(A)=1$。

2. 信任度函数 $\mathbf{Bel}(A)$

$$\mathrm{Bel}(A) = \sum_{B \subseteq A} m(B)$$

信任度函数 $\mathrm{Bel}(A)$,也称下限函数,定义为 A 中所有子集的基本可信度分配函

数之和,表示对 A 的全部信任。不难得到

$$\text{Bel}(\phi) = m(\phi) = 0$$

3. 拟信度函数 Pl(A)

$$\text{Pl}(A) = 1 - \text{Bel}(A)$$

拟信度函数 Pl(A),也称上限函数,定义为对 A 似乎可能成立的不确定性度量,表示对 A 非假的信任程度。可见,Pl(A)$\geqslant$Bel(A)。

4. 基本可信度分配函数的正交和

由于对命题证据的采集手段不同,采集时间不同(同一手段多次采集),因此,对命题所包含的各子集可能出现多种基本可信度分配。对它们进行融合处理的方法称为 Dempster 综合规则,它是基于正交和概念导出的。

设同一辨识框架 Θ 上独立的两个证据,焦元分别为 B_i 和 C_j($i=1,2,\cdots,m,j=1,2,\cdots,n$),$m,n$ 分别表示两个证据焦元的个数,基本置信指派函数分别为 m_1 和 m_2,则 D-S 合成规则如下:

$$\begin{cases} m(\varnothing) = 0 \\ m(A) = \dfrac{\sum\limits_{B_i \cap C_j = A} m_1(B_i) m_2(C_j)}{1 - k}, \quad A \neq \varnothing \end{cases} \tag{5-1}$$

式中,冲突系数 $k = \sum\limits_{B_i \cap C_j = \varnothing} m_1(B_i) m_2(C_j)$,$k$ 越大表示证据间冲突越剧烈。

对于 n,各证据源的合成公式定义为

$$\begin{cases} m(\varnothing) = 0 \\ m(A) = \dfrac{\sum\limits_{B_i \cap C_j \cap D_k \cap \cdots = A} m_1(B_i) m_2(C_j) m_3(D_k) \cdots}{1 - k}, \quad A \neq \varnothing \\ k = \sum\limits_{B_i \cap C_j \cap D_k \cap \cdots = \varnothing} m_1(B_i) m_2(C_j) m_3(D_k) \cdots \end{cases} \tag{5-2}$$

D-S 证据理论在运动目标多源探测数据融合中的基本应用过程如图 5-1 所示。首先,分别计算各个证据基本概率赋值函数 m,信任函数 Bel,以及似然函数 Pl。然后,利用证据合成公式计算得到所有证据联合作用下的基本概率复制函数、信任函数以及似然函数。最后,利用合适的决策规则对联合证据作用下的所有的证据做出最佳选择。

5.1.2　D-S 证据理论的缺陷及分析

冲突系数 k 反映了证据间冲突的剧烈程度。当 $k \to 1$ 时,表示这两个证据高度冲突,可能会得到有悖于常理的融合结果;当 $k = 1$ 时,表示两个证据完全冲突,无法用经典 D-S 理论进行融合[190]。

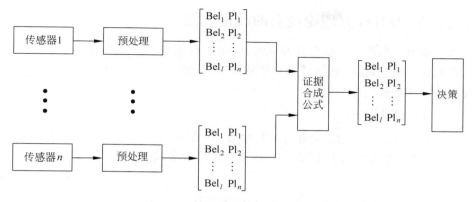

图 5-1　数据融合的基本应用过程

例 5-1　假设辨识框架 $\Theta = \{a, b, c\}$，基本置信指派函数 m_1 和 m_2 分别为

$$m_1: m_1(a) = 0.99, \quad m_1(b) = 0.01$$
$$m_2: m_2(b) = 0.01, \quad m_2(c) = 0.99$$

上述两个证据是存在高度冲突的，应用经典 D-S 理论进行融合得到的结果为：$m(a) = 0, m(b) = 1, m(c) = 0$。焦元 b 本身的可信度很低，但是融合后却具有 100% 信任度，明显是不合理的。同时，若 $k = 1$，D-S 证据理论合成公式的分母为 0，经典 D-S 理论无法进行融合[191]。

D-S 证据理论具有很多优点，在通常情况下，该组合规则可以解决实际的融合决策问题。但是由于算式是基于乘性原则建立的，导致该规则存在一定的局限性。在某些情况下，融合后的结果与人类推理习惯获得的结果完全违背，即产生了悖论[192]。D-S 证据理论的悖论还有很多。虽然例 5-1 中所给的数据较为极端，但能够很好地反映 D-S 证据理论存在的问题。从数学的角度看，这些悖论是由于证据合成算式基于乘性原则导致的，或是由于算式归一化导致。如果从证据源产生分歧的原因看，可以概括为以下两个方面：

第一是信息源存在问题。在实际的应用过程中，信息源基本是通过各种传感器测量得到的。在这些测量过程中，由于监测环境中天气、噪声及人为干扰等复杂条件，使得传感器对目标信号的获取精度大幅降低，甚至导致传感器测量数据的不正确，从而增加了信息的不确定性和不精确性，为证据理论的融合提高了难度。

第二是证据源存在问题。多传感器精度的不均衡或者传感器较差的抗干扰能力等因素会引起所获取信息的可靠度降低。而在 D-S 证据理论中，每个证据源的权重都是一样的。如果直接用 D-S 证据理论进行融合则容易导致融合过程中产生冲突悖论。例如，同一个传感器在不同的阶段、不同的环境下，它的可靠性不是恒定的；不同的传感器一般都有各自的优势，它们对同一目标测得的结果的重要程度也是不一样的。

5.1.3 D-S 证据理论现有的改进方法

当证据源所提供的证据存在冲突时,应用 D-S 证据理论将得到与常理相悖的结果。针对这一问题,国内外学者都在积极展开研究以弥补 D-S 证据理论的不足,许多改进算法相继被提出[193]。

1. Yager 的改进方法

Yager 提出将冲突信度全部分配为全集,不提供任何有用信息,去掉归一化因子 $1/(1-k)$,将冲突信度归于未知信息,改进后的合成公式如下:

$$
\begin{cases}
m(\varnothing) = 0 \\
m(A) = \displaystyle\sum_{A_i \cap B_j = A} m_1(A_i) m_2(B_j), \quad A \neq X、\varnothing \\
m(X) = \displaystyle\sum_{A_i \cap B_j = X} m_1(A_i) m_2(B_j) + k \\
k = \displaystyle\sum_{A_i \cap B_j = \varnothing} m_1(A_i) m_2(B_j)
\end{cases}
\tag{5-3}
$$

2. 孙全的改进方法

孙全认为证据间的冲突信度部分可用,将部分冲突信度分配给焦元,改进的合成公式如下:

$$
\begin{cases}
m(\varnothing) = 0 \\
m(A) = \displaystyle\sum_{A_i \in M_i} m_1(A_1) m_2(A_2)\cdots m_n(A_n) + \frac{1}{n} k\varepsilon \sum_{i=1}^{n} m_i(A), \quad A \neq \varnothing、X \\
m(X) = \displaystyle\sum_{X_i \in M_i} m_1(X_1) m_2(X_2)\cdots m_n(X_n) + \frac{1}{n} k\varepsilon \sum_{i=1}^{n} m_i(X) + k(1-\varepsilon)
\end{cases}
\tag{5-4}
$$

式中,ε 为证据源的可信度,$\varepsilon = \mathrm{e}^{-\tilde{k}}$,$\tilde{k} = \dfrac{1}{n(n-1)/2} \displaystyle\sum_{i<j} k_{ij}$,$i, j \leqslant n$。$\tilde{k}$ 是 n 个证据源中每对证据求和的平均,它反映了证据间的两两冲突程度。ε 是定义的一个关于 $\tilde{k}$ 的减函数,反映了各证据的可信度。

3. 李弼成的改进方法

李弼成推广了 Yager 的合成公式与孙全的合成公式,把支持证据冲突的概率按各个命题的平均支持程度加权进行分配,合成公式如下:

$$
\begin{cases}
m(\varnothing) = 0 \\
m(A) = \displaystyle\sum_{A_i \cap B_j \cap C_l \cap \cdots = A} m_1(A_i) m_2(B_j) m_3(C_l)\cdots + kq(A) \quad \forall A \neq \varnothing
\end{cases}
\tag{5-5}
$$

式中,$q(A) = \dfrac{1}{n} \displaystyle\sum_{1 \leqslant i \leqslant n} m_i(A)$;$k = \displaystyle\sum_{A_i \cap B_j \cap C_l \cap \cdots = \varnothing} m_1(A_i) m_2(B_j) m_3(C_l)\cdots$。

4. 李文利的改进方法

李文利利用距离函数与相似度具有互反的特性，即证据体之间的距离越小，代表证据体之间的相似度越高，提出了一种基于距离函数的新的证据合成公式：

$$\begin{cases} m(\varnothing) = 0 \\ m(A) = \sum\limits_{\cap A_i = A} \prod\limits_{1 \leqslant j \leqslant n} m'_j(A_i) + K'\delta(A, m), \quad A \subseteq \theta, A \neq \varnothing \end{cases} \tag{5-6}$$

式中，$K' = \sum\limits_{\cap A_i = \varnothing} \prod\limits_{1 \leqslant j \leqslant n} m'_j(A_i)$ 表示证据体的总冲突；$\delta(A, m) = \sum\limits_{i=1}^{n} \mathrm{Crd}_i^{(r)} m_i(A)$ 决定了将冲突分配给各命题的系数。

5. 马丽丽的改进方法

马丽丽利用 Pignistic 概率距离衡量证据体之间的距离，根据距离函数与相似度具有互反的特性，构造证据可信度，提出的改进合成公式如下：

$$m(A) = \sum\limits_{B \cap C = A} m_1(B) m_2(C) + k\delta'(A, m) \tag{5-7}$$

式中，$A, B, C \in 2^\theta$；$k = \sum\limits_{B \cap C = \varnothing} m_1(B) m_2(C)$ 为证据间的总冲突；$\delta'(A, m)$ 为命题的权重，且满足 $\sum\limits_{A \subseteq \theta} \delta'(A, m) = 1$。

5.1.4　D-S 证据理论新的改进方法

定义 1　设 m 为同一辨识框架 Θ 下基本概率赋值（Basic Probability Assignment，BPA），则 Pignistic 概率距离为

$$\mathrm{Bet}P_m(A) = \sum\limits_{B \subseteq \Theta, \forall A \subseteq \Theta} \frac{|A \cap B|}{|B|} \frac{m(B)}{1 - m(\varnothing)} \tag{5-8}$$

式中，$|A|$ 为集合 A 中所包含元素的个数；$\mathrm{Bet}P_m$ 为 BPA 上各焦元的支持度[194]。

定义 2　单元素的 Pignistic 概率距离[195]。设系统有 N 条相互独立的证据，焦元 A_k 为辨识框架 Θ 下的一条证据，则单元素 θ^i 在 BPA 下的 Pignistic 概率距离为

$$\mathrm{Bet}P(\theta^i) = \sum\limits_{\theta^i \in A_k} \frac{1}{|A_k|} m(A_k), \quad i = 1, 2, \cdots, n \tag{5-9}$$

则 BPA 经 Pignistic 概率距离转化为

$$m' = (\mathrm{Bet}P_m(\theta^1), \mathrm{Bet}P_m(\theta^2), \cdots, \mathrm{Bet}P_m(\theta^n)) = (m'(A'_1), m'(A'_2), \cdots, m'(A'_n)) \tag{5-10}$$

定义 3　相似性测度。根据 Tanimoto 测度的方法，计算转化后的 BPA 中 m'_1 和 m'_2 证据间的相似性测度为[196]

$$\mathrm{sim}(m'_1, m'_2) = \frac{\sum\limits_{i=1}^{n} m'_1(A'_i) \cdot m'_2(A'_i)}{\sum\limits_{i=1}^{n} m'_1(A'_i)^2 + \sum\limits_{i=1}^{n} m'_2(A'_i)^2 - \sum\limits_{i=1}^{n} m'_1(A'_i) \cdot m'_2(A'_i)} \tag{5-11}$$

相似性测度描述的是证据间的相似程度,相似性测度越高代表两证据之间的冲突越小,反之亦然。例 5-1 中两证据冲突特别剧烈,相似性测度 $\text{sim}=0.0001$。

例 5-2　假设辨识框架 $\Theta=\{1,2,3,\cdots,20\}$,基本置信指派函数 m_1 和 m_2 分别为

$$m_1: m_1(7)=0.1, \quad m_1(A)=0.9$$
$$m_2: m_2(1,2,3,4,5)=1$$

式中,A 按照 $\{1\},\{1,2\},\{1,2,3\},\cdots,\{1,2,3,\cdots,20\}$ 变化,相似性测度 sim 与冲突系数 k 随着子集变化而变化的规律如图 5-2 所示。由图 5-2 可以看出,冲突信度系数 k 不随着子集的变化而变化,始终为 0.1,这是不符合逻辑的。当 A 中的元素为 5 个时,$m_1(1,2,3,4,5)=0.9,m_2(1,2,3,4,5)=1$,此时两证据的冲突程度是最小的,相似性测度能较好地反映证据间的冲突程度。

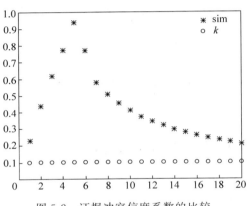

图 5-2　证据冲突信度系数的比较

考虑如何对冲突信度系数进行分配的问题,所提出的模型均满足由 Lefever 提出的统一信度函数组合模型:

$$m(A)=\sum_{B\cap C=A} m_1(B)m_2(C)+k\cdot\delta(A,m) \tag{5-12}$$

式中,$k=\sum_{B\cap C=\varnothing} m_1(B)m_2(C)$ 为证据冲突信度系数,$A,B,C\in 2^\Theta$;$\delta(A,m)$ 为各焦元的权重,满足 $\sum_{A\subset\Theta}\delta(A,m)=1$,它决定了冲突信度系数分配给各焦元的大小。

本书仍遵循式(5-12)的组合模型,在此基础上更新了各焦元冲突信度分配系数,对证据源进行融合的步骤总结如下:

步骤 1:根据式(5-10)对各证据进行 Pignistic 概率距离转换,得到新的 BPA 为 m'。

步骤 2:根据式(5-11)计算证据 i 和 j 之间的相似性测度 $\text{sim}(m_i',m_j')$。

步骤 3:确定各证据的相似度,即除本身外其他所有证据对证据 i 的支持度为

$$\text{Sup}(m_i')=\sum_{j=1,j\neq i}^{n}\text{sim}(m_i',m_j'), \quad i=1,2,\cdots,n \tag{5-13}$$

步骤 4：对相似度进行归一化处理得到证据 i 的可信度为

$$\text{Crd}(m_i) = \frac{\text{Sup}(m_i')}{\sum\limits_{i=1}^{n} \text{Sup}(m_i')}, \quad i=1,2,\cdots,n \tag{5-14}$$

步骤 5：计算权重为

$$\delta(A,m) = \sum_{i=1}^{n} \text{Crd}(m_i) \cdot m_i(A) \tag{5-15}$$

步骤 6：利用式(5-12)对证据进行融合,得到融合结果 $m(A)$。

5.2　数据融合算例仿真

5.2.1　受干扰情况下的多证据源融合

例 5-3　现有 5 种不同性质的测量传感器对运动目标进行探测识别,设辨识框架 $\Theta = \{a:石块,b:子弹,c:飞虫\}$,将 5 个传感器对运动目标探测所得到的信息转化为识别框架下的 5 条证据：

$$m_1: m_1(a)=0.5, \quad m_1(b)=0.1, \quad m_1(a,c)=0.4$$
$$m_2: m_2(a)=0, \quad m_2(b)=0.8, \quad m_2(c)=0.2$$
$$m_3: m_3(a)=0.6, \quad m_3(b)=0.1, \quad m_3(a,c)=0.3$$
$$m_4: m_4(a)=0.75, \quad m_4(b)=0.15, \quad m_4(c)=0.1$$
$$m_5: m_5(a)=0.8, \quad m_5(b)=0.1, \quad m_5(c)=0.1$$

从上述 5 条证据可以大致看出,证据 m_1,m_3,m_4,m_5 都认为目标为 a 的可能性比较大,它们具有较高的相似性;证据 m_2 强烈支持 b,与其他证据具有较高的冲突。分别使用 6 种方法对 5 条证据进行融合,结果如表 5-1 所示。

表 5-1　6 种方法融合结果

方法		m_{12}	m_{123}	m_{1234}	m_{12345}
D-S 方法	$m(a)$	0	0	0	0
	$m(b)$	0.5	0.25	0.3333	0.3333
	$m(c)$	0.5	0.75	0.6667	0.6667
Yager 方法	$m(a)$	0	0	0	0
	$m(b)$	0.08	0.08	0.0012	0.0001
	$m(c)$	0.08	0.024	0.0024	0.0002
	$m(\theta)$	0.84	0.968	0.9964	0.9997
孙全方法	$m(a)$	0.0906	0.2224	0.2663	0.3202
	$m(b)$	0.2432	0.2102	0.1667	0.1512
	$m(c)$	0.1163	0.0644	0.0456	0.0485
	$m(a,c)$	0.0725	0.1416	0.1008	0.0846
	$m(\theta)$	0.4774	0.3614	0.4206	0.3955

方法		m_{12}	m_{123}	m_{1234}	m_{12345}
李弼程方法	$m(a)$	0.21	0.3549	0.4608	0.5298
	$m(b)$	0.458	0.3307	0.2877	0.2501
	$m(c)$	0.164	0.0885	0.0771	0.0802
	$m(a,c)$	0.168	0.2259	0.1744	0.1399
马丽丽方法	$m(a)$	0.21	0.434	0.5452	0.6113
	$m(b)$	0.458	0.229	0.193	0.1647
	$m(c)$	0.164	0.0595	0.0536	0.0612
	$m(a,c)$	0.168	0.2775	0.2082	0.1628
本书方法	$m(a)$	0.21	0.4867	0.5842	0.6409
	$m(b)$	0.458	0.1625	0.1514	0.1349
	$m(c)$	0.164	0.0406	0.044	0.0551
	$m(a,c)$	0.168	0.3102	0.2204	0.1691

从表 5-1 可以看出,D-S 和 Yager 都不能有效解决高度冲突问题,$m(a)$ 始终为 0。孙全在 Yager 的基础上做出了改进,冲突证据在一定程度上得到了处理,但是收敛速度慢,并且仍存在未知项 $m(\theta)$。李弼程运用简单加权平均的思想对冲突信度进行重新分配,但是收敛速度较低,焦元 b 的 mass 函数值过高,与常理不符。马丽丽方法与本书方法的融合结果较为接近,相比之下本书融合方法的收敛速度更快,融合结果更加合理、可靠。

5.2.2 悖论情况下的多证据源融合

例 5-4 悖论数据如表 5-2 所示,采用三种方法分别对三条悖论数据进行融合,得到的结果见表 5-3。

表 5-2 三条悖论证据模型

类别	证据	x_1	x_2	x_3	x_4	x_5	x_6	θ
悖论 1	m_1	0.05	0	0	0	0	0	0.95
	m_2	0.05	0	0	0	0	0	0.95
	m_3	0.05	0	0	0	0	0	0.95
	m_4	0.05	0	0	0	0	0	0.95
	m_5	0.05	0	0	0	0	0	0.95
悖论 2	m_1	0	0.22	0.23	0.24	0.3	0.01	0
	m_2	0.22	0	0.23	0.24	0.3	0.01	0
	m_3	0.22	0.23	0	0.24	0.3	0.01	0
	m_4	0.22	0.23	0.24	0	0.3	0.01	0
	m_5	0.22	0.23	0.24	0.3	0	0.01	0

续表

类别	证据	x_1	x_2	x_3	x_4	x_5	x_6	θ
悖论 3	m_1	0.5	0.5	0	0	0	0	0
	m_2	0	0	0	0.4	0.6	0	0
	m_3	0.7	0	0	0	0	0	0.3
	m_4	0.7	0	0	0	0	0	0.3
	m_5	0.7	0	0	0	0	0	0.3

对于悖论 1,由于各证据之间不存在冲突,即冲突信度系数 $k=0$,此时三种方法是等价的,得到相同的合理的融合结果。

对于悖论 2,D-S 方法得到的结果 $m(x_6)=1$ 明显是不符合常理的。李文立方法与本书方法融合结果一致,都能对证据进行有效融合。

对于悖论 3,证据 m_1 和 m_2 完全冲突,此时冲突信度系数 $k=1$,D-S 方法无法使用。李文立方法与本书方法融合结果相近,李文立方法融合结果 $m(x_1)=0.7486$,本书融合方法融合结果 $m(x_1)=0.6537$,由证据源 BPA 可以看出,本书方法的融合结果更加合理。

表 5-3 三条悖论融合结果

方 法		悖论 1	悖论 2	悖论 3
D-S 方法	$m(x_1)$	0.2262	0	/
	$m(x_2)$	0	0	/
	$m(x_3)$	0	0	/
	$m(x_4)$	0	0	/
	$m(x_5)$	0	0	/
	$m(x_6)$	0	1	/
	$m(\theta)$	0.7738	0	/
李文立方法	$m(x_1)$	0.2262	0.1751	0.7486
	$m(x_2)$	0	0.1812	0.0576
	$m(x_3)$	0	0.1874	0
	$m(x_4)$	0	0.2036	0.0234
	$m(x_5)$	0	0.2426	0.0351
	$m(x_6)$	0	0.01	0
	$m(\theta)$	0.7738	0	0.1353
本书方法	$m(x_1)$	0.2262	0.1736	0.6537
	$m(x_2)$	0	0.1801	0.0903
	$m(x_3)$	0	0.1866	0
	$m(x_4)$	0	0.2027	0.0058
	$m(x_5)$	0	0.247	0.0087
	$m(x_6)$	0	0.01	0
	$m(\theta)$	0.7738	0	0.2415

5.3　多测量站目标检测

多测量站目标检测是由每个测量站上的测量传感器获得关于目标参数的信息,然后根据一定的算法对各个测量站测得的数据进行融合,使测量结果更加精准、稳定。根据测量信息的融合程度,多测量站目标检测可分为数据级目标检测、特征级目标检测、决策级目标检测[197]。

5.3.1　数据级目标检测

数据级目标检测融合是简单初级的融合处理,其融合处理过程如图 5-3 所示。

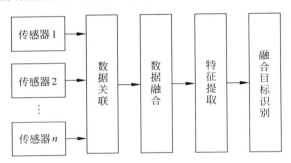

图 5-3　数据级数据融合模型

数据级融合适用于测量站较少且数据噪声干扰不大的情况。数据级处理对象是各测量站采集的原始数据,通过对未处理的初始信息进行数据融合,利用特征提取的方法得到被测目标的初始参数[198]。这种处理方式很大程度地保留了初始信息,信息不失真,融合精度高。但是数据级数据融合处理的工作量较大,耗时长,信息处理滞后;现实中测量站探测到的数据含有噪声或干扰,直接由初始数据处理的结果可能有较大的误差,并且无法与其他多源数据的特征信息进行比较处理,故无法检验处理结果的可靠性[199]。

5.3.2　特征级目标检测

特征级融合处理适用于测量站和测量传感器较多、噪声干扰较大的系统。特征级目标检测融合处理属于中等级别的融合处理,其融合过程如图 5-4 所示,该级别的处理对象是初始数据的特征量[200]。通过对各测量站所测得的初始信息进行特征提取处理,去除了初始数据中的冗余,得到特征参量进行融合处理,对结果进行分类,从而得到被测目标参数。特征级融合有两个重要部分:目标状态信息融合和目标特征信息融合。在多测量传感器系统中,目标状态信息融合主要用来进行目标跟踪,而目标特征信息融合主要用来进行目标识别[201]。

特征级信息处理减少了要融合的数据量,处理速度快,耗时短,故可以对采集的

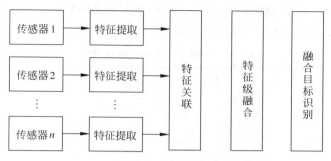

图 5-4　特征级数据融合模型

信息实时处理,特征级信息融合处理时所提取的数据特征与决策分析相关联,所以其融合结果的特征信度正是决策分析时所需要的[202]。特征级数据融合处理有两种融合方式,分别是分布式和集中式。这两种处理方式在融合数据过程中可能会使一些有效信息丢失,对融合处理结果的可靠性产生影响。

5.3.3　决策级目标检测

决策级目标检测数据融合处理属于高层级的融合,其融合过程如图 5-5 所示。决策级目标检测数据融合处理的信息是来自各测量站测量传感器的决策数据,通过对决策数据去噪去干扰,进行特征提取,得到其特征信息,然后进行融合处理,采用决策关联对每个特征信息综合分析融合,进而识别判断出最终目标[203]。该数据处理方法操作简单,稳定性强,对使用的系统要求低,可处理任意来源数据,但其不足在于数据处理过程中易丢失信息量、误差比较高。决策级融合立足于现实应用,充分利用特征级融合的决策结果,偏重于实际问题,对数据融合处理的决策结果有较大影响。现有决策级目标检测方法存在对测量环境和运动目标的动态参数、基础专家经验获取困难,需要庞大的数据库支持等不足,使得该技术的发展缓慢[204]。

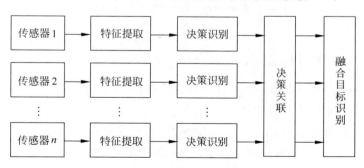

图 5-5　决策级数据融合模型

数据级目标检测融合处理、特征级目标检测融合处理和决策级目标检测融合处理分别为低层级、中等层级、高层级处理方法,这三种方法信息完整度反而逐层降低,在实际应用中应根据具体的测量环境和被测目标特征选取合适的融合处理方法[205]。三种级别融合方式的特性对比如表 5-4 所示。

表 5-4 三种融合级别的特性对比

	数量级	特征级	决策级
处理信息量	大	中	小
损失信息量	小	中	大
抗干扰能力	差	中	优
容错性能	差	中	优
算法难度	难	中	易
对传感器依赖程度	大	中	小
传感器同类要求	高	中	低
实时性	差	中	优

5.4 基于改进证据支持度的多测量站运动目标检测

随着军事科技水平不断进步,现代探测系统要求在复杂战场环境中能够准确快速地检测运动目标。现有的依靠单测量站的测量传感器所进行的目标检测,对复杂环境中的目标辨识度较低[206]。因此使用多测量站测量系统,融合不同测量设备的多源探测信息,降低系统测量误差,提高测量精度,增强目标识别度,可完成多种环境下的测量任务。但是由于测量环境复杂和多测量设备协同困难,常常会使测得的多源数据存在一些不确定信息,难以融合[207]。而 D-S 证据理论可以很好地解决不确定性问题,在多测量传感器目标检测的相关问题上处理效果更好。但是由于多源数据融合而产生的证据冲突,使数据处理困难,导致不能直接使用 D-S 证据理论方法[208]。为了解决这一问题,提高系统检测能力,本书提出了一种基于改进证据支持度的方法。经实验验证该方法处理速度更快,准确性和可靠性更高,同时降低了目标检测的不确定性。

5.4.1 运动目标识别方法分析

D-S 证据理论处理不确定信息能力强,有很好的工程实用性,故而被广泛用在多传感器目标检测领域进行信息融合。但在证据冲突时,采用初始的 Dempster 组合规则进行证据融合将会得到不合常理的结果,甚至会出现错误的测量结果[209]。针对这一问题,诸多学者提出了许多改进方法,主要可分为修改融合规则和预先处理证据源两大类。

(1) 修改融合规则。此方法提出在证据高度冲突的情况下由于 Dempster 组合规则的归一化步骤使融合处理得到的结果具有不确定性,而解决此问题的核心是如何改变证据中冲突焦元的权重[210]。在较早的研究中,Yager 把具有冲突的信息看作不确定信息,然后将冲突因子全部分配给判断结构。由于 Yager 的方法过于稳健,王壮在证据高度冲突时,把大部分冲突分派给具有冲突焦元的并集[202];而冲突较弱时,直接在具有冲突的焦元上进行调节。与上述方法不同的是,Marc 和 Mehdi 改进的方法中把冲突因子按不同的权重分配给了所有焦元,得到了较好的效果[211-212]。上述几种方法虽然在一定程度上可以降低证据融合结果的不确定性,但是这种修改融合规则的方法常常会去掉 Dempster 组合规则的交换律、结合律等数学性质。

(2)预先处理证据源。此方法提出 Dempster 组合规则有优良数学性质,出现证据融合不合理结果的问题不在于该方法自身,而是在数据处理时忽略了多源证据具有不同的可靠性。因此,在处理剧烈冲突证据时,首先应对冲突的多源证据进行预处理,然后再使用 Dempster 组合规则。例如,Murphy 提出了一种平均证据的方法,在不改变 Dempster 组合规则的基础上修改原有证据,即在证据融合之前,先将多源证据的冲突概率求算术平均以合理分配,从而降低冲突影响。但是这种方法对证据的处理显然比较粗糙,仅仅是猜测各证据的可靠性相等并对多源证据简单做了平均处理,却忽视了多源证据间的相关性。进一步研究发现,可将证据间的关联性纳入考虑来改进 Murphy 的方法,具体方法是通过一个距离函数来判断证据信息的相似度,并为它赋予权重。

改进后的方法虽然能在一定范围内缓解冲突,但是该方法中使用的距离公式并不能被用来描述不同证据之间相互支持程度。

5.4.2　一种新的目标识别融合算法

对于由于环境等外部因素与传感器设备内部因素的多重影响而导致的证据信息间出现冲突,甚至是剧烈冲突这一问题,虽然在 5.4.1 节中提到了一些解决方法,但这些方法依然存在需要改进的部分[213]。为了提高目标识别的效率和准确性,本书在 D-S 证据理论的基础上做出了改进,提出了一种基于改进证据支持度的多测量站运动目标检测方法,该方法主要包括四个模块:证据冲突的表示、加权均值、支持度系数和空中目标检测方法。

1. 证据冲突的表示

利用证据之间的距离可以直观且高效地描述证据间的关系并突出证据间的差异性[214],Jousselme 提出的距离函数能够有效地反映两个证据之间的差异性,并且 Jousselme 证据距离能够衡量由于 Dempster 规则未归一化前分配给空集的信度值而导致的证据冲突。

首先,本书引入了 Jousselme 等给出的距离函数来度量系统中各证据间的相似度:若 Θ 为一辨识框架,那么 $\Theta=\{A_1,A_2,\cdots,A_i,\cdots,A_M\}$ 上的两个证据 m_1,m_2 间的距离可表示为

$$d(m_1(A_k), m_2(A_k))$$

$$= \sqrt{\frac{1}{2}(\overline{m}_1(A_k) - \overline{m}_2(A_k)) \boldsymbol{D}(\overline{m}_1(A_k) - \overline{m}_2(A_k))} \tag{5-16}$$

式中，$\boldsymbol{D}$ 是一个 $2^n \times 2^n (n = |\Theta|)$ 的矩阵，矩阵中元素 m_i、m_j 分别为幂集 2^Θ 中的元素。对于 $\Theta = \{A_1, A_2, \cdots, A_M\}$，两证据距离可由式(5-17)计算：

$$d(m_1(A_k), m_2(A_k)) = \sqrt{\frac{1}{2} \sum_{k=1}^{M} (m_1(A_k) - m_2(A_k))^2} \tag{5-17}$$

则 N 个传感器输出的证据 $m_1, m_2, \cdots, m_N$，任意两个证据 m_i 和 m_j 之间的距离可表示为 $d_{ij}(A_k)$：

$$d_{ij}(A_k) = d(m_i(A_k), \quad m_j(A_k)) \tag{5-18}$$

$d_{ij}(A_k)$ 也可以看作任意两个证据 m_i 和 m_j 之间的冲突程度，距离越大，冲突越大。

例 5-5 假设所有可能识别的目标对象辨识框架 $\Theta = \{A_1, A_2, A_3\}$，由两个传感器所得出证据的基本概率分配如下：

$$E_1: m_1(A_1) = 0.99, \quad m_1(A_2) = 0.01$$
$$E_2: m_2(A_2) = 0.01, \quad m_2(A_3) = 0.99$$

由式(5-17)可得：$d_{12} = 0.98$，如果按照 Dempster 组合规则计算冲突，则 $K = 0.99$，$m(A_1) = m(A_3) = 0$，$m(A_2) = 1$。可以看到尽管 m_1 和 m_2 对 A_2 的支持程度都很低，但证据融合结果仍然认为命题 A_2 为真，这显然不合常理[215]。由此可见，在表示证据间冲突时，Jousselme 证据距离远优于 D-S 证据理论，尤其在出现剧烈冲突的证据时，Jousselme 证据距离的优势更为突出。

2. 加权均值

定义 m_i 与 m_j 的相似度为

$$s_{ij}(A_k) = 1 - d_{ij}(A_k) \tag{5-19}$$

显然，当证据间距离 $d_{ij}(A_k)$ 越大，其相似度 $s_{ij}(A_k)$ 越小，也就是两证据 m_i 与 m_j 之间的冲突越大，相似性越小。

由此计算证据 j 对证据 i 的信任度 $t_{ij}(A_k)$：

$$t_{ij}(A_k) = \frac{s_{ij}(A_k)}{\sum\limits_{\substack{j=1 \\ j \neq i}}^{} s_{ij}(A_k)} \tag{5-20}$$

从式(5-20)可以看出：

$$\sum_{i=1}^{N} t_{ij}(A_k) = 1 \tag{5-21}$$

显然 $t_{ij}(A_k)$ 之和为 1，即信任度 $t_{ij}(A_k)$ 可以作为证据 m_j 的权重，在获得各个证据的权重后，对证据进行加权平均，就可得到每个证据所对应的加权均值 $\bar{m}_i(A_k)$：

$$\bar{m}_i(A_k) = \sum_{\substack{j=1 \\ j \neq i}}^{N} t_{ij}(A_k) m_j(A_k) \tag{5-22}$$

通过计算每个证据与均值的距离可知距离越大的证据可靠性就越低，反之，可靠性就会越高。但是该方法未能注重多源证据相互间的关联性，仅仅是将 N 个传感器所得到的证据做算术平均处理并将结果作为证据的均值。特别是由于每个证据受环境或人为等多种因素影响，各传感器的输出信息与正确信息之间有可能存在着冲突，而求解证据均值时应着重关注到各个证据间的冲突程度，为此本书将加权均值用来表示证据间真实冲突程度，以凸显证据间的互异性。

3. 支持度系数

定义证据与对应的加权均值 $\bar{m}_i(A_k)$ 的相似度函数：

$$S_i(A_k) = 1 - \frac{|m_i(A_k) - \bar{m}_i(A_k)|}{\max(m_i(A_k), \bar{m}_i(A_k))} \tag{5-23}$$

式中，$i \neq j$；$i,j = 1,2,\cdots,N$。显然，相似函数 $S_i(A_k)$ 越大，证据 m_i 与 $\bar{m}_i$ 的相似度越高，说明加权均值证据对证据 m_i 的支持度越高，因此该证据的可靠性就越高[216]。

由上述方法计算所有证据对应的相似度并做归一化处理，得到证据 m_i 的支持度系数 $\mathrm{Sus}_i(A_k)$：

$$\mathrm{Sus}_i(A_k) = \frac{S_i(A_k)}{\sum\limits_{i=1}^{N} S_i(A_k)} \tag{5-24}$$

从式(5-24)可知，所有支持度系数 $\mathrm{Sus}_i(A_k)$ 之和为 1，故可以作为证据 m_i 的权值。

4. 运动目标检测方法

总结以上步骤便可以得到该方法的整体思路，若运动目标检测系统有 N 个证据，且证据间存在冲突，那么本书提出的目标检测方法可归纳为以下步骤。

步骤 1：用 Jousselme 距离来表示证据间冲突 $d_{ij}(A_k)$；

步骤 2：求出每个证据对应的加权均值 $\bar{m}_i(A_k)$；

步骤 3：按照上述算法，计算得出每个证据的支持度系数 $\mathrm{Sus}_i(A_k)$；

步骤 4：以支持度系数为权值，对所有目标焦元做加权平均，并归一化得到最终的合成平均证据 $m_{\mathrm{mean}}(A_k)$：

$$m_{\mathrm{mean}}^*(A_k) = \sum_{i=1}^{N} \mathrm{Sus}_i(A_k) m_i(A_k), \quad k = 1,2,\cdots,2^n \tag{5-25}$$

$$m_{\mathrm{mean}}(A_k) = \frac{m_{\mathrm{mean}}(A_k)}{\sum\limits_{i=1}^{N} m_{\mathrm{mean}}^*(A_k)}, \quad k = 1,2,\cdots,2^n \tag{5-26}$$

步骤 5：用 $m_{mean}(A_k)$ 代替 N 个证据原来的信任度分配函数，按 Dempster 组合规则，对最终的合成平均证据 $m_{mean}(A_k)$ 进行 $(N-1)$ 次融合：首先对 $m_{mean}(A_k)$ 融合一次，然后用第一次融合的结果与 $m_{mean}(A_k)$ 融合第二次，接着用第二次融合的结果再与 $m_{mean}(A_k)$ 融合，依次用融合后的结果与 $m_{mean}(A_k)$ 融合，共融合 $(N-1)$ 次。

5.4.3　仿真实验结果与性能对比

本节将通过对以下两个运动目标检测仿真实例的实验和分析，来验证本书所述方法的可行性和高效性。

例 5-6　假设辨识框架 $\Theta=\{A,B,C\}$，其中，A 为子弹，B 为石块，C 为飞鸟。目标检测多站测量系统包括红外（IR）、雷达（Radar）、光电（EO）和电子支援设施（ESM）。各个测量站的测量传感器检测结果的数据是互不相同的且准确度也不相同。通过 4 种测量传感器，分别获得了数据 E_1、E_2、E_3、E_4 对应的 BPA 为

$$E_1: m_1(A)=0.9, \quad m_1(B)=0, \quad m_1(C)=0.1$$
$$E_2: m_2(A)=0.88, \quad m_2(B)=0.01, \quad m_2(C)=0.11$$
$$E_3: m_3(A)=0.5, \quad m_3(B)=0.2, \quad m_3(C)=0.3$$
$$E_4: m_4(A)=0.98, \quad m_4(B)=0.01, \quad m_4(C)=0.01$$

通过上述算例可以看出四个测量结果都显示该运动目标是子弹，只是它们的辨识度不同。从表面上看，该系统中没有"剧烈冲突证据"，并且所有测量传感器目标检测结果为 A。另外，通过表 5-5、表 5-6 可以看出在面对低冲突系统时，无论是 3 个证据还是 4 个证据，Dempster 组合规则、Murphy 方法和本书方法均可以得到正确的检测判别，且对被检测目标具有很高的判别度。Yager 方法把具有冲突的证据全部分配给未知项 $m(\varnothing)$，但是随着认定 A 的证据增加，未知项 $m(\varnothing)$ 的数值也在增多，这样检测结果的不确定性也逐渐增大，最后没能得到准确的检测。邓勇方法虽然能正确地检测出目标 A，但是效果不是太理想。

表 5-5　在有 3 个证据的情况下 5 种方法的识别结果对比，例 5-6

方　　法	$m(A)$	$m(B)$	$m(C)$	$m(\varnothing)$
Dempster	0.9917	0	0.00826	0
Yager	0.3960	0	0.00330	0.60070
Murphy	0.9887	0.00080	0.01150	0
邓勇	0.6195	0.02059	0.05329	0.30660
本书方法	0.9929	0.00016	0.00700	0

表 5-6　在有 4 个证据的情况下 5 种方法的识别结果对比，例 5-6

方　　法	$m(A)$	$m(B)$	$m(C)$	$m(\varnothing)$
Dempster	0.9999	0	0.000085	0
Yager	0.3881	0	0.000033	0.6119

续表

方　　法	$m(A)$	$m(B)$	$m(C)$	$m(\varnothing)$
Murphy	0.9993	0.000021	0.000647	0
邓勇	0.6545	0.01798	0.04252	0
本书方法	0.9995	9×10^{-7}	0.000477	0

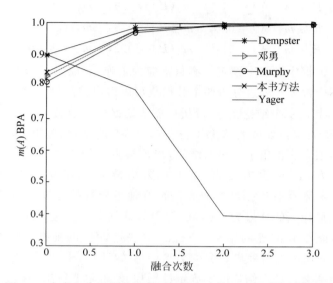

图 5-6　在有 4 个证据的情况下五种方法的 $m(A)$ 对比（例 5-6）

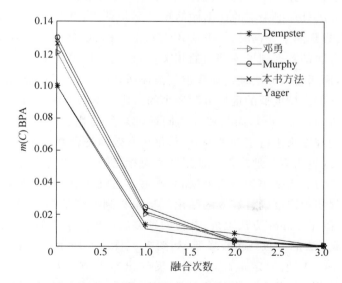

图 5-7　在有 4 个证据的情况下五种方法的 $m(C)$ 对比（例 5-6）

例 5-7   假设利用 4 种测量传感器对子弹、导弹和炮弹三类运动目标进行识别，并把测量信息转变为相互独立的证据。设证据理论的辨识框架为：$\Theta = \{A:$ 子弹，$B:$ 导弹，$C:$ 炮弹$\}$。通过四种测量传感器，分别测量得到证据 E_1、E_2、E_3、E_4，对应的 BPA 为

$$E_1: m_1(A) = 0.5, \quad m_1(B) = 0.3, \quad m_1(C) = 0.2$$
$$E_2: m_2(A) = 0, \quad\quad m_2(B) = 0.9, \quad m_2(C) = 0.1$$
$$E_3: m_3(A) = 0.6, \quad m_3(B) = 0.3, \quad m_3(C) = 0.1$$
$$E_4: m_4(A) = 0.7, \quad m_4(B) = 0.2, \quad m_4(C) = 0.1$$

可以看到，四个证据中有三个判定被测目标应为子弹，而证据 E_2 却认为被测目标为导弹，这明显不合常理。经过分析四个数据集可以得出被测目标检测结果应为子弹，然而证据 E_2 与其他三个结论相悖，分析可能该证据存在错误。

各个方法检测融合处理的结论如表 5-7、表 5-8 所示，从表中可以得出在有三个证据时，只有本书方法得出了准确的结果，当证据多于三个时，如在证据是四个的情况下，Murphy 方法、邓勇方法和本书方法均能得到准确的检测结果。其中 Dempster 组合规则在有证据冲突时无法很好地进行数据处理，处理冲突证据能力低，虽然其他证据检测的结果为目标 A，但因为证据 E_2 否定了 A，造成 $m(A)$ 一直为 0，故最终不能得到准确的结果。Yager 方法把冲突的证据全部分派给未知项 $m(\varnothing)$，这样一来无论以后采集到多少个支持 A 的证据，未知项 $m(\varnothing)$ 的数值一直在增长，造成检测融合处理结论的不确定性增加，使得不能得出准确的结果。从算例中可以看出 Murphy 方法、邓勇方法以及本书的方法均能准确检测出目标 A。其中，由于 Murphy 方法只是把采集的证据做简单的平均处理，并没有考虑证据之间的相关性，在系统收集到四个证据时，该方法才识别出目标 A，如图 5-8、图 5-9 所示。本书方法和邓勇方法都考虑到了证据间的相关性，根据实际情况对不一样的证据分配不一样的占比，而邓勇的方法是给那些被其他证据高度支持的证据分配较大的占比，对那些受其他证据支持度低的证据分配较小的占比。本书方法没有直接将剧烈冲突的证据分配给未知项 $m(\varnothing)$，而是依据不同证据之间的相关性、各个证据的准确性以及证据冲突的程度来进行了合理的分配，得出有效的符合客观的结果，合理地分配证据之间的冲突，更为有效地降低了证据冲突对检测融合处理结果的影响，使其大大增强了抗干扰能力。当采集到三个证据时，本书方法就能很有效地检测出目标，在证据少的情况下很快得出准确且有效的结论。当采集到四个证据时，随着检测融合处理次数的增加，除了 Yager 方法之外，其他四种方法得到了准确的检测且 $m(A)$ 的值稳定提高，全部方法的 $m(C)$ 逐渐降低，如图 5-8、图 5-9 所示。随着证据对目标 A 的支持度增加，$m(A)$ 值稳定提高，很好地反映出本书方法具有较高的可靠性，且对于剧烈冲突证据，本书方法有较好的融合处理结果，能够得出准确有效的检测结论。

表 5-7　在有 3 个证据的情况下五种方法的识别结果对比(例 5-7)

方　　法	$m(A)$	$m(B)$	$m(C)$	$m(\varnothing)$
Dempster	0	0.9759	0.0241	0
Yager	0	0.0810	0.0002	0.9170
Murphy	0.2790	0.7075	0.0033	0
邓勇	0.4427	0.5410	0.0163	0
本书方法	0.6629	0.1246	0.0089	0

表 5-8　在有四个证据的情况下五种方法的识别结果对比(例 5-7)

方　　法	$m(A)$	$m(B)$	$m(C)$	$m(\varnothing)$
Dempster	0	0.9878	0.0122	0
Yager	0	0.0162	0.0002	0.9836
Murphy	0.5551	0.4416	0.00033	0
邓勇	0.7875	0.2092	0.0033	0
本书方法	0.9294	0.0696	0.0010	0

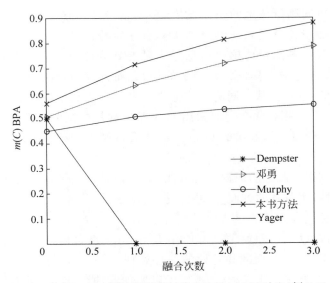

图 5-8　在有四个证据的情况下五种方法的 $m(A)$ 对比(例 5-7)

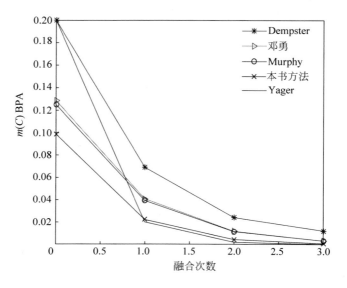

图 5-9　在有四个证据的情况下五种方法的 $m(C)$ 对比(例 5-7)

5.5　基于 Pignistic 距离和 Deng 熵的多测量站目标检测

随着多站协同测量技术的快速发展,多测量传感器信息融合的研究已成为主流。由于单一测量传感器系统测量结果具有一定程度的不确定性和不可靠性,因此多测量站搭载多种测量传感器信息采集融合处理已成为必然趋势[217]。通过信息融合,可以获得更加多样、全面、稳定的信息,而且成功解决了单一测量传感器系统的局限性问题。但是,从不同测量传感器采集的多源数据往往具有一定的不准确性和不确定性[218]。针对这一问题采用 D-S 理论及其提供的有效融合方法,可以处理多源不确定的信息。但经典的 Dempster 组合规则不能很好地融合处理剧烈冲突信息。

虽然目前有很多改进的证据融合方法,但是仍有很多不足。为了具有更快的处理速度和可靠性,本章从两方面对冲突证据进行分析,提出了一种新的多测量传感器系统中冲突信息组合方法。该方法的思路是引入 Pignistic 概率距离和信息熵来计算证据修正系数,以改进原始证据并使用 Dempster 组合规则进行融合处理。通过对数据进行修正,能够得到准确有效的融合处理结果[219]。仿真实验和分析结果表明,与现有的几种方法对比,该方法不仅可以实现低冲突证据的准确融合,而且在剧烈冲突信息下也能够得到可靠的结果。因此,所提方法具有创新性和应用性并提高了信息融合的可靠度和准确度,进一步保证了多传感器系统的优越性。

5.5.1 运动目标识别基本理论

1. Pignistic 概率函数

在现有研究中,对证据冲突进行分析的方法主要包括:Pignistic 概率距离,Jousselme 距离相关系数、相容系数等。近年来,相继出现一些新的分析方法,如 Tessem 基于 Pignistic 概率函数提出了 Pignistic 概率距离,具体定义如下:

设 m 为 Θ 上的 BPA 函数,A_i 是 Θ 上的一个子集,相关的 Pignistic 概率函数 $\mathrm{BetP}_m : \Theta \rightarrow [0,1]$ 被定义为

$$\mathrm{BetP}_m(A_i) = \sum_{A \subseteq \Theta, A_i \in A} \frac{1}{|A|} \frac{m(A)}{1-m(\varnothing)}, \quad m(\varnothing) \neq 1 \tag{5-27}$$

式中,$|A|$ 是 A 的子集的基数;BetP_m 为 Θ 上的 Pignistic 概率函数。由式(5-27)可得

$$\mathrm{BetP}_m(A) = \sum_{A_i \in A} \mathrm{BetP}_m(A_i) \tag{5-28}$$

设 m_1、m_2 为 Θ 上的 BPA 函数,BetP_{m_1}、BetP_{m_2} 为对应的 Pignistic 变换后的概率函数,那么:

$$\mathrm{difBetP}_{m_2}^{m_1} = \max_{A \subseteq \Theta}(|\mathrm{Bet}_{m_1}(A) - \mathrm{Bet}_{m_2}(A)|) \tag{5-29}$$

称为 m_1 和 m_2 间的 Pignistic 概率距离[220]。

2. Deng 熵

组合规则应当具备的一个条件是证据组合结果能够满足大多数意见。依据决策意见的占比,在证据融合过程中,那些引起剧烈冲突或全部冲突的影响作用较小的某个或少数证据,其权重系数很小。依据信息论中熵的概念来分析各个证据在融合过程中的重要程度,若某个证据与其他证据产生冲突越剧烈,信息熵就越大,但是分配的权重就越小;反之,冲突越小,信息熵就越小,则该证据分配的权重就越大,由此来确定权重系数[221-223]。

在复杂的测量环境和各种干扰因素下,一些测量传感器探测的信息被干扰而充满不确定性,这时会与其他测量传感器探测的信息产生冲突。因此,需要对多源探测信息进行去干扰、去噪,以确定其可靠性。借鉴热力学中对系统无序状态度量的熵的概念,克劳德·香农在信息论中定义了信息熵,用以分析信息的冗余性或者可靠度。由于探测信息可能同时检测的目标类型不相同,将在证据理论中产生多子集命题,故而原始信息熵理论并不能直接用于证据理论。随着研究的发展,一些学者对信息熵进行改进后应用于证据理论领域,但它们仍存在缺点[224-226]。

Deng 熵,是邓勇提出的一种度量 BPA 不确定度的信度熵。随着证据个数的增加,焦元中元素的个数也越来越多,这就导致 Deng 熵的值越来越大,也就是说信息的不确定程度越来越高。当 BPA 中命题都是单子集命题时,可以将 Deng 熵视为香农信息熵,这个性质使得 Deng 熵在分析 BPA 不确定性方面具有很好的效果。Deng 熵定义如下:

$$E_d(m) = -\sum_{A \subseteq \Theta} m(A) \log_2 \frac{m(A)}{2^{|A|}-1} \tag{5-30}$$

式中，Θ 即为定义的识别框架；A 是 mass 函数的焦元，$|A|$ 表示命题 A 的基数。

从 Deng 熵的值可以看出证据中所包含信息量的大小。某个证据的 Deng 熵越大，则其不确定程度也越高；反之，Deng 熵的值越小，其不确定程度越低[227-231]。但是单个证据的 Deng 熵值并不能看出多源证据之间是否存在冲突，直接利用 Deng 熵来计算各证据权值时可能会使那些干扰信息的权值增加，将使得到的结论有悖常理。

5.5.2　基于 Pignistic 距离和 Deng 熵的多测量站运动目标检测方法

本章的方法基于对 Pignistic 概率距离与 Deng 熵的研究，对证据进行修正，流程图如图 5-10 所示，步骤如下：

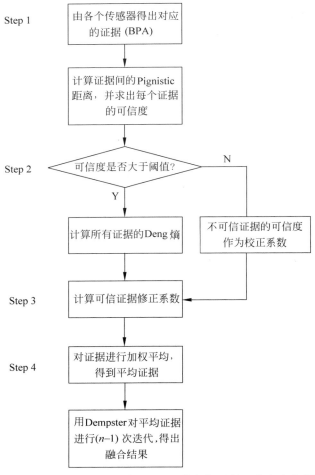

图 5-10　基于 Pignistic 距离和 Deng 熵加权证据组合方法流程图

1. 证据的可信度

（1）用式（5-27）至式（5-29）分别计算当采集到 N 个证据时，证据相互之间的 Pignistic 概率距离 $\text{difBetP}_{m_j}^{m_i}$。

（2）求取证据的支持度与可信度：

设 m_i 和 m_j 的相似度为

$$S_{ij} = 1 - \text{difBet}_{ij} \tag{5-31}$$

证据间的距离 d_{ij} 越大，相似度 S_{ij} 越大，即证据冲突越高，它们的相似性越低。

此外，证据支持度系数为

$$\text{Sup}_i = \sum_{j=1, j \neq i}^{N} S_{ij} \tag{5-32}$$

将证据的支持度系数归一化即为证据的可信度

$$\text{Cre}_i = \frac{\text{Sup}_j}{\sum_{j=1}^{s} \text{Sup}_j} \tag{5-33}$$

2. 证据的信息熵

（1）设定阈值，并选出可信证据。

经过分析对比实验数据后，将阈值率定义为 10%，则阈值为

$$\varphi = \sum_{i=1}^{N} \text{Cre}_i 10\% \tag{5-34}$$

（2）计算可信证据的信息熵。

当证据的可信度高于阈值时，就认为它们是可信证据；反之，为不可信证据。选择所有可信的证据 $E_l(l=1,2,\cdots,w)$，并通过式（5-30）计算它们各自的信息熵，当识别框架中的焦元为单子集时，式（5-30）可简化为

$$I'_i = -\sum_{j=1}^{M} m_i(A_j) \log m_i(A_j) \tag{5-35}$$

式中，$\log$ 默认底为 2。信息熵归一化后，即可得到

$$I = \frac{I'_i}{\sum_{i=1}^{s} I'_i} \tag{5-36}$$

3. 证据的修正系数

（1）证据集中，第 i 个证据的修正系数表示为

$$\omega'_i = (1 - I) \mathrm{e}^{-I} \tag{5-37}$$

（2）如果用可信度代替不可信证据的修正系数，则将所有证据的修正系数归一化可以获得

$$\omega_i = \frac{\omega'_i}{\sum_{i=1}^{N} \omega'_i} \tag{5-38}$$

4. 融合识别

根据上述算法计算各证据的修正系数,对所有证据的基本概率分配进行调整,并使用 Dempster 规则对迭代次数($n-1$)进行融合以获得融合结果。

5.5.3 仿真实验结果与性能对比

本节进行两个实验分析,以证明所提出的 D-S 证据理论的可靠性和先进性。首先,分别使用低冲突信息和高冲突信息两种测量数据。然后,将本书的方法和现有方法进行对比分析。

1. 低冲突信息

例 5-8 在多站测量传感器系统中,假设框架 $\Theta=\{A,B,C\}$ 中有 5 个证据,则正确的命题是 A;表 5-9 显示了低冲突的证据。

表 5-9　五组证据的基本概率分配(低冲突)

证　　据	识别目标对应的 BPA		
	A	B	C
$E_1: m_1(\cdot)$	0.9	0	0.1
$E_2: m_2(\cdot)$	0.88	0.01	0.11
$E_3: m_3(\cdot)$	0.5	0.2	0.3
$E_4: m_4(\cdot)$	0.98	0.01	0.01
$E_5: m_5(\cdot)$	0.9	0.05	0.05

表 5-10 列出了不同方法的融合结果和本书方法所得到的结果。从表中可以看到在低冲突的情况下,所有方法都能确定正确的命题。

D-S 证据理论的融合结果受冲突证据的影响较大。因为,当有一个证据判定为 0 时即完全否定了命题,导致这种融合方式并不完全准确。

在融合低冲突信息时本书方法和其他三个现有方法都能通过使用两个证据来精准确定被测目标。除了 Yager 方法之外,本书方法具有与其他方法几乎相同的检测能力。在表 5-10 中,可以看到随着支持正确命题的证据增多,正确命题的 BPA 也在增加。

表 5-10　不同方法的融合结果(低冲突)(例 5-8)

方法 (低冲突)	识别目标	$E_1 \oplus E_2$	$E_1 \oplus E_2 \oplus E_3$	$E_1 \oplus E_2 \oplus E_3 \oplus E_4$	$E_1 \oplus E_2 \oplus E_3 \oplus E_4 \oplus E_5$
D-S	A	0.9863	0.9917	0.9999	1
	B	0	0	0	0
	C	0.0137	0.0083	0.0001	0
	Θ	0	0	0	0

续表

方法 （低冲突）	识别目标	$E_1 \oplus E_2$	$E_1 \oplus E_2 \oplus E_3$	$E_1 \oplus E_2 \oplus E_3 \oplus E_4$	$E_1 \oplus E_2 \oplus E_3 \oplus E_4 \oplus E_5$
Yager	A	0.7920	0.3960	0.3881	0.3493
	B	0	0	0	0
	C	0.011	0.0033	0	0
	Θ	0.1970	0.6007	0.6119	0.6507
CMB	A	0.7695	0.9533	0.9915	0.9984
	B	0.0804	0.0104	0.0011	0.0002
	C	0.1501	0.0363	0.0074	0.0014
	Θ	0	0	0	0
本书方法	A	0.8356	0.9793	0.9976	0.9997
	B	0.0571	0.0046	0.0003	0
	C	0.1073	0.0161	0.0021	0.0003
	Θ	0	0	0	0

上述结果已验证了本书方法的独特优势。首先，所提出的算法有效地处理了 D-S 证据理论中受冲突证据影响较大的问题。然后，与其他方法相比，本书算法对正确命题的支持概率很高，证明了其可靠性和准确性，如图 5-11 所示。

通过以上分析可以得出结论，本书算法可以更准确、更有效地处理证据冲突情况。

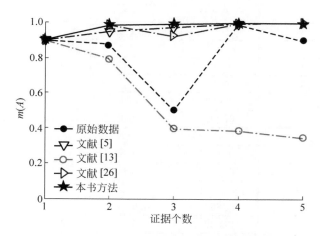

图 5-11　各种方法与正常证据的证据融合结果比较（例 5-8）

2. 高冲突信息

例 5-9　在多站测量传感器系统中，假设框架 $\Theta = \{A, B, C\}$ 中有 5 个证据，其中正确的命题是 A；表 5-11 显示了高冲突证据的支持概率分配。

表 5-11 五组证据的基本概率分配（高冲突）

证 据	识别目标对应的 BPA		
	A	B	C
$E_1: m_1(\cdot)$	0.9	0	0.1
$E_2: m_2(\cdot)$	0	0.01	0.99
$E_3: m_3(\cdot)$	0.5	0.2	0.3
$E_4: m_4(\cdot)$	0.98	0.01	0.01
$E_5: m_5(\cdot)$	0.9	0.05	0.05

为了进一步测试融合处理高冲突信息时这些方法的性能，我们给出了一些高冲突的证据，如表 5-11 所示。其他方法与本书方法的融合结果如表 5-12 所示。分析表中数据可以得到以下结论：

证据 E_1、E_3、E_4 和 E_5 认为命题 A 是正确的。但是，证据 E_2 认为命题 C 是正确的。这就使得证据之间存在冲突，融合结果不一致。即使正确的命题 A 对应证据的支持概率较高，但是 E_2 对 A 的支持率为 0，这就导致 D-S 证据理论得出错误的结果。显然，D-S 证据理论在高冲突的条件下是不可靠的。

表 5-12 不同方法的融合结果对比（高冲突）（例 5-9）

方法（高冲突）	识别目标	$E_1 \oplus E_2$	$E_1 \oplus E_2 \oplus E_3$	$E_1 \oplus E_2 \oplus E_3 \oplus E_4$	$E_1 \oplus E_2 \oplus E_3 \oplus E_4 \oplus E_5$
D-S	A_1	0	0	0	0
	A_2	0	0	0	0
	A_3	1	1	1	1
	Θ	0	0	0	0
Yager	A_1	0	0	0	0
	A_2	0	0	0	0
	A_3	0.0990	0.0297	0.0003	0
	Θ	0.9010	0.9703	0.9997	1
CMB	A_1	0.7052	0.9126	0.9770	0.9940
	A_2	0.1016	0.0189	0.0029	0.0004
	A_3	0.1932	0.0685	0.0201	0.0056
	Θ	0	0	0	0
本书方法	A_1	0.8685	0.9865	0.9986	0.9999
	A_2	0.0367	0.0018	0.0001	0
	A_3	0.0948	0.0118	0.0013	0.0001
	Θ	0	0	0	0

当证据 E_2 与其他证据之间存在很大的冲突时，这对融合结果有很大的影响。Yager 方法无法确定真实命题 A，因为该方法把证据冲突的概率都分配给不确定项，致使不确定项的支持概率最大。可以看出 Yager 方法受第二证据的影响很大，面对

高冲突证据的情况,具有一票否决的缺点,因此融合结果不可靠。

CMB 方法可以得出正确的融合结果。但是它的算法比较复杂,数据处理效率低,因此在实际应用中无法快速检测出目标。

与其他方法相比,本书方法在融合过程中给正确命题 A 分配了更多支持概率,具有较好的融合处理结果。因此,当融合高度冲突的信息时,该算法依然保持较高的效果、高效可靠的融合性能。如图 5-12 所示,本书方法有较强抗干扰能力且在有证据冲突时可降低对结果的影响。

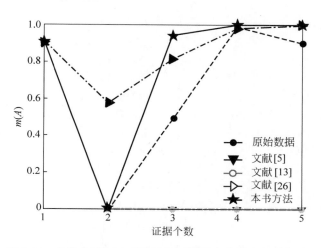

图 5-12 各种方法与冲突证据的证据融合结果比较(例 5-9)

综上所述,本书算法保持了优越性,可以实现准确、稳定的融合。随着证据之间冲突程度的增加,本书方法依旧具有良好的融合效果。

第 6 章

高速目标速度测量系统设计与开发

6.1　信息不对称下高超速弹丸三维重构系统设计

一个完整的三维重构系统可分为图像的获取、相机的标定、图像的预处理和特征提取、立体匹配、三维数据的获取、图像的拼接优化等步骤。本书前几章已经对这些步骤进行了系统的研究，本章将在前几章研究的基础上设计出一套能够适用于高超速弹丸的三维重构系统。

6.1.1　信息不对称问题

信息不对称，是信息不完全的一种情况，具体表现为信息主体之间的信息分布不均衡，存在信息差。在对某一事物的认识上，在信息不对称关系中，具有信息优势的一方可以通过自己掌握的信息，有效地消除认识空白，从而可以减少努力去取得这些认识而必须付出的成本，使得对事物的把握更加全面。

弹丸离开炮口后的速度极高，在瞬态条件下，很难获取弹丸高速运动瞬间的表面完整信息。为了完成对目标物360°的表面信息三维重构，一般要通过对它进行多角度测量来实现。对于静态物体的三维重构，可将待测物放在可旋转的载物台上，由步进电机带动旋转载物台，沿顺时针方向每旋转一定角度采集一次图像，再通过融合多角度的图像信息，来获取待测物360°的三维重构[232]。在测量动态物体时此方法显然不适用，需要在多个角度设置多台相机进行同步成像。考虑到弹丸本身存在对称性，并且处于滑膛状态，采用两台正交状态下的CCD相机同时采集弹丸的正面和侧面图像，根据相机获取的弹丸不同位置的信息，恢复弹丸局部三维模型，相机正交的阴影照相站系统如图6-1所示，其中，CCD相机1获取弹丸正面图像信息，CCD相机2获取弹丸侧面的图像信息。

但弹丸的三维重构精度不能达到完全准确，为了满足项目需求，需分析弹丸在飞

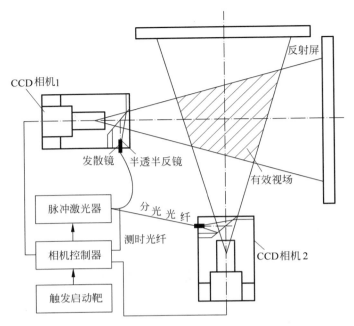

图 6-1　两台 CCD 相机正交的阴影照相站系统

行过程中的损耗情况,根据弹丸本身的对称性,对未知角度的弹丸表面信息进行弥补,通过旋转拼接和图像融合得出弹丸的三维重构结果。

6.1.2　弹丸三维重构系统的环境设置

本研究课题的目的是设计并研制用于高超速弹丸三维面型检测的三维重构系统,提出图像预处理技术、明暗恢复形状算法和弹丸多粒度建模优化方案,最终研制出能够获取含有高超速弹丸轮廓三维信息的三维重构系统,该系统主要由两台高分辨率 CCD 相机、一台短脉冲高强度激光器、一套站内触发组件和几台控制器组成,系统结构组成框图如图 6-1 所示。

两台高分辨率相机呈正交状态放置,以相交型三角测量光路进行三维成像。触发靶放置在成像架体前端,当弹丸到达触发靶时,触发靶产生一个触发信号,此触发信号控制时序控制器的各路延时启动,延时结束后,时序控制器按设定时序产生相机触发信号和激光器触发信号,用于打开相机快门使激光器产生短脉冲激光,此短脉冲激光进入有效视场后,飞行弹丸在反射屏上产生弹丸投影信息,同时相机对此信息进行图像采集,传输到相机控制器上,用于后续的三维重构处理计算。

系统软件环境:在 Windows 操作系统下,以 Matlab7.0、Visual C++ 6.0 集成开发环境为开发平台,应用 OpenGL(Open Graphic Library)图形绘制系统对物体模型进行绘制。

6.1.3 弹丸三维重构系统组成

信息不对称下高超速弹丸的三维重构系统主要包括高分辨率 CCD 相机、触发组件、脉冲激光器、时序控制器和实验台架，系统实验装置如图 6-2 所示。

图 6-2 三维重构实验装置

1. 高分辨率 CCD 相机

在非接触式三维形貌测量方法中，CCD 相机是比较常见的图像采集装置，由一系列相邻的 MOS 存储单元组成，CCD 相机的基本功能是电荷的存储和电荷的移动。

CCD 相机的工作过程如图 6-3 所示，当光源中的光照射到场景中的物体上后，物体所反射的光先由 CCD 接收并进行光电转换，所得到的电信号再经量化就可形成空间和幅度均离散化的灰度图。

图 6-3 CCD 图像采集原理

根据实验要求，选用美国 Imperx 公司的 Bobcat B0620 CCD 相机，其分辨率为 6600×4400，像素数为 1100 万～1600 万，最小曝光时间不大于 $400\mu s$，工作模式为自由运转，外触发。

2. 站内触发组件

站内触发组件，是感知弹丸进入三维重构系统，为系统启动时序控制器，继而启动激光控制器和相机控制器开始延时的信号感知和信号输出组件。

三维重构系统中的外弹道段站内触发组件采用红外光幕靶触发。红外光幕对照相视场全覆盖，光幕厚为 2mm，波长为 920nm，响应时间小于 $1\mu s$，延迟时间小于 $2\mu s$。站内触发组件如图 6-4 所示。

3. 时序控制器

时序控制器能够实现时序控制和测时功能，是系统的核心控制部件。它一方面

图 6-4　站内触发组件

连接工控机,与控制软件配合组成一个相机控制器;另一方面又与外部设备触发组件、相机、激光器等连接,接收外部信号并在恰当的时候触发外部设备有序配合工作,图 6-5 为时序控制器与外围设备连接图。

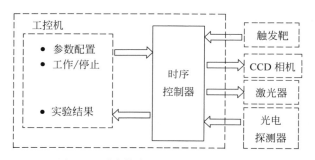

图 6-5　时序控制器与外围设备连接图

时序控制器分为 PCI 桥、FPGA、缓冲、外部接口和电源 5 个功能部分,如图 6-6 所示。

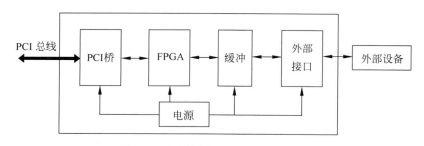

图 6-6　时序控制器功能部分组成图

图 6-7 中的 3、4、5 接口插件主要是时序控制器与外接设备的连接端口示意图。图 6-8 是连接端口实物图。

4. 脉冲激光器

脉冲激光器是单个激光脉冲宽度小于 0.25s、每间隔一定时间才工作一次的激

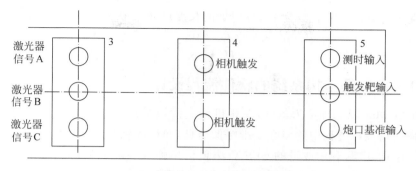

图 6-7　时序控制器与外接设备的连接端口示意图

图 6-8　时序控制器与外接设备的连接端口实物图

光器,它具有较大输出功率,适合于瞬间工作。脉冲激光器的组成和调 Q 技术是得到脉冲激光的两个关键,本系统采用的脉冲激光器由 YAG 激光晶体、聚光腔、半导体泵浦模块、调 Q 晶体、偏振片、全反射镜、输出镜、倍频晶体等组成,如图 6-9 所示。

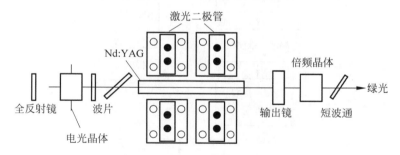

图 6-9　多脉冲激光器组成

根据工作波长的要求,激光器的工作物质选择 YAG 激光晶体,其工作波长为$1.064\mu m$。YAG 激光晶体采用精选军品特优级,以保证激光器具有优良的品质,采用 808nm 波长的阵列半导体激光二极管作为激光晶体的泵浦光源。

5. 成像屏幕组件

成像屏幕由反射屏、被衬板组成,是目标成像的背景屏幕。

如果照相在弹道线上视场为 S,对应反射屏的有效宽度尺寸为 H'。与此方向垂直即弹丸飞行方向对应视场为 W,反射屏的长度尺寸 L 按照式(6-1)进行计算。

$$\frac{L}{H'} = \frac{W}{S} \tag{6-1}$$

6.1.4 三维重构系统的软件流程设计

本书以 Mar 视觉理论为基础,在相机标定阶段采用张正友标定法,然后通过相机拍摄弹丸在飞行过程中的多幅二维图像信息,通过数字图像处理技术,对获取的图像进行图像预处理,利用改进的 SFS 算法重构出弹丸表面的局部三维模型,再通过三维立体模型的特征点提取与匹配,结合标定求取的内外参数值,确定空间点的三维坐标,计算局部三维模型间的坐标转换关系,对局部模型进行拼接,运用图像融合技术进行优化,实现弹丸的三维重构[233]。在参考国内比较成熟的三维重构系统基础之上,针对实际的实验环境,本书设计了一个较为完整的三维重构系统,软件系统框图如图 6-10 所示。

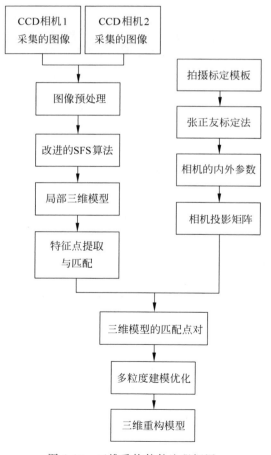

图 6-10 三维重构软件流程框图

6.2　目标特征点提取

三维立体模型是具有图像纹理的,其特征点的提取就是利用图像特征,通常所用的图像特征是提取图像角点。首先在三维立体模型对应的 CCD 相机获取的两幅图像上提取角点,再将两幅图像上的角点匹配,计算出该点的空间点坐标,即所需要的特征点坐标。

6.2.1　图像角点的提取与匹配

在研究角点检测与图像的立体匹配的过程中,通过比较经典的角点检测算法的优缺点,同时为了使提取的特征角点更加稳定有效,选用 Harris 算法和 SUSAN 算法相融合的角点提取方法,提取待匹配图像中的特征角点,并应用于相应的图像匹配算法中。

角点匹配的精度直接影响了特征点提取的好坏。为了使得两台相机获得的图像上的角点能够快速匹配,充分利用三维立体模型上的 3D 坐标数据。3D 坐标数据包括各个点分别在相机 1 和相机 2 获取图像上的图像坐标以及它们的三维空间坐标。若 CCD 相机 1 获取图像的某个角点附近有三维空间坐标数据,则在 CCD 相机 2 获取图像的匹配点必定也在这些数据附近。确定图像上一个角点的匹配点在另一图像上的搜索区域,对区域里的所有角点利用归一化积相关(Normalized Product Correlation,NPC)的方法计算相似度。

假设两台 CCD 相机获取的两幅图像的像素大小为 $M \times N$。在相机 2 获取的图像中建立一个 $m \times n$ 的矩形搜索窗口,在这个窗口中搜寻相机 1 获取的图像中某一角点 $m_1(u_1,v_1)$ 相对应的匹配点 $m_2(u_2,v_2)$,并对搜索到的匹配点对进行相关计算,可得到归一化积相关法的定义:

$$\text{NPC} = \frac{\sum_{i=1}^{N}\sum_{j=1}^{M}[I_1(u_1+i,v_1+j)-\overline{I_1(u_1,v_1)}][I_2(u_2+i,v_2+j)-\overline{I_2(u_2,v_2)}]}{\sqrt{\sum_{i=1}^{N}\sum_{j=1}^{M}[I_1(u_1+i,v_1+j)-\overline{I_1(u_1,v_1)}]^2}\sqrt{\sum_{i=1}^{N}\sum_{j=1}^{M}[I_2(u_2+i,v_2+j)-\overline{I_2(u_2,v_2)}]^2}}$$

$$(6\text{-}2)$$

式中,(i,j) 表示两幅待匹配图像在各自图像 $I_k(k=1,2)$ 中的像素坐标;$\overline{I_k(u_k,v_k)} = \frac{1}{MN}\sum_{i=1}^{N}\sum_{j=1}^{M}I_k(u_k+i,v_k+j)$ 是图像 $I_k(k=1,2)$ 在点 $(u_k,v_k)(k=1,2)$ 处的像素平均值。

利用归一化积相关法对待匹配的两幅图像进行相关计算,通过计算所得的 NPC 值来判定两幅待匹配图像的相关程度,且 $-1 \leqslant \text{NPC} \leqslant 1$。NPC 值越接近 1,就表示两幅图像间的相似性程度越高。若 NPC 值等于 1,那么这两幅图像完全匹配,相似性程度最高。若 NPC 值等于 -1，则表示这两幅图像完全不匹配，相似性程度最低。在本书中，设定的阈值为 0.8，并将大于此阈值的点作为最终的匹配候选点。

6.2.2　特征点空间坐标计算

将三维立体模型的两幅图像的角点匹配之后，计算特征点的空间坐标，即能获取特征点。本书通过坐标重建，从二维图像中恢复三维立体信息，计算出空间点的三维坐标[234]。

空间点三维重建的基本模型如图 6-11 所示，对于空间物体表面任意一点 $P(X, Y, Z)$，在 C_1 相机的图像上的图像平面坐标为 (r_1, c_1)，在 C_2 相机的图像平面坐标为 (r_2, c_2)。坐标重建的任务是已知 (r_1, c_1) 和 (r_2, c_2)，以及相机的参数，求解空间坐标 $P(X, Y, Z)$。

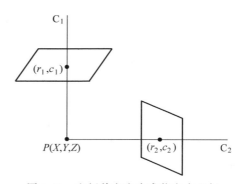

图 6-11　空间前方交会求物方点坐标

由于相机的参数是已知的，对于带畸变的相机模型式(6-2)来说，单个相机只有两个方程，需求解 3 个未知数。当立体成像时，相机 C_1 和相机 C_2 总共可列出 4 个方程，需求解 3 个未知数，可用最小二乘法来解决。

相机的成像模型：

$$\begin{cases} \dfrac{a_1 X + a_2 Y + a_3 Z + X_o}{c_1 X + c_2 Y + c_3 Z + X_o} = u + \sigma_u(u, v) \\[3mm] \dfrac{b_1 X + b_2 Y + b_3 Z + Y_o}{c_1 X + c_2 Y + c_3 Z + X_o} = v + \sigma_u(u, v) \end{cases} \tag{6-3}$$

式中，(X_o, Y_o, Z_o) 是投影中心 O 在物方坐标系里的坐标；(u, v) 是点 P 在像平面中的坐标；$\sigma_u(u, v)$ 和 $\sigma_v(u, v)$ 是相机的畸变系数。

由于相机的参数已知，式(6-2)右边可解，令 $u_F = u + \sigma_u(u, v)$，$v_F = v + \sigma_v(u, v)$，那么对于相机 C_1 有

$$\begin{cases} \dfrac{a_{11} X + a_{12} Y + a_{13} Z + X_{1o}}{c_{11} X + c_{12} Y + c_{13} Z + X_{1o}} = u_{1F} \\[3mm] \dfrac{b_{11} X + b_{12} Y + b_{13} Z + Y_{1o}}{c_{11} X + c_{12} Y + c_{13} Z + X_{1o}} = v_{1F} \end{cases} \tag{6-4}$$

可写成如下形式：

$$\begin{cases}(a_{11}-u_{1F}c_{11})X+(a_{12}-u_{1F}c_{12})Y+(a_{13}-u_{1F}c_{13})Z=u_{1F}Z_{1o}-X_{1o}\\(b_{11}-v_{1F}c_{11})X+(b_{12}-v_{1F}c_{12})Y+(b_{13}-v_{1F}c_{13})Z=v_{1F}Z_{1o}-X_{1o}\end{cases} \quad (6-5)$$

同理相机 C_2 也有关系式：

$$\begin{cases}(a_{21}-u_{2F}c_{21})X+(a_{22}-u_{2F}c_{22})Y+(a_{23}-u_{2F}c_{23})Z=u_{2F}Z_{2o}-X_{2o}\\(b_{21}-v_{2F}c_{21})X+(b_{22}-v_{2F}c_{22})Y+(b_{23}-v_{2F}c_{23})Z=v_{2F}Z_{2o}-X_{2o}\end{cases} \quad (6-6)$$

将式(6-5)和式(6-6)构成一个方程组,并且该方程组是线性的,可以通过线性最小二乘法求出点 P 的空间坐标 (X,Y,Z)。

6.3　目标多粒度模型的特征点匹配

特征点匹配是三维重构中的一个重要步骤,在特征点提取的基础上实现两幅图像间的像素匹配[235]。特征点匹配的原理就是在两幅图像中的某一幅图像上的特征点,通过一定的匹配准则可以在另一幅图像上找到与它相对应的匹配点,使空间中的目标物体表面的某一点在两幅待匹配图像上的投影成像点可以还原至三维空间中的同一位置[236]。本书通过特征点的获取得到两个三维立体模型的特征点点集,经过粗粒度匹配和细粒度匹配将这两组特征点一一匹配。

6.3.1　粗粒度匹配

粗粒度匹配与特征点获取时的角点匹配一样,都是根据图像的灰度信息进行归一化积相关法匹配,称之为平面约束。粗粒度匹配不能再利用三维点云数据确定匹配点的搜索区域,因为两个三维立体模型的三维点云数据都不是相关的,只能采用遍历法寻找匹配点。由于相机 C_1 获取的图像中的特征点在相机 C_2 中的匹配点可能不止一个(同样,相机 C_2 获取的图像中的特征点在相机 C_1 中的匹配点可能不止一个),故形成两组匹配点集 $\{a_i\}$、$\{b_i\}$,两个点集中的点都是一一对应的,匹配点将从点集中筛选得出。

6.3.2　细粒度匹配

粗粒度匹配不仅耗时,匹配精度也值得怀疑。细粒度匹配可以剔除粗粒度匹配后的匹配误差点。本书利用空间约束法实现细粒度匹配,即空间两点距离的客观不变性。

点集 $\{a_i\}$ 里的第 i 点与第 j 点的距离 $d_{a_ia_j}$ 对应点集 $\{b_i\}$ 里两点距离 $d_{b_ib_j}$ 的绝对误差最小的两对匹配点,即可认为它们分别真实代表着同一个点,当作参考点 $\{a_1,a_2\}$、$\{b_1,b_2\}$。实验证明：此处的距离误差用绝对误差较相对误差更科学,点的匹配精度只和点的位置有关,与两点距离无关[237]。

判断 a_i 和 b_i 为正确匹配点的方法如图 6-12 所示,记 $a_i \sim a_j$ 的距离与 $b_i \sim b_j$ 的距离误差为 $|d_{a_i a_j} - d_{b_i b_j}|$,当 $|d_{a_i a_1} - d_{b_i b_1}|$ 和 $|d_{a_i a_2} - d_{b_i b_2}|$ 同时小于一定的区域 T_2 时,则认为 a_i 和 b_i 为正确的匹配点,否则当作误匹配点,从点集 $\{a_i\}\{b_i\}$ 中剔除。

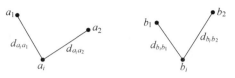

图 6-12   空间约束匹配原理图

经过匹配,局部模型的三维坐标数据和它所对应图像的像素点一一对应,根据图像间特征点的对应关系,就可以提取出对应的三维坐标数据点集对。

6.3.3   匹配精度分析

为了直观地检验匹配方法的匹配效果,拟定了一个验证某种方法的匹配精度表达式:

$$\Delta = \frac{1}{N \times (N-1)} \sum_{i=1}^{N} \sum_{j=1}^{N} | d_{a_i a_j} - d_{b_i b_j} |, \quad i \neq j \qquad (6\text{-}7)$$

式中,Δ 表示在两个模型上,任意两对匹配点之间的空间距离的绝对误差。由于距离 $d_{a_i a_j}$、$d_{b_i b_j}$ 的单位均为毫米(mm),Δ 的单位也为毫米(mm)。Δ 越小,精度越高。

6.4   坐标转换

三维弹丸拼接的关键是确定局部模型之间的坐标转换关系矩阵。记空间中的一点 P 在模型 1 坐标系下表示为 $\boldsymbol{a}_P$,在模型 2 坐标系下表示为 $\boldsymbol{b}_P$,它们必然满足如下关系式:

$$\boldsymbol{a}_P = \boldsymbol{R}\boldsymbol{b}_P + \boldsymbol{T} \qquad (6\text{-}8)$$

式中,$\boldsymbol{R}$ 是 3×3 正交旋转矩阵;$\boldsymbol{T}$ 是平移向量;$\boldsymbol{R}$ 和 $\boldsymbol{T}$ 共同描述了模型 1 和模型 2 之间的坐标转换关系。显然只要确定出 $\boldsymbol{R}$ 和 $\boldsymbol{T}$,就可以将局部模型 1 和模型 2 统一到同一坐标系下,从而拼接在一起。

由于旋转矩阵 $\boldsymbol{R}$ 和平移向量 $\boldsymbol{T}$ 具有不同的量纲,需要分别处理,所以在求解转换关系时采用了分离 $\boldsymbol{R}$ 和 $\boldsymbol{T}$ 的策略,先求解旋转矩阵 $\boldsymbol{R}$,再求解平移向量 $\boldsymbol{T}$。下面从局部模型 1 和模型 2 的对应点集对 $\{a_i\}$ 和 $\{b_i\}$($i=0,\cdots,n$)出发,确定它们之间的坐标变换关系。

6.4.1   旋转矩阵的 Cayley 变换

旋转矩阵 $\boldsymbol{R}$ 形式上具有 9 个自由度,但由于正交矩阵的特殊性,实际上,旋转矩阵只有 3 个自由度,也即 9 元素的旋转矩阵本身具有 6 个独立的约束条件。理论上只需要建立 3 个独立的约束条件就可以求解出 $\boldsymbol{R}$,但是旋转矩阵自身的 6 个约束条件是非线性的,在求解时具有一定的困难。另外,如果不考虑旋转矩阵的正交性,而由公共点集提供多于 9 个的线性约束方程直接拟合 $\boldsymbol{R}$,在误差存在的情况下旋转矩阵的正交性没有保证,破坏了刚性变换的原则[238]。庆幸的是,利用旋转矩阵的 Cayley 变换,可以用 3 个独立的变量构造出一个旋转矩阵,这一变换是可逆的,可以很容易地导出关于这 3 个变量的线性约束方程。

对于任意的一个非 0 的三维向量 $\boldsymbol{\omega} = [\omega_1 \quad \omega_2 \quad \omega_3]^{\mathrm{T}}$,可以构造出反对称矩阵:

$$\boldsymbol{\Omega} = \mathrm{Spin}(\boldsymbol{\omega}) = \begin{bmatrix} 0 & -\omega_3 & \omega_2 \\ \omega_3 & 0 & -\omega_1 \\ -\omega_2 & \omega_1 & 0 \end{bmatrix} \tag{6-9}$$

对反对称矩阵 $\boldsymbol{\Omega}$ 应用 Cayley 变换,得到一个正交矩阵:

$$\boldsymbol{R} = [\boldsymbol{I} + \boldsymbol{\Omega}][\boldsymbol{I} - \boldsymbol{\Omega}]^{-1} = [\boldsymbol{I} + \mathrm{Spin}(\boldsymbol{\omega})][\boldsymbol{I} - \mathrm{Spin}(\boldsymbol{\omega})]^{-1} \tag{6-10}$$

$\boldsymbol{R}$ 既然是一个正交矩阵,也就是一个旋转矩阵。它的逆变换如下:

$$\boldsymbol{\Omega} = [\boldsymbol{R} + \boldsymbol{I}]^{-1}[\boldsymbol{R} - \boldsymbol{I}] \tag{6-11}$$

式(6-11)建立了旋转矩阵 $\boldsymbol{R}$ 与非 0 向量 $\boldsymbol{\omega}$ 的对应关系。实际上,由旋转矩阵 $\boldsymbol{R}$ 描述的旋转变换可以解释为绕向量 $\boldsymbol{\omega}$ 表示的空间轴旋转一个角度为 $2\mathrm{arctan}(|\boldsymbol{\omega}|)$ 的旋转运动。

6.4.2　旋转矩阵和平移向量

根据刚性物体上的向量长度的旋转和平移不变性,具体来说就是同一场景向量出现在不同的局部模型中,可以有不同的向量表示,但向量的长度是相等的。记局部模型 1 中三维数据点集 $\{a_i\}$,模型 2 中的三维数据点集 $\{b_i\}$,对应的空间独立向量集对为 $\{\boldsymbol{v}_{a_i}\}$ 和 $\{\boldsymbol{v}_{b_i}\}$,其中,$\boldsymbol{v}_{a_i} = a_i - a_{i+1}$,$\boldsymbol{v}_{b_i} = b_i - b_{i+1}$,$i = 0, 1, \cdots, n-1$。向量 $\boldsymbol{v}_{a_i}$ 和 $\boldsymbol{v}_{b_i}$ 是空间同一向量分别在模型 1 和模型 2 坐标系下的表示,满足如下的关系式:

$$\boldsymbol{v}_{a_i} = \boldsymbol{R} \boldsymbol{v}_{b_i} \tag{6-12}$$

结合式(6-10)和式(6-11),可以导出如下关系式:

$$\boldsymbol{v}_{a_i} - \boldsymbol{v}_{b_i} = \boldsymbol{\Omega}(\boldsymbol{v}_{a_i} + \boldsymbol{v}_{b_i}) = \mathrm{Spin}(\boldsymbol{\omega})(\boldsymbol{v}_{a_i} + \boldsymbol{v}_{b_i}) = -\mathrm{Spin}(\boldsymbol{v}_{a_i} + \boldsymbol{v}_{b_i})\boldsymbol{\omega} \tag{6-13}$$

式(6-13)给出了三维向量 $\boldsymbol{\omega}$ 的线性约束方程,这一方程可以由旋动理论的旋转变换关系导出。注意到反对称矩阵的秩为 2,所以最少需要两个场景向量在模型 1 和模型 2 上的表示才能求解向量 $\boldsymbol{\omega}$,这要求向量集个数 $n \geqslant 2$。由 n 个式(6-12)组成如下的超定线性方程系:

$$\begin{bmatrix} -\mathrm{Spin}(\boldsymbol{v}_{a_0} + \boldsymbol{v}_{b_0}) \\ -\mathrm{Spin}(\boldsymbol{v}_{a_1} + \boldsymbol{v}_{b_1}) \\ \vdots \\ -\mathrm{Spin}(\boldsymbol{v}_{a_{n-1}} + \boldsymbol{v}_{b_{n-1}}) \end{bmatrix} \begin{bmatrix} \omega_1 \\ \omega_2 \\ \omega_3 \end{bmatrix} = \begin{bmatrix} \boldsymbol{v}_{a_0} - \boldsymbol{v}_{b_0} \\ \boldsymbol{v}_{a_1} - \boldsymbol{v}_{b_1} \\ \vdots \\ \boldsymbol{v}_{a_{n-1}} - \boldsymbol{v}_{b_{n-1}} \end{bmatrix} \tag{6-14}$$

运用最小二乘法,由上式拟合出向量 $\boldsymbol{\omega}$,然后代入式(6-9)即可得到旋转矩阵 $\boldsymbol{R}$ 。当确定了旋转矩阵 $\boldsymbol{R}$ 后,平移向量的求解比较简单,一般采用如下公式计算:

$$T = \frac{1}{n+1} \sum_{i=0}^{n} (\boldsymbol{a}_i - \boldsymbol{R}\boldsymbol{b}_i) \tag{6-15}$$

式(6-15)也是基于最小平方误差的原理给出的。

6.5 径向权图像融合

径向权图像融合方法是基于这样一种思想:多幅图像经过边缘检测及特征点对提取后进行拼接,拼接的图像在拼接边缘仍存在颜色值及光线饱和度的跳变现象,这使得拼接的图像具有明显的人工切割痕迹。为消除这种现象,把径向权函数引入图像处理过程中,在基于一个像素点距的支撑域中,通过对 4 个径向权函数与 4 个像素点属性值之间的加权融合,把拼接处的图像平滑过渡。

图 6-13 就是图像中一个像素点距的径向函数的支撑域。因边缘检测与特征点集对都是基于半个像素大小进行切割与匹配图像的,又由于一幅图像的像素点排列整齐有序,故图像拼接处可以按照两幅半像素点距进行拟合拼接。图中 A、B、C、D 为像素点中心。分别以 A、B、C、D 为圆心,以一个像素点距为半径作圆,可以得到 4 个圆,这 4 个圆的拼接域就是正方形 $ABCD$。且 AB 长为一个像素点距,正方形 $ABCD$ 就是一个完整的像素点块。

径向权函数的定义与选取非常重要,这里,以正方形 $ABCD$ 的中心点 O 为圆心,以一个像素点距 l 为半径构造一个圆,由圆心向圆周作一个从 $1{\sim}0$ 的径向函数,如图 6-14 所示。表现为一个以圆内区域为支撑域的草帽形径向衰减函数,高斯函数就是这种函数的典型代表。同理,以 A、B、C、D 为中心,一个像素距为半径的 4 个圆也可以作 4 个径向权函数。在一个拼接域内,相邻像素点块对它的覆盖问题就演变为覆盖该拼接域的径向权函数有且仅有与之相邻的那 4 个像素点块的径向权函数。

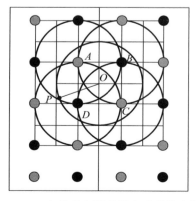

图 6-13 一个像素点距的径向函数的支撑域

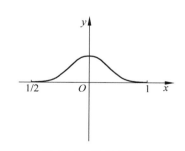

图 6-14 径向权函数

像素点块的融合加权方法如下：

图 6-15 给出了该方法融合两条参数曲线的例子。曲线 MON 与 SPT 是两条参数曲线，它们分别由两个径向权函数控制。在两个权函数的共同支撑区域内，设曲线段 ON 与 SP 均取自然参数形式，则对于同一个参数 t，可得两条曲线上的两个点 G_1 与 G_2，由权函数可得此两点的径向权 k_1 和 k_2。最终可得 G_1 与 G_2 的融合 G：

$$G = \frac{k_1 G_1 + k_2 G_2}{\sqrt{k_1^2 + k_2^2}} \tag{6-16}$$

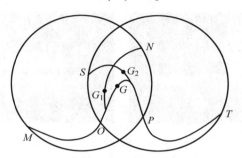

图 6-15　径向权曲线融合示意图

对于覆盖在同一拼接域上的 4 幅扩像素点块，设 $G_p(i,j)$ 与 $k_p(i,j)$（$p=0,1,2,3; i,j=0,1,\cdots,2n-1$）的坐标分别为 (i,j) 处的高度值及相应的权函数值，则这 4 幅扩展块的融合 $G_p(i,j)$ 为

$$G_p(i,j) = \Big[\sum_{p=0}^{3} k_p(i,j) G_p(i,j) \Big] \cdot \Big[\sum_{p=0}^{3} k_p(i,j)^2 \Big]^{-1/2} \tag{6-17}$$

像素点块和权函数都具有一定的连续性，上述融合方法可以有效地消除弹丸表面拼接处的人工拼接断痕；进一步地，由于权函数的有限支撑性和覆盖区域的特征，两个相邻拼接域之间的边界处也不会出现新的断痕[239]。

6.6　三维重构实验与精度分析

6.6.1　实验过程

为了验证本书算法的有效性和实用性，本书对实际拍摄物体进行了重构实验。所拍摄的物体为弹丸飞行过程中的图像。

（1）相机的标定。相机标定采用步骤简单、精度较高的张正友平面标定法，通过第 2 章的实验，相机的内外参数为

$$\boldsymbol{K}_1 = \begin{bmatrix} 4411.26 & 0 & 3283.46 \\ 0 & 4407.91 & 2366.08 \\ 0 & 0 & 1 \end{bmatrix}, \quad \boldsymbol{K}_2 = \begin{bmatrix} 4469.79 & 0 & 3298.51 \\ 0 & 4463.47 & 2119.38 \\ 0 & 0 & 1 \end{bmatrix}$$

$$R = \begin{bmatrix} -0.854 & 0.519 & -0.016 \\ -0.512 & -0.847 & -0.143 \\ -0.087 & -0.114 & 0.989 \end{bmatrix}, \quad T = \begin{bmatrix} 2.117 & 2.111 & -0.115 \end{bmatrix}^{\mathrm{T}}$$

其中，K_1 为 CCD 相机 1 的内参数矩阵；K_2 为 CCD 相机 2 的内参数矩阵；R 和 T 分别为相机 1 和相机 2 之间的旋转和平移矩阵。

（2）图像采集。在相机标定之后，相机 1 和相机 2 固定不动，同时从两个不同角度对待测物进行拍照，获取图像如图 6-16 所示。

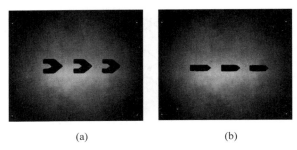

(a)　　　　　　　　　　(b)

图 6-16　弹丸正面和侧面图像

(a) 相机 1 获取的图像；(b) 相机 2 获取的图像

（3）图像预处理。采用中值滤波的方法对图像进行滤波，然后对图像进行灰度化、二值化、边缘检测和角点检测，获得的图像如图 6-17 所示。

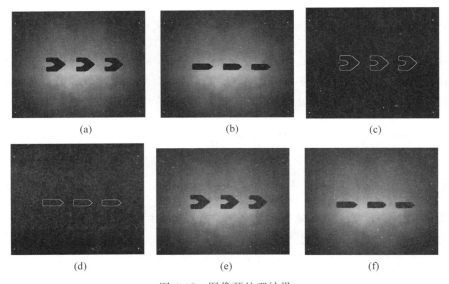

(a)　　　　　　　　　　(b)　　　　　　　　　　(c)

(d)　　　　　　　　　　(e)　　　　　　　　　　(f)

图 6-17　图像预处理结果

(a) 相机 1 图像灰度化；(b) 相机 2 图像灰度化；(c) 相机 1 图像边缘检测；(d) 相机 2 图像边缘检测；
(e) 相机 1 图像角点检测；(f) 相机 2 图像角点检测

（4）SFS算法的实现。首先采用SFS算法对灰度图进行三维形貌恢复,然后利用图像边缘检测获得的二维图形对三维形貌信息进行优化,剔除弹丸的背景信息,实验结果如图6-18所示。

(a)　　　　　　　　　　　　　　(b)

图 6-18　SFS算法的实现

(a) 局部模型 1；(b) 局部模型 2

（5）三维弹丸多粒度建模优化。利用SFS算法恢复出弹丸的局部三维模型,对三维模型进行特征点提取和立体匹配,运用坐标转换关系进行拼接优化,再通过图像融合技术完成弹丸的无缝拼接,实验结果如图6-19所示,图6-19(a)和(b)为局部模型角点检测图,图6-19(c)为弹丸三维重构结果,图6-19(d)～(f)为弹丸不同角度的显示结果。与弹丸实物图比较发现,三维重构结果形状符合原物、真实感强,可视效果好。因此,本书算法能够实现弹丸的三维重构。

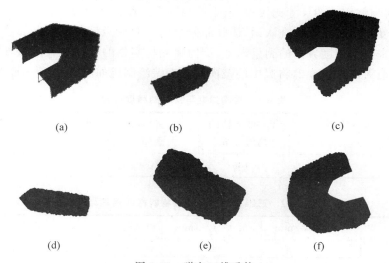

(a)　　　　　　　　(b)　　　　　　　　(c)

(d)　　　　　　　　(e)　　　　　　　　(f)

图 6-19　弹丸三维重构

(a) 局部模型 1 的角点检测；(b) 局部模型 2 的角点检测；(c) 弹丸的三维重构结果；(d) 弹丸的侧视图(1)；
(e) 弹丸的侧视图(2)；(f) 弹丸的侧视图(3)

6.6.2　重构精度分析

对于弹丸,曲面上各点都有精确的尺寸,可以将各点的三维重构数据与真实数据进行比较,以检验三维重构结果的精度[240]。

由于弹丸所在的二维图像中含有 128×128 个像素,故其三维重构结果中也含有 128×128 个三维尺寸。图像的像素是等间隔存在的,可以认为三维重构结果是将被测场景横向等间隔地分为 128 个被测截面,对每一个被测截面又等间隔地分为 128 个测量点,所以二维图像中测量点的个数为 128×128 个。

由于相机的平面成像是等比例的放大或者缩小,故可以将图像的像素按照物体所在的平面场景在 x 和 y 方向上分别进行 128 等分。假设二维图像左下角为坐标原点,则图像上每个平面点的真实尺寸可以等比例获得。用游标卡尺对弹丸进行测量,测得最大直径为 24.52mm(多次测量的平均值),所覆盖的像素个数为 43 个,则一个像素点代表的实际距离 δ 为

$$\delta = 24.52/43 = 0.57(\mathrm{mm})$$

根据每个截面上物体所覆盖的像素数和每个像素所代表的实际距离,就可以计算出物体各个截面在 Z 方向上的实际长度,即弹丸对应测量点的真实高度信息[241]。获得真实尺寸后,可对测量结果进行分析。

根据上面获取的弹丸表面数据,采用三维实体误差与截面曲线误差来对本书研究方法的测量数据进行精度的评价分析。

由于弹丸所在截面号为 10~119,而每个截面上弹丸又覆盖了 30~56 个像素不等,所以与物体相关的尺寸比较多,由于篇幅关系这些尺寸误差不再一一罗列。为了对恢复精度误差有一个直观认识,选取部分截面上对应点恢复高度与真实高度误差的平均值来衡量高度方向的测量误差,重构弹丸与实物的精度比较见表 6-1,截面误差的平均值大小见表 6-2,将表中的截面平均误差绘制成如图 6-20 所示曲线。

表 6-1　重构弹丸与实物的精度比较

	平均误差 /mm	误差绝对值的均值/mm	负向误差最大值/mm	正向误差最大值/mm	相对误差 /(100%)
重构弹丸	1.0862	1.1003	−0.0964	2.5379	0.0368

表 6-2　三维重构弹丸与实物的截面误差比较

截面号	平均误差/mm	最大误差/mm	误差的标准差/mm	相对误差/(100%)
1	0	0	0	0
10	0	0	0	0
15	2.5379	1.0218	0.6951	0.0513
20	2.0322	0.9983	0.6761	0.0328
25	2.2008	1.0963	0.8652	0.0527
30	2.1216	1.0597	0.8545	0.0482
35	2.1277	1.1963	0.8968	0.0583
40	1.8338	0.1864	0.9256	0.0524

续表

截面号	平均误差/mm	最大误差/mm	误差的标准差/mm	相对误差/(100%)
45	1.6863	1.1356	1.0159	0.0508
50	1.2432	1.2130	1.0096	0.0536
55	0.9930	1.0151	0.6156	0.0351
60	0.6909	0.9658	0.5984	0.0294
65	0.5221	0.8724	0.5121	0.0248
70	0.3872	0.7159	0.4957	0.0195
75	0.3331	0.6521	0.3982	0.0184
80	0.3154	0.6342	0.3894	0.0159
85	0.3108	0.6125	0.3621	0.0137
90	0.2923	0.6351	0.3824	0.0176
95	0.3796	0.8256	0.4028	0.0214
100	0.6121	0.7969	0.3957	0.0209
105	0.5703	0.8975	0.5982	0.0301
110	1.0611	1.0635	0.8213	0.0317
115	2.0562	1.2309	1.0029	0.1649
120	0	0	0	0
128	0	0	0	0

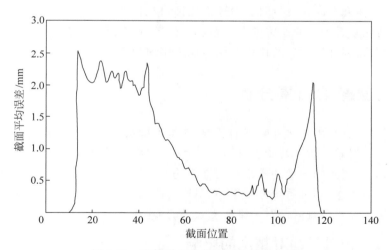

图 6-20　重构弹丸的截面平均误差曲线

从以上测量结果可以看出,本书采用的三维重构方法可以大大提高图像的三维重构效果,平均误差为 1.0862mm,相对误差为 3.68%。由图 6-20 可以看到,误差突变点主要出现在边缘部位和弹丸直径变化的部分,对于半径变化不大和边缘少的部位三维重构的误差较小,主要原因是弹丸与背景边界灰度的不连续所造成的。

6.6.3 重构计算

在重构出弹丸的三维轮廓图后,可以对三维重构体进行体积重估。在应用中,通过计算出的体积重构值与原体积值进行比较,定性地评估出待测物表面的损耗情况。

重估的核心在于对三维物体体积的计算。本系统采用的方法是:在 x 轴方向上用间距为一个像素的一组平行平面将三维轮廓图截成数百个体积元,这些体积元的高度均为一个像素。在每个体积元内,对其截面进行封闭处理,之后通过积分计算其截面面积,用此面积乘以一个像素代表的高度值,就可以得到体积元的体积。通过此方法求出所有体积元的体积并将它们叠加,可以计算出重构体体积,完成体积重估。在实际使用时,由于作为待测物的快速飞行体的原体积难以直接测出,而其原质量则易于测量,所以可以采用将质量除以待测物密度转化为体积。重估计算的具体流程如图 6-21 所示。

本书重构出的弹丸体积为 $7287mm^3$,而发射前铝制弹丸的质量为 $22.19g$,铝的密度为 $2.69g/cm^3$,故求得发射前弹丸的体积约为 $8249mm^3$,所以,发射后重构体与发射前原体积之比为 76.2%,由于弹丸在高速飞行时会因表面烧蚀出现体积损耗,所以无法判断此套系统对瞬态物的重构精度。但若排除系统本身的精度因素,则弹丸发射后的体积与原体积之比约为 76.2%。

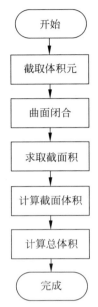

图 6-21　体积重构流程图

6.7　精度影响因素分析

在实际应用中,由于多种因素的影响,三维重构系统在对待测物进行测量时必然会存在一定的误差。对于视觉测量而言,被测物的第一手资料是通过 CCD 相机获取的图像,因此采集到的图像的质量对三维重构精度有直接的影响。影响图像质量的因素有镜头的景深、相机系统分辨率、光源均匀性和图像的预处理技术等。下面从实验测量结果来分析各种因素对三维恢复效果的影响。

6.7.1 相机景深对精度的影响

影响物体三维重构精度的主要因素是采集到的二维图像的质量,而二维图像是由相机获得的,因此相机系统的参数对重构精度有直接的影响,其中,相机系统的景深是对重构精度影响比较大的一个性能指标[252]。

1. 景深对精度的影响

在现实中,如果弥散圆的直径小于人眼的鉴别能力,在一定范围内实际影像产生的模糊是不能辨认出的,这个不能辨认出的弥散圆称为容许弥散圆,如图6-22所示。在焦点前后各有一个容许弥散圆,这两个弥散圆之间的距离就叫景深,在景深范围内,物体成像仍然是清晰的。

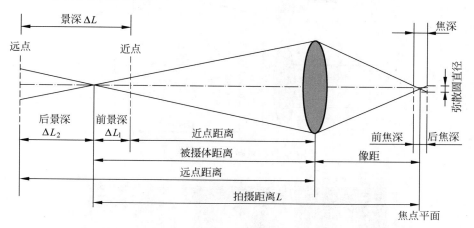

图 6-22 相机景深示意图

景深的计算公式:

前景深:$\Delta L_1 = \dfrac{F\delta L^2}{f^2 + F\delta L}$(mm); 后景深:$\Delta L_2 = \dfrac{F\delta L^2}{f^2 - F\delta L}$(mm)

景深:$\Delta L = \Delta L_1 + \Delta L_2 = \dfrac{2f^2 F\delta L^2}{f^4 + F^2\delta^2 L^2}$(mm)

式中,f 为镜头焦距;F 为镜头的拍摄光圈值;L 为对焦距离;δ 为容许弥散圆直径,容许弥散圆的直径等于成像区域对角线长度除以1730,由于本书采用的CCD型号为Bobcat B0620,其成像区域大小为 $7.95\text{mm} \times 6.45\text{mm}$,所以本系统的CCD弥散圆直径为

$$\delta = \frac{10.2374}{1730} = 0.0059(\text{mm})$$

由景深计算公式可以看出,景深与镜头光圈、镜头焦距等有关,镜头光圈对景深的影响是:光圈越大,景深越小;光圈越小,景深越大,如图6-23所示。

要想使所有的被摄景物在画面上都能较为清晰地显现,则需要尽可能大的景深,景深越大,被摄景物的清晰度也就越高。欲取最大景深的最简易的方法就是缩小光圈,尽可能使用相机上的最小光圈。

2. 不同景深下三维重构实验结果

本书在光源、焦距、对焦距离及容许弥散圆直径相同的情况下,通过手动调整光圈值来改变镜头的景深,图6-24为光圈值改变、其他参数恒定的情况下采集的图像。

从以上实验结果可以看出,随着光圈值的增大,景深也不断地提高,它们之间的

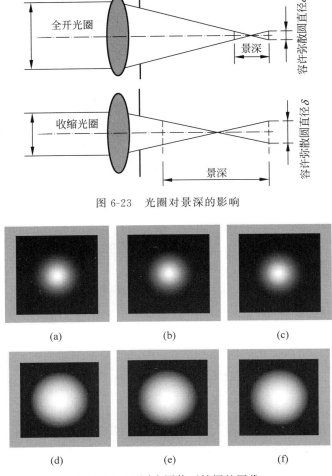

图 6-23　光圈对景深的影响

(a)　　　　　　　　(b)　　　　　　　　(c)

(d)　　　　　　　　(e)　　　　　　　　(f)

图 6-24　不同光圈值下拍摄的图像

关系接近正比关系。在由表 6-3 和图 6-25、图 6-26 可知景深由 0.5～5mm 的增加变化过程中,所拍摄的图像三维重构结果与实际结果的误差逐步减少。目前尚没有文献总结出景深变化与三维重构结果误差关系的精确公式。本实验在有限的条件下绘出了景深与误差的变化曲线关系,但是两者更准确的公式关系有待于实验设备和照明条件的进一步改进。

表 6-3　景深与误差变化关系

光 圈 值	$f/1.4$	$f/2$	$f/2.8$	$f/4$	$f/5.6$	$f/8$
景深值/mm	0.8564	1.2234	1.7128	2.4573	3.4256	4.8946
正向误差最大值/mm	5.09	6.71	5.09	5.21	6.71	5.59
负向误差最大值/mm	−10.94	−12.77	−8.02	−7.26	−7.92	−6.84
各点误差累加和/mm	60300	59510	42276	35907	33422	31937

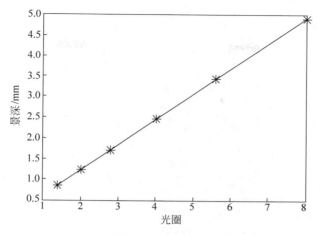

图 6-25 光圈改变与景深变化关系图

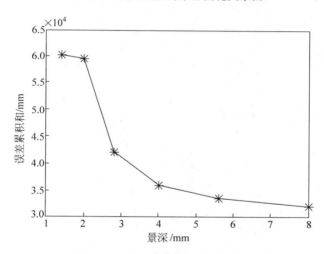

图 6-26 误差累积和与景深关系图

6.7.2 图像预处理对精度的影响

图像预处理技术主要包括图像的平滑滤波、边缘检测和角点检测。弹丸图像未经过平滑滤波进行重构,会存在噪声的干扰,重构模型表面会产生很多毛刺、不平滑;边缘检测能够剔除弹丸周围背景信息的干扰,获得更加准确的弹丸轮廓;角点检测的准确性,将会影响后续特征点的提取和匹配,造成重构精度的降低。因此,采用恰当的图像预处理技术对于增加重构模型表面的平滑性和提高三维重构的精度是十分有效的。

当然,影响精度的因素有很多,比如物体表面的反射特性、相机的参数以及镜头的畸变等都会对重构精度产生一定的影响。由于时间和设备的限制,本书尚未进行深入的探讨。

第 7 章

高速目标速度测量系统可靠性分析

7.1　概述

随着电子技术和测量技术的更新迭代和深入研究,可靠性分析技术因为其特有的优势,越来越广泛地应用在高速物体动态测量分析中,尤其是在武器外弹道非接触测量方面更加明显。系统可靠性分析是可靠性工程的重要内容和基础,对系统进行可靠性分析可以定性和定量地评价系统的设计性能,为系统的改进、优化配置等提供有价值的参考和依据。本章对复杂电子装备性能可靠性评估进行了探讨,尤其是对测速系统可靠性研究中的数据可信、统计建模、网络优化、精度分析等系列问题开展研究,具体研究内容包括:

(1) 针对高速目标测速系统数据可信度分析,研究目标测速系统的工作机理和干扰因素提取,提出一种适用于目标测速系统数据可信度分析方法。综合分析影响系统的各个因素,首先建立测速系统的层次结果模型和各影响因素的指标体系,然后对各个指标进行评定打分并计算出可信度,最后通过对影响系统各因素的元模型进行评估和专家评定打分,计算系统数据的可信度,该方法可以减小人为因素的影响,实现对测速系统数据可信度分析。

(2) 针对测速系统可靠性模型分析过程中存在的计算效率低、条件过于粗糙欠合理等问题,提出一种基于统计故障树的弹丸测速系统可靠性模型分析方法。首先根据故障树建立系统分析模型,收集各种测试条件使其更加合理、全面、丰富和科学,然后使用统计方法对各元模型进行数据信息提取,并计算其可靠度,最后运用统计故障树的定性与定量分析法对整个系统的可靠度进行分析计算,该测速系统的执行速度快、边界条件数据丰富、可靠性较高。

(3) 针对测速系统可靠性模型优化问题,提出一种基于深度BP网络的可靠性模型优化方法。首先建立系统可靠性网络模型,运用逐层无监督训练思想,采用深度学习理论挖掘出测试数据特征,自适应优化出网络模型的最优权值,实现网络模型最优。结合深度 BP 网络分析方法,解算出系统的可靠度。经与其他方法进行对比,结果表明,本方法具有数据可靠性高、计算科学合理、主观人为因素影响较小等优点,对高速目标测速系统的可靠性分析具有参考意义。

(4) 针对测速系统可靠性精度分析问题,研究测速系统的可靠性精度分析方法,综合故障树和 BP 网络可靠性建模与优化方法,形成一体化的可靠性建模与优化方法。通过实验获取数据,进行精度分析,得出测速系统可靠性较好且实验数据精度较高的结论。验证了该系统的可靠性与数据的精准性。

7.2 系统可靠性分析理论

7.2.1 层次分析法

1. 模糊层次分析法

本书以模糊层次分析法理论为分析基础,这种方法是引入模糊性矩阵来满足分析法的一致性。模糊是指对某个概念的意思和原理不太明确,是不太清楚、含糊不定的,没有制定一个明确的界限。模糊与精确相反且相对立,不能人为地将模糊性判定为差,相反,认识事物的客观性时,往往就是模糊性的。

模糊层次分析法是一种数学方法,它针对复杂且有很多因素影响的系统,能够正确判定各个影响因素对系统的影响。主要可以分为建立状态量,选择状态等级,计算权重系数,确立隶属函数模糊评判结果[242]。模糊层次分析法的评估方法在系统的评估领域应用越来越多,该分析方法可以综合性分析影响系统各个运行状态的相关因素,其中权重影响了评判方法结果的可靠度。

2. 模糊层次分析法的应用

弹丸测速系统的数据可信度评价具有模糊性。这种模糊性是多元化的,弹丸测速系统自身就不是完全准确,所以具有一定的模糊性,因为还没有一个统一的理论出现,包括它的来源不统一,表现形式也没有体系;正是因为弹丸测速系统的复杂性,就必须建立一个层次分明的模糊评价模型,分别把模糊地影响测速系统的各种因素进行一个层次化分析,将影响可信度的因素条理化[243]。影响因素经过逐层分解后,有利于提高测速系统的可信度,增强系统的稳定性并提高数据的可信度,同时也能够使测速系统在实际应用中更加科学、可实施性强、测量结果可信度高、组成要素完整性好。所以说,选取这种分析方法具有较高的合理性,也是不容置疑的。

3. 模糊层次分析法的步骤

当分析测速系统时,需要准确地凭借该方法建立测速系统的层次组成模拟结构,从而有利于增强数据结果分析的精准化和可信度。

1）模糊层次分析模型建立

（1）各层级判断矩阵的建立

根据层次分析中各个层次的指标,测速系统的每一个指标的可信度展现出的重要性,邀请专家凭借他们的丰富经验对系统的指标评价打分,并采用三角模糊函数,构造一个可信度高的判断矩阵 $A = (a_{ij})_{m \times n}$。对于测速系统的重要程度,比较层次 $a_{ij}(l_{ij}, m_{ij}, r_{ij})$ 是说明 T_i 相比于 T_j 来说的,如果相反就等于 $a_{ij} = (1/r_{ij}, 1/m_{ij}, 1/l_{ij})$。削弱人为因素造成的误差,分析各个模块的重要性,进而分别对 a_{ij} 分 9 个等级,等级从 $1 \sim 9$,使用 M_1、M_3、M_5、M_7、M_9 奇数项对应 1、3、5、7、9,偶数项 M_2、M_4、M_6、M_8 对应 2、4、6、8,如表 7-1 所示。

表 7-1　权重判断表

评价指标 A 和 B 的相对权重	评 定 定 义	解 释 说 明
M_1	同等重要	A、B 对比目标同样重要
M_3	稍微重要	A 比 B 稍微重要
M_5	重要	A 比 B 重要
M_7	明显重要	A 比 B 明显重要
M_9	非常重要	A 比 B 非常重要
M_2, M_4, M_6, M_8	中间重要值	中间状态对应值

针对弹丸测速系统数据可信度的评定与确立,需要分析涉及到的所有相关因素 T 对于整个系统 A 的影响情况。正是由于这些指标是靠人的主观意识进行划分的,就存在没有考虑到系统元素之间的相关性的概率,进而想要抵消或者减小系统误差就必须使用模糊评判法。有些问题在向专家咨询的时候,专家往往会给一些模糊的量化,故评估方法优先采用 FAHP（Fuzzy Analytic Hierarchy Process）[244]。使用该方法的优点在于既考虑到了评估专家的个人意见,同时又显示了在测试系统数据可信度评估过程时的模糊性特征,从而削弱因个人的主观因素造成的新的风险和干扰。

（2）模糊隶属函数

隶属函数定义：设域 U,如果存在 $\mu_A(x):U \to [0,1]$,则称 $\mu_A(x)$ 为 $x \in A$ 的隶属度,而一般称为 $\mu_A(x)$ 为 A 的隶属函数。元素 x 是否属于 A 可以表示为

$$\mu_A(x) = \begin{cases} 1, & x \in A \\ 0, & x \notin A \end{cases} \tag{7-1}$$

隶属函数在模糊理论中具有举足轻重的地位,它是一个隶属度,针对的是在整个系统状态评定中的各层状态量。实际应用中,隶属函数的确立需要按照真实客观的基础理论,不过因为不同人对模糊理论的见解不一致,所以需要依靠具有权威经验的相关专家的建议来建立隶属函数。通常,使用模糊分析/分布法、或者权威专家经验

法都可以建立相应的模糊函数。针对本书实际情况,最终决定采取模糊分布法建立符合要求的隶属函数,然后各状态量对各状态评级的隶属度就使用前面建立的隶属函数。

　　在其他行业中,同样也发现人们运用层次分析法中牵扯到了模糊理论。著名科研专家 Van Loargoven 首次采用层次分析方法进行排序工作,他使用了三角模糊数来进行相关的表示,当需要进行对应判断的时候,就需要引入模糊数,用三角模糊数代实数的形式和作用,计算过程中就可以利用对数最小二乘法得到矩阵的特征向量。

　　2) 模糊层次概念

　　(1) 三角模糊函数的基本概念

　　定义 1　设论域 R 上的模糊数为 M,如果 M 的隶属度函数 μ_M 满足 $R \rightarrow [0,1]$,则可以表示为

$$\mu_M(x) = \begin{cases} \dfrac{1}{m-x}x - \dfrac{l}{m-l}, & x \in [l,m] \\ \dfrac{1}{m-u}x - \dfrac{u}{m-u}, & x \in [m,u] \\ 0, & x \in (-\infty, l] \bigcup [u, +\infty) \end{cases} \tag{7-2}$$

式中,M 为三角模糊数;μ_M 为三角模糊函数。$l \leqslant m$,$l \leqslant u$,l 和 u 表示 M 的下界和上界值。M 值表示模糊的程度。

　　一般三角模糊数 M 表示为 (l,m,u)。其中,m 为 M 的隶属度为 1 的中值,当 $x=m$ 时,x 完全属于 M。l 和 u 分别为分布函数的上界限和下界限。在 l 和 u 之外的都不属于模糊数。三角分布函数如图 7-1 所示。

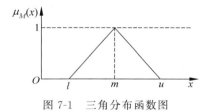

图 7-1　三角分布函数图

　　(2) 三角模糊数的运算规则

　　① 加法运算:

　　设 $M_1 = (l_1, m_1, u_1)$、$M_2 = (l_2, m_2, u_2)$ 是两个模糊函数,$T = M_1 \oplus M_2$ 的隶属函数值为 $\mu_{M_1 \oplus M_2}(z) = \sup\limits_{(x,y) \in \mathbf{R}^2} \{\min(u_{M_1}(x), u_{M_2}(y))\} = \sup\limits_{x \in \mathbf{R}} \{\min(u_{M_1}(x),$ $u_{M_2}(z-x))\}$。因为 $T = M_1 \oplus M_2$ 是连续的,隶属函数映射是 $\mathbf{R}$ 到 $[0,1]$。

　　由于 $\mu_{M_1 \oplus M_2}$ 有增加和减少的部分,所以有 $w \in [0,1]$ 且 $x,y \in \mathbf{R}$,可得到 $w = \mu_{M_1}(x) = \mu_{M_2}(y)$,使得 z 为

$$\begin{cases} z = x + y = w(m_1 - l_1) + l_1 + w(m_2 - l_2) + l_2 \\ \quad = w(m_1 + m_2 - l_1 - l_2) + l_1 + l_2 \\ z = x - y = w(m_1 + m_2 - u_1 - u_2) + u_1 + u_2 \end{cases} \tag{7-3}$$

如果 $m_1 + m_2 - l_1 - l_2 \leqslant z \leqslant m_1 + m_2$ 时可知：

$$\mu_{M_1 \oplus M_2}(z) = \frac{1}{m_1 + m_2 - l_1 - l_2} z - \frac{l_1 + l_2}{m_1 + m_2 - l_1 - l_2} \tag{7-4}$$

如果 $m_1 + m_2 \leqslant z \leqslant m_1 + m_2 + u_1 + u_2$ 时可得到

$$\mu_{M_1 \oplus M_2}(z) = \frac{1}{m_1 + m_2 - u_1 - u_2} z - \frac{u_1 + u_2}{m_1 + m_2 - u_1 - u_2} \tag{7-5}$$

根据三角模糊函数的定义可知：

$$M_1 \oplus M_2 = (l_1, m_1, u_1) \oplus (l_2, m_2, u_2) = (l_1 + l_2, m_1 + m_2, u_1 + u_2) \tag{7-6}$$

② 乘法运算：

$$\mu_{M_1 \otimes M_2}(z) = \sup_{(x,y) \in \mathbf{R}^2} \{\min(u_{M_1}(x), u_{M_2}(y))\} = \sup_{x \in \mathbf{R}} \left\{\min\left(u_{M_1}(x), u_{M_2}\left(\frac{z}{x}\right)\right)\right\} \tag{7-7}$$

可以得到三角函数的乘法运算的增加和减少的部分为

$$\begin{cases} z = x \cdot y = (w(m_1 - l_1) + l_1) \cdot (w(m_2 - l_2) + l_2) \\ \quad = wl_2(m_1 - l_1) + wl_1(m_2 - l_2) + w^2(m_1 - l_1)(m_2 - l_2) + l_1 l_2 \\ z = x \cdot y = (-w(m_1 - u_1) + u_1) \cdot (w(m_2 - u_2) + u_2) \\ \quad = wu_2(m_1 - u_1) + wu_1(m_2 - u_2) + w^2(m_1 - u_1)(m_2 - u_2) + u_1 u_2 \end{cases} \tag{7-8}$$

由上面的公式可知三角模糊函数的乘法计算公式近似为

$$M_1 \otimes M_2 \approx (l_1 l_2, m_1 m_2, u_1 u_2) \tag{7-9}$$

由乘法公式可知，当有值 λ 且 $\lambda \in \mathbf{R}, \lambda > 0$，可得到

$$\lambda \otimes M = (\lambda, \lambda, \lambda) \otimes (l, m, u) = (\lambda l, \lambda m, \lambda u) \tag{7-10}$$

③ 倒数计算公式：

令 $M = (l, m, u)$，可以得到公式：

$$\frac{1}{M} = \frac{1}{(l, m, u)} \approx \left(\frac{1}{l}, \frac{1}{m}, \frac{1}{u}\right) \tag{7-11}$$

④ 对数计算公式：

$$\mu_{\ln M}(x) = \begin{cases} \dfrac{1}{m-l} e^x - \dfrac{l}{m-l}, & x \in [\ln l, \ln m] \\ \dfrac{1}{m-u} e^x - \dfrac{u}{m-u}, & x \in [\ln m, \ln u] \\ 0, & \text{其他} \end{cases} \tag{7-12}$$

近似为

$$\ln M = \ln(l,m,u) \approx (\ln l, \ln m, \ln u) \tag{7-13}$$

⑤ 指数运算公式:

$$\mu_{\ln M}(x) = \begin{cases} \dfrac{1}{m-l}\ln x - \dfrac{l}{m-l}, & x \in [e^l, e^m] \\ \dfrac{1}{m-u}\ln x - \dfrac{u}{m-u}, & x \in [e^m, e^u] \\ 0, & \text{其他} \end{cases} \tag{7-14}$$

近似为

$$e^M = e^{(l,m,u)} \approx (e^l, e^m, e^u) \tag{7-15}$$

定义 2 若有 $M_1(l_1, m_1, u_1)$ 和 $M_2(l_2, m_2, u_2)$ 两个三角模糊函数,则 $M_1 \geqslant M_2$ 的函数定义为式(7-16):

$$v(M_1 \geqslant M_2) = \mu(d) = \begin{cases} 1, & m_1 \geqslant m_2 \\ \dfrac{l_2 - u_1}{(m_1 - u_1) - (m_2 - l_2)}, & m_1 \leqslant m_2, u_1 \geqslant l_2 \\ 0, & \text{其他} \end{cases} \tag{7-16}$$

定义 3 最大模糊数的可信度被称为

$V(M \geqslant M_1, M_2, \cdots, M_n) = \min V(M \geqslant M_i), i = 1, 2, \cdots, n$,权重向量 $\boldsymbol{W}$ 公式如下 $\boldsymbol{W} = (d(A_1), d(A_2), \cdots, d(A_n))^{\mathrm{T}}$,将 $d(A_i)$ 归一化后的结果为 $\overline{d}(A_i)$。

涉及专家的评定打分,必须平均化 n 个专家的三角模糊函数,就可获得下列表达式:

$$\overline{M} = (\overline{l}, \overline{m}, \overline{r}) = \left(\frac{l_1 + \cdots + l_n}{n}, \frac{m_1 + \cdots + m_n}{n}, \frac{r_1 + \cdots + r_n}{n} \right) \tag{7-17}$$

为了能够减小每个人的不同情况,包括每个人的主观判断、学识理论或个人喜恶等具有个人倾向性的误差,就必须设定一个置信区间,将式(7-16)的最后结果 $\overline{M}$ 与刚开始的三角模糊数 M 比较分析。如果两者之差处于置信区间内,则可判定结论可信;假如差值不在置信区间之内,就该放弃该专家的建议,再次使用式(7-16)进行重新计算,得到一组全新的均值 $\overline{M}$。三角模糊数的范围为 1/9~9,那么,测速系统的置信区间就是取值范围的 1/4。M_i 为各个元素的综合度。a_{ij} 是 $\overline{A}$ 中的 i 个对象针对于 j 个目标的程度值,所以可以推算出第 i 个对象针对于 n 个目标的综合程度值:

$$M_i = \sum_{j=1}^{n} a_{ij} \div \sum_{i=1}^{n} \sum_{j=1}^{n} a_{ij} \tag{7-18}$$

每一层都有自己的权重指标,根据该指标分别对系统进行评估,下层指标逐层加权可以得到上层指标的可信度。

7.2.2　故障树分析法

故障树分析法,又名 FTA(Fault Tree Analysis),是一种图形分析方法,该方法可用于各种系统的可靠性和安全性分析。它是一种从上到下逐层展开的图形分析方法,各层是由引起系统故障事件的各个因素组成,并可以在一定条件下进行逻辑方法分析[245]。该方法着重考虑系统的安全性问题,从安全性角度入手,把系统可能发生的安全隐患事情分为四大类,包括上层顶事件、中层导致顶事件的起因、底事件、基础事件四种类型。顶事件指的是影响系统发生安全隐患的程度较高,而且是系统最不期待发生的事件。中层导致顶事件的起因需要以顶事件为研究的导火索,从系统的硬件组成结构、软件功能、周围的人文环境和自然环境方面逐一进行排查分析。底事件属于最后查找的系统基本事件。具体分析时,系统会从上层顶事件为起点开始,然后查找顶事件发生的种种起因,最后以底事件为该方法的落脚点。按从上到下的顺序依次画出金字塔型的结构图,即称为故障树。然后计算金字塔中层的起因组合种类及其组合发生的概率,计算系统的故障概率,进而分析整个系统的可靠性[246]。

故障树分析法是一种逻辑图形分析方法,该方法需要用专门表示系统逻辑的基本术语来代表系统的逻辑关系。

顶事件:是指被分析的整个系统,是故障树的顶端。

中间事件:在顶事件和底事件的中间,不仅和顶事件有关也和底事件有关。

底事件:位于故障树最底部的事件,是故障树分析系统的基本组成事件。

基本事件:已经确定影响系统的因素,能测量到数据的底事件。基本的元、部件的故障或人为带来的基本事件。

条件事件:一般指举例说明的具体性限制事件。

与门:两种事件一定同时发生。

或门:两种事件至少有一种事件发生。

非门:两种事件的发生是对立的。

故障树分析法中各个表示的符号和含义如表 7-2 所示。

表 7-2　故障树各符号含义

类别	名称	符号	含　　义
逻辑运算符	与门		所有输入的事件发生时,输出事件才发生
	或门		至少有一个输入的事件发生时,输出事件才发生
	非门		表示输出的事件是输入事件的对立事件

类别	名称	符号	含　义
事件名称	条件事件	⬭	逻辑门起作用的具体限制的特殊事件
	基本事件	⌀	无需探明其发生原因的底事件
	结果事件	⬚	有其他事件或者事件组合所导致的事件

故障树分析法在测速系统设计过程中,通过分析各种影响因素的随机组合方式及其发生概率,根据计算结果评估测速系统可靠性。主要需要经历 4 个环节:故障树的建立、数学描述、分析和计算。

通过建立故障树的过程对系统全面分析,并使用层次分析法对影响系统可靠性因素进行罗列,采用故障树对各层次可靠性判定并建立分析模型。故障树的建立,需要对研究的系统进行全面和正确的了解并对组成测速系统的各个模块进行分析。

7.2.3　BP 神经网络分析法

神经网络的基本原理是把一个输入样本经过一系列特定的隐形模式转变,输出样本向量,从而得到输入数据与输出数据间的一个映射关系。一个输入数据必然存在特定的输出数据。输入型数据的正向传输和输出型数据的反向传播组成了一个网络的循环。

1. 深度 BP 网络的构成

1) 可靠性模型优化问题

虽然故障树在系统的可靠性分析中使用方便,精度也可以达到要求,但为了使可靠性分析系统更加精准可靠,需要进行模型优化处理。

传统的网络(如 BP 神经网络)通常只有两层结构,在处理问题上出现了很大的弊端,它所包含神经元数量有限,而且处理的数据样本不能太过复杂,所以使用范围有一定的局限性。如果系统的非线性越强,传统的浅层网络则毫无招架能力,而经过深层网络优化后具有解析复杂函数的能力,与传统网络相比后者具有较强的优越性。

2) 网络模型基本结构

BP 神经网络是一种利用反向传播误差算法进行迭代循环训练的多层前馈网络,它一般用在已经被开发出来的神经网络当中,到目前为止是应用最为普遍的网络模型之一。

深度学习源于传统而又远远高于传统,因为对多层传统神经网络进行了全面的加工和改进,因而具有更高的学习能力和适应性。BP 神经网络结构模型一般是三层神经网络,它的层次结构可被划分为输入层(Input layer)、输出层(Output layer)、隐含层(Hidden layer)。其中输入层与输出层是整个神经网络的最重要部分。每层神经网络都由许多简单且能够执行并可以运算的基本神经元组成,网络中的神经元与生物系统中的神经元基本类似,但并行性没有生物神经元的并行性高。BP 网络是一个前馈网络,因此它具有前馈网络所具有的功能特性,只有相邻两层神经网络之间的所有神经元可以进行互相连接,而处在同一层的神经元不能进行相连。虽然只有一层的神经元的结构非常简单,功能也非常有限,但是由于神经元的数量比较多,所有神经元构成的网络系统可以实现极其丰富的功能,可以解决许多复杂多变的问题。其中 BP 网络的基本结构是一个基于神经网络中的多层前馈网络结构。在这个网络结构中,类似于人们大脑的神经,由众多的神经元组成,神经元之间通过神经节点(神经突触)相互传递信号,神经网络的原理也有很大的相似之处,神经网络的构成也是由神经层组合而成,神经层之间通过节点连接。计算节点数目最关键的是不可遗忘隐含层的层数及内部包含的节点数。神经网络的基本网络结构如图 7-2 所示。

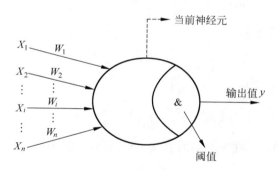

图 7-2　基本神经网络图

由图 7-2 可知,$X_1 \sim X_n$ 为神经网络 n 个神经元的输入;$W_1 \sim W_n$ 为神经元的连接权重;& 为阈值大小;输出值 y 为 $y = f(\sum_{i=1,j=1}^{n} w_i x_j - \theta)$,式中,函数 f 代表神经网络的输入和输出特性,f 为阶跃函数。通过从输入层传入 X 值,经过权重 W 进行连接,神经元得到的输入值和神经网络的阈值 & 进行比较,最后通过激活函数进行处理可以得到输出值 y。

$$v_i = f(u_i) = \begin{cases} 1, & u_i > 0 \\ 0, & u_i \leqslant 0 \end{cases} \tag{7-19}$$

3) 常用激活函数

BP 神经元的输出是由激活函数表述的,不同的神经元模型它们的激活函数也不尽相同,从而使得各个神经元具有不同的处理机制,经常使用以下函数表达式来表示神经网络的线性特征或非线性特征。

（1）线性函数为

$$f(x)=k \cdot x+c \tag{7-20}$$

（2）斜坡函数为

$$f(x)=\begin{cases} T, & x>0 \\ k \cdot x, & |x| \leqslant c \\ T, & x<-c \end{cases} \tag{7-21}$$

（3）阈值函数为

$$f(x)=\begin{cases} 1, & x \geqslant c \\ 0, & x<c \end{cases} \tag{7-22}$$

（4）S 型函数为

$$f(x)=\frac{1}{1+e^{-ax}}, \quad 0<f(x)<1 \tag{7-23}$$

对式（7-23）进行求导为

$$f'(x)=\frac{\alpha e^{-ax}}{(1+e^{-ax})}=\alpha f(x)[1-f(x)] \tag{7-24}$$

（5）双 S 型函数为

$$f(x)=\frac{2}{1+e^{-ax}}-1, \quad -1<f(x)<1 \tag{7-25}$$

对式（7-25）进行求导可知：

$$f(x)=\frac{2\alpha e^{-ax}}{(1+e^{-ax})^2}=\frac{\alpha[1-f(x)^2]}{2} \tag{7-26}$$

S 型和双 S 型函数的区别在于它们的值域不相同，双 S 型为 $(-1,1)$，而 S 型为 $(0,1)$。

4）网络结构

BP（Back Propagation）网络具有独特的反向传导功能，也是当前流行的重要原因之一。它能完成数据的输入和输出间的映射，而且无须设定这种映射的数学方程表达式。BP 网络由输入层、隐含层和输出层构成，每一层的形成都离不开简单神经元间的融合计算，神经网络的各层与各层之间的神经元采用全互通连接方式。其网络结构如图 7-3 所示。

深度 BP 网络的运行过程由两个阶段共同调控，第一阶段是信号的正向传输，数据依次从输入层经过隐含层，最终抵达输出层；第二阶段是误差的反向传递，传递顺序恰好与第一阶段相反。在此过程中，依次有序连续性地调控每一层的百分比值和偏置值。让网络不断地循环迭代以找到网络的最优性能。其中，网络节点类型的分类往往需要考虑隐含层的层数和节点数量，隐含层的层数是根据系统来决定的。

2. 深度 BP 网络学习算法步骤及流程图

通过了解深度学习和 BP 网络的特点，依据系统的信号正向传播和误差的反向

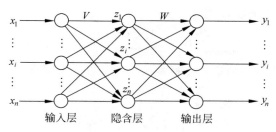

图 7-3　BP 网络结构图

传播来构建整个网络。若网络的输出层没有达到所期望的输出值,那么系统会自动一层层地分析归纳进而计算实际与期望输出值之间的误差。通过梯度下降方法来修改网络权值的大小,使得整个网络的总误差函数值可以达到网络要求最小。

深度 BP 网络的核心是利用逐层分析算法改进升级系统间的影响权重,具体做法是先依靠无监督逐层分析的流程,无监督逐层分析中涉及非线性的复杂函数。然后快速指出设备中的可疑性的故障问题,根据问题的类型给予相应的分类,在此基础上进行一定的监督管理,提高该网络的预测能力[247]。这也使其具备分析预测能力并对系统的可靠性进行预测和评估。

根据图 7-3 的三层 BP 网络来介绍深度 BP 网络的算法思想。设网络的输入层、隐含层和输出层的各个节点为 m、n 和 q,神经网络的输入层的样本总数为 P,X_{pi} 表示第 p 个实验样本的第 i 个的输入值,V_{ki} 表示神经网络输入层第 i 个节点到隐含层第 k 个节点的权值,W_{jk} 为隐含层第 k 个节点到网络输出层第 j 个节点的权值。把网络的阈值写入连接权值中,则隐含层第 k 个节点的输出为

$$z_{pk} = f(\mathrm{met}_{pk}) = f\left(\sum_{i=1}^{m} v_{ki} x_{pi}\right), \quad k = 0, 1, \cdots, n \tag{7-27}$$

神经网络输出层的第 j 个节点为

$$y_{pj} = f(\mathrm{met}_{pj}) = f\left(\sum_{k=0}^{n} w_{jk} z_{pk}\right), \quad j = 0, 1, \cdots, q \tag{7-28}$$

式中,神经网络的激励函数 f 为 Sigmoid 函数,则 $f(x)$ 为

$$f(x) = \frac{1}{1 + \mathrm{e}^{-x}} \tag{7-29}$$

对激励函数求导,$f'(x)$ 为

$$f'(x) = f(1 - f) \tag{7-30}$$

根据上述公式可以得到隐含层的输出 H_n 为

$$H_n = f'(v_{ki} x_i + a_j) \tag{7-31}$$

输出层的输出公式为

$$y_q = \sum_{n=1}^{n} H_n w_{nq} + b_n \tag{7-32}$$

整个神经网络的误差函数 E 为

$$E = \sum_{p=1}^{p} E_p = \frac{1}{2} \sum_{p=1}^{p} \sum_{j=1}^{q} (t_{pj} - y_{pj})^2 \tag{7-33}$$

式(7-33)中的 E_p 为网络的第 p 个样本的误差值，t_{pj} 为网络的理想输出结果。可以化简为

$$E = \frac{1}{2} \sum_{q=1}^{q} (t_{qj} - y_{qj})^2 \tag{7-34}$$

式中，令 $t_{qj} - y_{qj} = e_q$，可以得到

$$E = \frac{1}{2} \sum_{q=1}^{q} e_q^2 \tag{7-35}$$

由梯度下降法对该神经网络进行权重公式的推导：

（1）网络输出层权重的调整公式：

$$\Delta w_{jk} = -\eta \frac{\partial E}{\partial w_{jk}} = \eta \sum_{p=1}^{p} \left(-\frac{\partial E_p}{\partial w_{jk}}\right) = \eta \sum_{p=1}^{p} \left(-\frac{\partial E_p}{\partial \mathrm{met}_{pj}} \cdot \frac{\partial \mathrm{met}_{pj}}{\partial w_{jk}}\right) \tag{7-36}$$

式(7-36)中，η 为学习率，其取值范围为 $0.1 \sim 0.3$。

网络误差的定义为

$$\delta_{pj} = -\frac{\partial E_p}{\partial \mathrm{met}_{pj}} = -\frac{\partial E_p}{\partial y_{pj}} \cdot \frac{\partial y_{pj}}{\partial \mathrm{met}_{pj}} \tag{7-37}$$

式(7-37)中的第一项：

$$\frac{\partial E_p}{\partial y_{pj}} = \frac{\partial}{\partial y_{pj}} = \left[\frac{1}{2} \sum_{j}^{q} (t_{pj} - y_{pj})^2\right] = -(t_{pj} - y_{pj}) \tag{7-38}$$

第二项为

$$\frac{\partial y_{pj}}{\partial \mathrm{met}_{pj}} = f'(\mathrm{met}_{pj}) = y_{pj}(1 - y_{pj}) \tag{7-39}$$

可得到式为

$$\delta_{pj} = (t_{pj} - y_{pj}) \cdot y_{pj}(1 - y_{pj}) \tag{7-40}$$

由上述公式可以得到网络输出层各神经元的权重调整公式为

$$\Delta w_{jk} = \eta \sum_{p=1}^{p} \left(-\frac{\partial E_p}{\partial \mathrm{met}_{pj}} \cdot \frac{\partial \mathrm{met}_{pj}}{\partial w_{jk}}\right) = \eta \sum_{p=1}^{p} \delta_{pj} z_{pk}$$

$$= \eta \sum_{p=1}^{p} (t_{pj} - y_{pj}) \cdot y_{pj}(1 - y_{pj}) \cdot z_{pk} \tag{7-41}$$

（2）BP 网络隐含层的权值调整公式

$$\Delta v_{ki} = -\eta \frac{\partial E}{\partial v_{ki}} = \eta \sum_{p=1}^{p} \left(-\frac{\partial E_p}{\partial v_{ki}}\right) = \eta \sum_{p=1}^{p} \left(-\frac{\partial E_p}{\partial \mathrm{met}_{pk}} \cdot \frac{\partial \mathrm{met}_{pk}}{\partial v_{ki}}\right) \tag{7-42}$$

网络误差的定义为

$$\delta_{pk} = -\frac{\partial E_p}{\partial \mathrm{met}_{pk}} = -\frac{\partial E_p}{\partial z_{pk}} \cdot \frac{\partial z_{pk}}{\partial \mathrm{met}_{pk}} \tag{7-43}$$

其中：

$$\frac{\partial E_p}{\partial z_{pk}} = \frac{\partial E_p}{\partial y_{pj}} \cdot \frac{\partial y_{pj}}{\partial \mathrm{met}_{pj}} \cdot \frac{\partial \mathrm{met}_{pj}}{\partial z_{pk}} = -\sum_{j=1}^{q} \delta_{pj} w_{jk} \tag{7-44}$$

$$\frac{\partial z_{pk}}{\partial \mathrm{met}_{pk}} = f'(\mathrm{met}_{pk}) = z_{pk}(1 - z_{pk}) \tag{7-45}$$

最后可以得到 δ_{pk} 为

$$\delta_{pk} = \left(\sum_{j=1}^{q} \delta_{pj} w_{jk} \right) z_{pk} (1 - z_{pk}) \tag{7-46}$$

由式(7-46)可以得到隐含层的各神经元的权值调整公式

$$\Delta v_{ki} = \eta \sum_{p=1}^{p} \left(-\frac{\partial E_p}{\partial \mathrm{met}_{pk}} \cdot \frac{\partial \mathrm{met}_{pk}}{\partial v_{ki}} \right) = \eta \sum_{p=1}^{p} \delta_{pk} x_{pi}$$

$$= \eta \sum_{p=1}^{p} \left(\sum_{j=1}^{q} \delta_{pi} w_{jk} \right) z_{pk} (1 - z_{pk}) x_{pi} \tag{7-47}$$

（3）神经网络的偏置调整公式

已知输入层的节点个数为 m，隐含层的节点个数为 n，输出层的节点个数为 q。输入层到隐含层的权重为 w_{ij}，隐含层到输出层的权重为 w_{jk}，输入层到隐含层的偏置为 a_j，隐含层到输出层的偏置为 b_k。学习速率为 η，激励函数为 $f(x)$。可知该网络的偏置的更新公式为

$$\begin{cases} a_j = a_j + \eta H_j (1 - H_j) \sum_{n=1}^{q} w_{jq} e_q \\ b_n = b_n + \eta e_n \end{cases} \tag{7-48}$$

网络隐含层到输出层的偏置更新公式为

$$\frac{\partial E}{\partial b_k} = (t_{qj} - y_{qj}) \left(-\frac{\partial y_{qj}}{\partial b_k} \right) = -e_q \tag{7-49}$$

可以化简为

$$b_k = b_k + \eta e_q \tag{7-50}$$

输入层到隐含层的偏置更新公式为

$$\frac{\partial E}{\partial a_j} = \frac{\partial E}{\partial H_j} \cdot \frac{\partial H_j}{\partial a_j} \tag{7-51}$$

其中：

$$\frac{\partial H_j}{\partial a_j} = \frac{\partial f\left(\sum_{i=1}^{n} w_{ij} x_i + a_j \right)}{\partial a_j}$$

$$= f\left(\sum_{i=1}^{n} w_{ij} x_i + a_j \right) \cdot \left[1 - f\left(\sum_{i=1}^{n} w_{ij} x_i + a_j \right) \right] \cdot \frac{\partial \left(\sum_{i=1}^{n} w_{ij} + a_j \right)}{\partial a_j}$$

$$= H_j (1 - H_j) \tag{7-52}$$

$$\frac{\partial E}{\partial H_j} = (t_1 - y_1)\left(-\frac{\partial y_1}{\partial H_1}\right) + \cdots + (t_m - y_m)\left(-\frac{\partial y_m}{\partial H_j}\right)$$

$$= -(t_1 - y_1)w_{j1} - \cdots - (t_m - y_m)w_{jm}$$

$$= -\sum_{q=1}^{m}(t_q - y_q)w_{jq} = -\sum_{q=1}^{m}w_{jq}e_q \qquad (7\text{-}53)$$

可以得到网络偏置公式为

$$a_k = a_k + \eta H_j(1 - H_j)\sum_{q=1}^{m}w_{jq}e_q \qquad (7\text{-}54)$$

公式中的偏置量对神经网络的作用不仅可以增加网络分类和平移的能力,还能提高网络的收敛精度。

3. 深度 BP 网络的可靠性模型运行与实现步骤

深度 BP 算法模型的运行和实现的具体步骤如下:

1)深度 BP 网络数据的初始化

网络模型建立时要先对各层级连接的权值即 W 和 V 中元素进行随机赋值,初始误差值 E 设置为 0,学习速率 η 设置为 0~1 之间的一个数,网络训练的精度 $E_{\min}$ 作为控制阈值是根据网络要求设置的一个较小的正数。

2)输入并加载训练数据

确定网络各层的结构参数并把需要训练的网络的数据样本输入网络模型中,由式(7-27)和式(7-28)可以计算出隐含层和输出层的输出值。

3)网络输出的误差计算

针对构建的网络和训练数据的不同对应产生的误差可以用式(7-33)来进行计算。

4)计算隐含层和输出层的误差值

根据式(7-33)和式(7-39)求解各层级的误差值。

5)修正各个层级的权重值

根据式(7-36)和式(7-43)来计算和调整各层级的权重值,使它们符合整个神经网络。

6)检查网络训练结果

查看计数器是否达到了总训练数据样本 p,若没有达到要求,则表明该网络还有未训练完成的样本数据,则计数器加 1 继续训练网络。

7)检查网络总误差是否符合系统的预设精度要求

若网络采用均方根误差作为总误差时,则验证均方根误差是否小于预设的误差精度($E < E_{\min}$),若符合设置条件,则训练完成,反之将误差 E 重新设置为 0,从最初开始进行网络训练。

4. 深度 BP 网络算法流程图

根据网络总误差计算各层的误差信号并调整权值,在保证网络总误差向减小方向变化时,即使需要训练的样本很多,在进行网络训练时收敛速度也非常快,具体流程如图 7-4 所示。

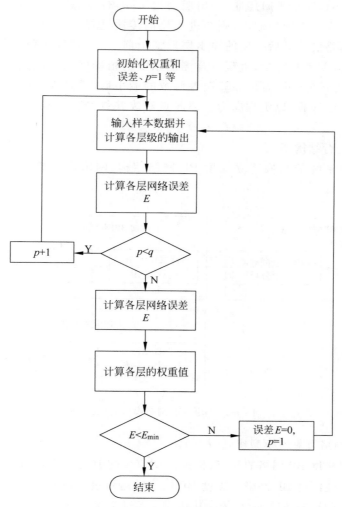

图 7-4　深度 BP 算法流程图

5. 测速系统网络模型建立

　　网络模型的一般模型包括输入层、隐含层和输出层。进行系统网络模型的设计时,需要确定四要素:①网络的层数;②神经元的个数;③激活函数和训练的函数;④初始化参数[248]。前两个要素的设计具有不确定性,需要进行反复的测试,以提高系统测试的可靠性。如图 7-3 所示模型结构为测速系统网络模型,包括三个层次:输入层、输出层和隐含层。各层神经元之间没有任何连接,也没有反向反馈功能,但是输入输出之间的关系会受隐含层的功能影响,整个多层神经网络的性能可以受到隐含层的权重大小影响。深度 BP 网络的学习过程由正向传播和反向传播组成。样本数据从输入层经过隐含层再到输出层，经过各层处理，每一层神经元的状态只对下一层产生影响，这是正向传播，输出层会把实际输出和期望输出进行对比，如果实际输出大于或小于期望输出，则会进入反向传播过程。反向传播途径的主要工作内容是将误差信号最后一层的输出层反馈给前一层，对有问题的隐含层进行修改和优化，使误差不断减少，直至符合测速系统的精确度的标准要求[249-250]。深度 BP 神经算法实际可以认为是计算误差函数的最小值，通过大量的样本重复，以非线性规划法辅助计算，以负方向为反馈起点修改并且调整影响因素在问题中所占的权重系数。

1）网络运行结构图

根据测速系统的结构建立深度 BP 网络结构，网络模型的运行流程如图 7-5 所示。

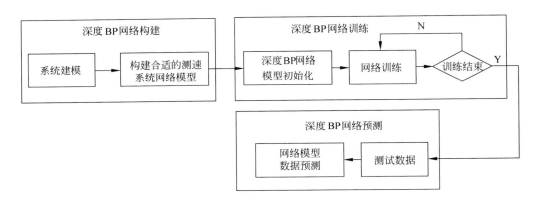

图 7-5　深度 BP 网络模型流程图

2）系统网络可靠性模型建立

通过了解深度 BP 网络的特点，根据测试信号的前向传播和训练后误差信号的逆向传播来构建深度 BP 网络。深度 BP 网络的运行过程由两个阶段共同调控：第一阶段是信号的正向传输，数据依次从输入层经过隐含层，最终抵达输出层；第二阶段是误差的反向传递，传递顺序恰好与第一阶段相反[251]。在此过程中，依次有序连续性地调控每一层的百分比值和偏置值。测速系统 BP 神经网络在性能和精度方面的测量性能较好，其中一个原因是采用了算法作为特殊环节。算法通过特殊的程序运算指出影响测速系统网络最关键的因素，并将其当作该类型网络的输入节点，把测速系统分为三个一级独立子系统，BP 系统网络呈现出四层级别的子系统，前三层都属于纯子系统，第四层子系统在结构组成上外加了相关的环境影响因素。测速系统的网络模型如图 7-6 所示。

图 7-6 中 x_i 为输入值，w_i 为权重值，$i=1,2,3,\cdots,n$，通过该测速系统网络模型

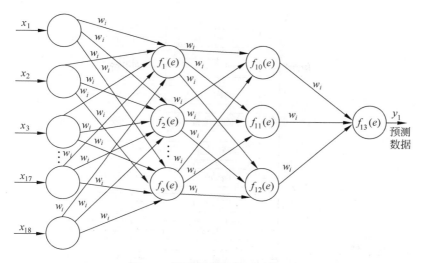

图 7-6　测速系统网络预测模型

进行模型训练学习,来实现测速系统的可靠性评估。测速系统由机械结构系统、测速系统和图像获取系统组成。其中,机械结构系统神经网络的结构为:输入层节点为 6 个,分别代表连接方式、器件尺寸、结构标定、固定位置、使用场地和振动强度 6 个二级因素;隐含层 1 节点数为 3 个,隐含层 2 节点数为 1 个;输出层节点为 1 个,代表整个机械结构系统。测速系统的神经网络结构确定为:输入层节点为 6 个,分别代表信号发生、信号接收、光幕夹角、光幕光距、位置标定和通信延时 6 个影响因素;隐含层 1 节点数为 3 个,隐含层 2 节点数为 1 个;输出层节点数为 1 个,即代表测速系统。图像获取系统中的影响指标,分别为相机标定、分辨率、闪光间隔、电流大小、信号接收和信号发生。

该算法采用系统多次测量得到的数据作为输入,对影响测速系统的各个元模型的数据进行测量获取,并将各模块元模型的测试数据分别作为一项输入神经元数据。其中输入层的输入神经元如图 7-7 所示。

6. 深度 BP 网络的运算

深度 BP 网络在投入应用之前都需要对数据实行预处理。处理方法常常为归一化处理。数据的归一化指的是将数据映射到区间[0,1]或比[-1,1]更小的区间。有些数据样本种类多,数量大,数据所携带的基本单位不同,因此,首先需要对数据进行分类处理,把分散的个体数据转化为整齐单一的整体。通过数据的处理,进一步加快了测试网络模型的工作的进程。归一化处理的作用根据样本数据范围而决定,往往在大数据的范围中,作用会比较显著。由于映射出来的输出值受到函数值域的限制,因此需要把样本模型练习的映射添加到函数的值域中。例如,神经网络的输出层采用 S 型激活函数,它的值域范围限定为(0,1),也就是表明该网络模型的输出只能限制在(0,1)的范围之间,所以对测速系统网络模型训练数据的输出就要在[0,1]区间

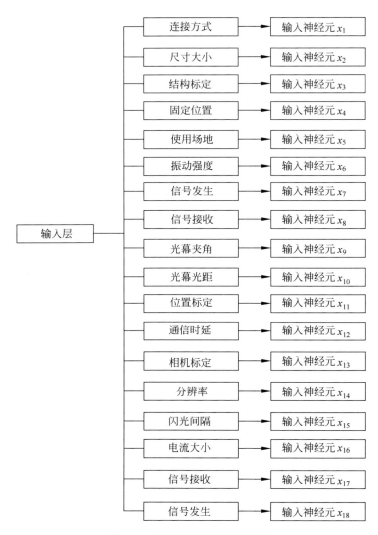

图 7-7 神经网络的输入神经元

之中归一化。

1）网络归一化算法

归一化算法使用简单而又便捷。线性转换算法的两种形式如下：

$$y = \frac{x - \min}{\max - \min} \tag{7-55}$$

式中，min 为输入样本 x 的最小值，max 代表数据样本的最大值，样本网络归一化后的输出向量为 y。式（7-55）可将数据归一化到区间[0,1]，当测速系统网络的激活函数采用 S 型函数，值域为（0,1）时，使用该式进行样本数据归一化。

如激活函数采用的是双 S 型函数时使用式(7-56)：

$$y = 2 \cdot \frac{x - \min}{\max - \min} \qquad (7\text{-}56)$$

式(7-56)数据归一化后的范围在[-1,1]区间。

2）系统可靠性模型学习训练及结果

根据测速系统的结构特点确定适当的模型：网络 w_0 最初范围为(-1,0)，初始阈值为 0，学习因子 $\eta = 0.1$，误差精度 $\xi = 0.01$，系统网络的结构层次为 14-9-6-1 四层神经网络。其中 14 位网络的输入层 9 为隐含层 1，3 为隐含层 2，1 为网络的输出层。网络的训练参数设置如表 7-3 所示。

表 7-3　网络训练参数

函 数 语 言	说　　　　明	数　　　值
epochs	训练次数	1000 次
goal	网络最小误差	0.01
lr	BP 网络学习数率	0.1

（1）实验样本数据

目前，大型复杂产品存在占用空间大、实验成本高等缺点，限制了大型复杂产品的性能测试频数以及可靠性评估。因此，大型复杂产品常常会按一定比例进行缩小，制成方便测量的小样品规格。由于一次实验的实验装置连续打出 50 发弹丸左右就需要更换器件，实验的器件价格昂贵，连续使用成本过高，所以获取的实验数据较少。该算法采用 Sigmoid 函数，根据实验数据建立相关的网络数据库，数据库内容丰富，按照不同的分类涉及光幕测速系统数据、机械结构子系统、测速子系统、图像获取子系统等内容并经过随机选择实验获取数据，选择其中 100 组样本数据，如表 7-4 所示。

表 7-4　样　本　数　据

x_i 元模型	次数							
	1	2	3	4	5	…	99	100
$x_1/(°)$	90.0	90.0	89.6	90.0	90.0	…	90.0	90.0
x_2/mm	1850.59	1847.89	1850.03	1850.99	1849.88	…	1850.01	1848.96
x_3/mm	98.67	97.00	99.01	98.00	97.88	…	97.00	98.76
$x_4/(°)$	89.5	90.0	88.6	90.0	90.0	…	89.5	90.0
$x_7/μs$	0.500	0.496	0.500	0.475	0.500	…	0.500	0.489
$x_8/μs$	0.500	0.475	0.500	0.455	0.500	…	0.496	0.500
$x_9/(°)$	88.7	90.1	90.0	90.5	89.6	…	90.0	90.0

x_i 元模型	次数							
	1	2	3	4	5	…	99	100
x_{10}/mm	0.200	0.193	0.200	0.200	0.200	…	0.196	0.200
x_{11}/mm	251.03	250.97	252.01	251.00	251.05	…	250.98	251.69
x_{12}/μs	0.450	0.500	0.500	0.475	0.500	…	0.500	0.500
x_{15}/μs	500	475	495	500	499	…	500	500
x_{16}/mA	36.6	36.0	36.6	36.5	36.6	…	36.5	36.5
x_{17}/μs	0.506	0.503	0.495	0.500	0.493	…	0.500	0.502
x_{18}/μs	0.500	0.500	0.525	0.500	0.500	…	0.500	0.500

　　将表 7-4 中的数据分为两组,第一组为前 90 个样本,为输入数据组;第二组为后 10 个样本,为比较标准样本组。利用 Matlab 软件进行实验的计算和分析,训练误差性能曲线如图 7-8 所示。

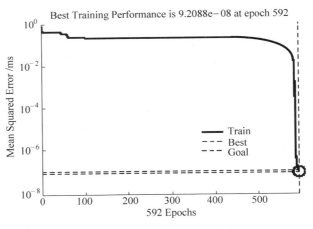

图 7-8　网络训练误差曲线图

（2）可靠性等级判定

　　根据表 7-4 的实验数据和训练的 BP 网络预测值进行对比,评价该测速系统的可靠性,结合测速系统的精度,实验过程的实际情况及每个单元评价等级制定的合理性、科学性和准确性,确立了测速系统可靠性评价等级,共分为 5 个等级:99%、95%、90%、85%、80%,80% 以下则该测速系统就达不到测量精度的要求。结合测速系统可靠性综合评价模型,用 A＋、A、B＋、B、C＋评价等级表示。为建立公平公正客观的评价体系,为正常进行网络结构的前期模拟,对测速系统可靠性进行了真实值与测试值之间的差值分析和等级评定。定性与定量相互交错,相互结合,评价结果如表 7-5 所示。

表 7-5 可靠性等级判定

真实值	测试值	差值	等级	可靠度
x	y	$x \pm y = 0.02$	A+	99%
x	y	$x \pm y = 0.04$	A	95%
x	y	$x \pm y = 0.06$	B+	90%
x	y	$x \pm y = 0.08$	B	85%
x	y	$x \pm y = 0.1$	C+	80%

（3）实验结果对比

BP 网络模型建立后，将表 7-4 中的样本数据正确地输入到模拟计算的表达式中，并将所得的结果与实验所得的结果进行分析。分别选取其中 1 组数据结果进行对比，结果如表 7-6 所示。

表 7-6 数据结果对比表

数据/方法	实测数据	模型预测数据	评价体系	
			差值	等级
x_1	90	89.99	0.01	A+
x_2	1850	1849.07	0.03	A
x_3	98.00	98.01	0.01	A+
x_4	89.9	90.01	0.02	A+
x_7	0.497	0.501	0.04	A
x_8	0.501	0.497	0.04	A
x_9	90.02	89.99	0.03	A
x_{10}	0.201	0.197	0.04	A
x_{11}	250.02	249.99	0.03	A
x_{12}	0.499	0.497	0.02	A+
x_{15}	500.01	499.99	0.02	A+
x_{16}	36.0	35.96	0.04	A
x_{17}	0.500	0.505	0.05	B+
x_{18}	0.501	0.503	0.02	A+

由表 7-6 可知网络预测模型的可靠度较高，该模型的误差较小。相对误差在 0.02 左右的可靠性的等级为 A+。

当网络训练误差分别设为 0.01、0.02、0.03 和 0.04 时，通过仿真图像可知系统的可靠度的大小也不相同，如图 7-9 所示。

由图 7-9 可知设置不同的模型误差精度，其系统的可靠度也不相同，误差精度越小系统的可靠性越高。

根据表 7-6 可以得出模拟预测与实际数据的相差值和评估等级。这种方法显著降低了数据间的误差，实现了高精度测量的目标。因为该方法具有非线性映射功能，

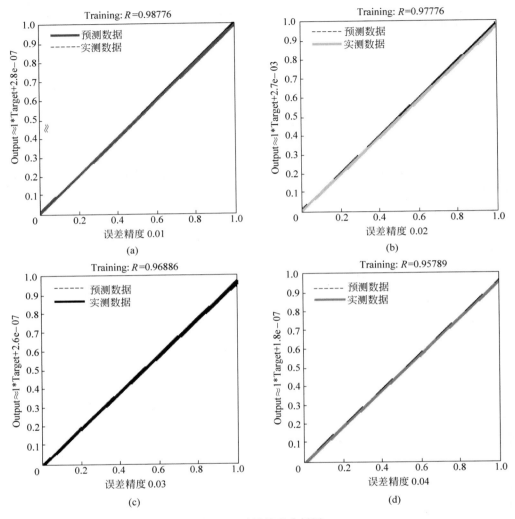

图 7-9　不同精度分析图

所以可靠性变量的结构关系便逐渐表现出来,可以提高实验测速系统的可靠性。测速系统的网络结构如图 7-10 所示,仿真结果如图 7-11 所示。

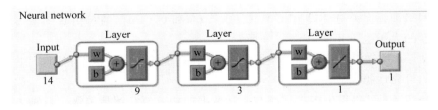

图 7-10　神经网络结构图

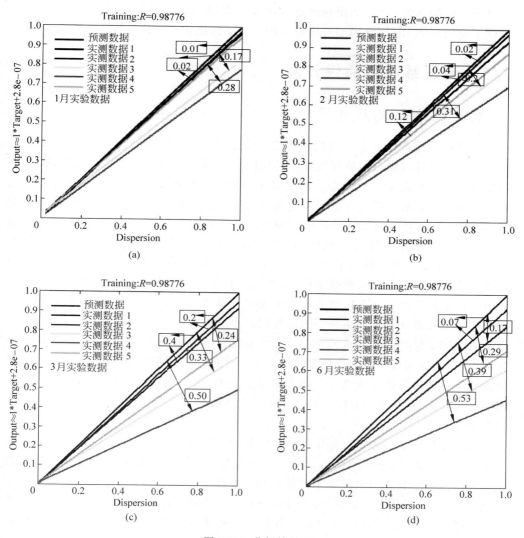

图 7-11　分析结果图

　　图 7-11 的(a)、(b)、(c)和(d)是测速系统在 1 月、2 月、3 月和 6 月分别进行实验测试的结果,其中,"正对角线"是预测的数据,数据 1 和数据 2 是月初进行的实验,数据 3 和数据 4 是月中进行的实验,数据 5 为月末测试的数据,折线越靠右实测数据与预测数据差值就越大。因实验装备用一段时间后需要重新标定,设备放置的时间越长误差就会越大,需要重新分析校准,由上图可知随着时间的变化差值越来越大。

　　根据分析结果图可以看出,采用图 7-10 的四层网络结构,经过 592 次的训练,误差值达到预设误差之下。实际拟合线与期望拟合线具有较高重合度,达到 99%,说明该算法应用深度 BP 网络更高效地得出了与测试系统实际数据基本接近的数据，验证了使用深度 BP 网络模型对测速系统的可靠性优化和评估具有较高的可靠性。

7.3 测试系统可靠性计算

7.3.1 故障树割集

故障树分析备受大家欢迎的原因之一是它也采用了"两定原则"——定性和定量。定性主要针对系统故障可能发生的原因。定量则指的是对定性的计算，确定该故障发生的具体概率。然后经过相关讨论分析找出控制该类事件的可靠方法[252]。对测速系统进行故障树定性分析和定量分析的主要内容包括：求解故障树的最小割集；确定中间事件和底事件的结构可靠度。计算最小割集，可以简单概括为分类整理并且组合系统发生故障的原因，从其中找出重中之重的组合原因，即最小割集法[253]。最小割集的计算不可疏忽，它被视为测速系统进行定性评估和定量评定的基础。故障树的割集方法种类多样，每种方法根据不同类型的故障问题所制定。计算最小割集的主要方法有质数代入法和布尔代数吸收化简法[254]。本书根据实际情况采用布尔代数法计算该系统中的问题的最小割集。

故障树定性和定量分析的目的：寻找系统中的故障问题，一般人肯定都希望一次性地去解决，或者是减少故障发生的频率。此时，要想解决这两种问题，势必要全面系统地整理故障的发生之处和导致故障发生的原因，最后准确地估算出故障发生间隔的时间，以便于做出及时应对的举措。寻找故障树的全部最小割集，并通过最小割集法来求取[255]。

割集和最小割集主要针对中层原因的分类。这两者属于从属关系。两者的区别主要是一个范围大，一个范围小。最小割集从属于割集，即导致顶事件发生的最小的基本事件从属于导致顶事件发生的任意基本事件中。最小割集通常情况下会出现在复杂的系统中，当系统复杂时，可靠性的分析随之变得困难。简单分析方法满足不了可靠性分析的要求。此时，采用最小割集法是解决这一难题的有效工具[256]。最小割集法如同割集中的桥梁，把所有基本事件简化后等效地串并联，降低了分析难度。同时，它又类似于数学集合中的最小集合，是触发故障树顶层事件的不可轻易置之度外的一种系统形式。

为进一步分析测速系统结构，假设 T 为故障树的顶事件，$x_1, x_2, \cdots, x_n$ 为故障树的 n 个相互独立的底事件。

$$x_i = \begin{cases} 1, & \text{底事件 } x_i \text{ 出现} \\ 0, & \text{底事件 } x_i \text{ 不出现} \end{cases}$$

$$\phi = \begin{cases} 1, & \text{顶事件 } T \text{ 出现} \\ 0, & \text{顶事件 } T \text{ 不出现} \end{cases} \tag{7-57}$$

式中，x_i 表示底事件的状态量；ϕ 表示顶事件的状态量。顶事件 φ 状态基本上由底事件所决定，所以必须有

$$\varphi = \varphi(x) = \varphi(x_1, x_2, \cdots, x_n) \tag{7-58}$$

式中，x_i 和 φ 的取值只能是 0 和 1。$\phi(x_i)$ 就是故障树的结构函数。

若设 $x_1, x_2, \cdots, x_n$ 是一个逻辑的与门输入时，则该故障树的结构函数为

$$\varphi(x) = \bigcap_{i=1}^{n} x_i = \prod_{i=1}^{n} x_i = \min(x_1, x_2, \cdots, x_n) \tag{7-59}$$

当 $x_1, x_2, \cdots, x_n$ 是一个逻辑或门输入时，则结构函数为

$$\varphi(x) = \bigcap_{i=1}^{n} x_i = 1 - \prod_{i=1}^{n} (1 - x_i) = \max(x_1, x_2, \cdots, x_n) \tag{7-60}$$

测速系统用上行法求系统的最小割集，从底事件开始，由下而上逐层级处理，直到所有结果事件都已经处理完毕，可以得到可靠性计算公式。根据其运算法则来求其最简式，简式的每一项所包括的底事件集就是一个最小割集，从而可得到故障树所有最小割集。采用最小割集计算顶事件发生的概率，假定已求出故障树的全部最小割集为 $x_1, x_2, \cdots, x_n$。如果忽略较短时间内同时发生的两个或两个以上最小割集概率，且不出现重复底事件，用 T 表示顶事件，则 T 为

$$T = \varphi(x) = \bigcup_{m=1}^{n} x_m(t) \tag{7-61}$$

顶事件的概率计算公式 $p(T)$ 为

$$p(T) = p\left[\phi(\bar{x})\right] = p(x_1 \bigcup x_2 \bigcup x_3 \cdots \bigcup x_n) \tag{7-62}$$

采用故障树演绎的方法，故障树至少有三级，第一级是测速系统的故障事件 T，也是结果。第二级是造成故障事件的原因分析，第一级与第二级之间设计详细的符号，依次形象地表示原因与结果的逻辑影响关系。第三级是造成第二级的更加具体细微的原因。两个层级之间同样使用特殊符号解释。此时，原来的第二级的原因又充当了结果的角色。第三级仍然表示原因，可以说是第二级的直接原因，是第一级故障问题的间接原因。依此类推，问题产生的原因也就逐渐表现出来。

测速系统由 S_1（启动靶）、S_2（光幕靶 1）、S_3（CCD 相机），B_1、B_2 和 B_3（机械结构组成），J_1（相机）、J_2（激光器）、J_3（光幕靶 2）9 个单元组成，每条路线是否正常工作，受到从始端到该节点之间的单元工作状态影响。系统从始端到终端有两条路线 A_1 和 A_2 或 A_1 和 A_3，若满足系统可以正常工作，否则测速系统不能正常工作。系统工作状态为

$$x_i = \begin{cases} 1 & 正常工作, i = 1, 2, \cdots, 18 \\ 0 & 故障因素, i = 1, 2, \cdots, 18 \end{cases} \tag{7-63}$$

根据条件并由系统的结束端依次向系统的开始端画出开始事件和中间事件。根据影响测速系统可靠性的程度不同可以分为四个层级：第一层级为整个测试系统 T；第二层级为机械结构系统 A_1、光幕测试系统 A_2 和图像获取与处理系统 A_3；第

三层级为加工精度 B_1、结构装配 B_2、环境因素 B_3、信号获取 B_4、光幕大小 B_5、光通量大小 B_6、图像获取装置 B_7、光源影响指标 B_8、信号获取 B_9；第四层级为最底层事件，包括连接方式 x_1、尺寸大小 x_2、结构标定 x_3、固定装置 x_4、使用场地 x_5、振动强度 x_6、信号发生 x_7、信号接收 x_8、光幕夹角 x_9、光幕光距 x_{10}、位置标定 x_{11}、通信延时 x_{12}、相机标定 x_{13}、分辨率 x_{14}、闪光间隔 x_{15}、电流大小 x_{16}、信号接收 x_{17} 和信号发生 x_{18}。对上述可能影响测速系统可靠性的因素经过简单修改后建立的故障树结构如图 7-12 所示。

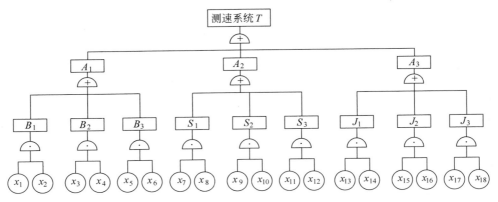

图 7-12　故障树结构图

7.3.2　测试系统数据获取

采用下行法求系统最小割集的方法是：从上往下，逐层分析，若是与门事件，与门涉及的所有输入事件以行排列；若是或门事件，或门内涉及的所有输入事件以列排序。由此进行分析，逐级往下进行分析求解，直到该测速系统的最后一级停止。本章根据分析建立的测速系统故障树，属于混合型分析问题，有"或门"也有"与门"，所以该系统中求解的最小割集即是底事件中剔除重复的所有事件[257]。对测速系统各级的分析结果为：

（1）故障树的最下级为

$$B_1 = (x_1 \cap x_2), \quad B_2 = (x_3 \cap x_4), \quad B_3 = (x_5 \cap x_6),$$
$$S_1 = (x_7 \cap x_8), \quad S_2 = (x_9 \cap x_{10}), \quad S_3 = (x_{11} \cap x_{12}), \tag{7-64}$$
$$J_1 = (x_{13} \cap x_{14}), \quad J_2 = (x_{15} \cap x_{16}), \quad J_3 = (x_{17} \cap x_{18})$$

（2）故障树的上一级为

$$A_1 = B_1 \cup B_2 \cup B_3, \quad A_2 = S_1 \cup S_2 \cup S_3, \quad A_3 = J_1 \cup J_2 \cup J_3 \tag{7-65}$$

（3）系统正常需要测速系统的（$T = A_1 \cup A_2$ 或 $T = A_1 \cup A_3$）同时工作。

$$T = \{B_1 \cap [B_2 \cap B_3]\} \cup \{S_1 \cap [S_2 \cap S_3]\} \text{ 或}$$
$$T = \{B_1 \cap [B_2 \cap B_3]\} \cup \{J_1 \cap [J_2 \cap J_3]\} \tag{7-66}$$

由式(7-62)、式(7-63)、式(7-64)可得到该系统的两个最小割集为

$$\{B_1, B_2, B_3, S_1, S_2, S_3\}, \{B_1, B_2, B_3, J_1, J_2, J_3\} \quad (7\text{-}67)$$

根据故障树分析图 7-12 可以得到系统的代数表达式,计算故障树顶事件可靠度时,会出现割集之间相交,因此计算其概率必须要用到相容事件的概率计算方法,由顶事件的计算式(7-62)可以得到计算 $p(T)$ 的公式为

$$p(T) = p[\phi(\overline{x})] = p(x_1 \bigcup x_2 \bigcup x_3 \cdots \bigcup x_n)$$

$$= p[(B_1 \bigcap B_2 \bigcap B_3) \bigcup (S_1 \bigcap S_2 \bigcap S_3) \bigcup (B_1 \bigcap B_2 \bigcap B_3) \bigcup (J_1 \bigcap J_2 \bigcap J_3)]$$

$$= p[B_1 B_2 B_3 + (B_1 B_2 B_3) S_1 S_2 S_3 + (B_1 B_2 B_3)(S_1 S_2 S_3) J_1 J_2 J_3 + (B_1 B_2 B_3)(S_1 S_2 S_3)(B_1 B_2 B_3) J_1 J_2 J_3] \quad (7\text{-}68)$$

以故障树分析法为主要的分析方法,首先,对弹丸测速系统的各部分环节实施精确的性能校准。通过某单位具有的光电子计量一级站设备,对系统进行 6 轮次的标校以给出性能测速指标。然后,通过 100 次测量实验对其可靠性进行建模。表 7-7和表 7-8 为 100 次实验数据的测试记录。

表 7-7　弹丸实验数据

数据	1	2	3	4	5	...	99	100
速度/(m/s)	42.74	42.68	42.73	42.67	42.63	...	42.53	42.66
时间/μs	52635	52719	53653	52718	52936	...	52710	52719
图像(有/无)	有	有	有	有	有	...	有	有

根据建立的各个元模型进行数据获取,实验前对它进行数据采集,可得到各个元模型的数据如表 7-8 所示。

表 7-8　各个元模型测量数据

x_i 元模型	次数							
	1	2	3	4	5	...	99	100
x_1/(°)	90.0	90.0	89.6	90.0	90.0	...	90.0	90.0
x_2/mm	1850.59	1847.89	1850.03	1850.99	1849.88	...	1850.01	1848.96
x_3/mm	98.67	97.00	99.01	98.00	97.88	...	97.00	98.76
x_4/(°)	89.5	90.0	88.6	90.0	90.0	...	89.5	90.0
x_7/μs	0.500	0.496	0.500	0.475	0.500	...	0.500	0.489
x_8/μs	0.500	0.475	0.500	0.455	0.500	...	0.496	0.500
x_9/(°)	88.7	90.1	90.0	90.5	89.6	...	90.0	90.0
x_{10}/mm	0.200	0.193	0.200	0.200	0.200	...	0.196	0.200
x_{11}/mm	251.03	250.97	252.01	251.00	251.05	...	250.98	251.69

续表

x_i 元模型	1	2	3	4	5	...	99	100
$x_{12}/\mu s$	0.450	0.500	0.500	0.475	0.500	...	0.500	0.500
$x_{15}/\mu s$	500	475	495	500	499	...	500	500
x_{16}/mA	36.6	36.0	36.6	36.5	36.6	...	36.5	36.5
$x_{17}/\mu s$	0.506	0.503	0.495	0.500	0.493	...	0.500	0.502
$x_{18}/\mu s$	0.500	0.500	0.525	0.500	0.500	...	0.500	0.500

由表 7-7 的元模型测量数据使用式(7-67)计算得到 $x_i(i=1,2,\cdots,18)$ 各个元模型的均值。

$$\bar{x} = \frac{\sum_{i=1}^{n} x_i}{n} \tag{7-69}$$

由式(7-67)得到各个元模型的均值,代入式(7-68)可得影响测速系统各部件可靠度。

$$R = 1 - \frac{|x_i - \bar{x}|}{\bar{x}} \tag{7-70}$$

根据式(7-56)和式(7-67)计算可以得到各个元模型的可靠度,如表 7-9(1)、(2)所示:

表 7-9　各个元模型的可靠度(1)

x_i	x_1	x_2	x_3	x_4	x_5	x_6	x_7	x_8	x_9
可靠度 /%	98.556	98.778	98.667	98.577	98.226	98.889	98.449	98.889	98.669

(2)

x_i	x_{10}	x_{11}	x_{12}	x_{13}	x_{14}	x_{15}	x_{16}	x_{17}	x_{18}
可靠度 /%	98.663	98.775	98.667	98.577	98.356	98.759	98.649	98.789	98.899

根据表 7-9 的测量数据计算各个部件的可靠度为

$$p(S_3) = p(S_2) = 0.98, \quad p(J_1) = 0.98, \quad p(J_2) = 0.99,$$
$$p(J_3) = p(S_1) = 0.98, \quad p(B_1) = p(B_2) = p(B_3) = 0.99$$

7.3.3　测试系统可靠性

1. 仿真结果

根据实验测试时的数据具有非线性特征,所以该系统采用最邻近边界样本判别方法,该方法可以在一定程度上解决复杂分布问题。由表 7-7 所得弹丸实验数据进行模拟仿真可得图 7-13 和图 7-14。

如图 7-13 和图 7-14 所示为实验 100 次数据的仿真图,参数为弹丸在系统中飞行

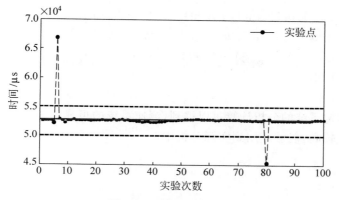

图 7-13　测试目标时间

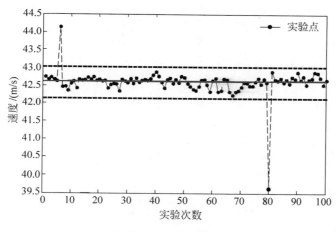

图 7-14　测试目标速度

的时间和速度。根据边界样本判别方法，运用线性判别分析实验数据。采用期望值最邻近边界样本判别方法可以在一定程度上解决样本复杂分布问题。使用最近邻方法扩大搜索范围，查找与这些样本最相邻且位于不同能力模式簇中前 k 个样本数据作为边界样本，由这些样本表示能力边界。中间实线为进行 100 次实验数据得到的期望值，上下边界值的大小如图 7-13 的虚线所示，飞行时间区域是在 $\pm 0.3\mu s$，图 7-14 的弹丸飞行速度区域在 $\pm 0.3 m/s$。该区域内测量得的数据为测速系统正常情况所得结果，若超过该区域的实验数据，表明该测速系统某一个器件有故障或者出现人为因素造成的误差。

2. 系统可靠度

根据式(7-61)经过化简可以得到可靠性的计算公式 R_s 为

$$R_s = p(B_1 B_2 B_3 + B_1 B_2 B_3 S_1 S_2 S_3 + B_1 B_2 B_3 S_1 S_2 S_3 J_1 J_2 J_3 + B_1 B_2 B_3 S_1 S_2 S_3 J_1 J_2 J_3)$$

$$
\begin{aligned}
=&0.99\times0.99\times0.99+(1-0.99)\times0.99\times0.99\times0.98\times0.98\times0.98+\\
&0.99\times0.99\times0.99\times0.98\times(1-0.98)\times0.98\times0.98\times0.98\times0.99+\\
&(1-0.99)\times(1-0.99)\times0.99\times(1-0.98)\times0.98\times0.98\times0.98\times\\
&0.99\times0.98\\
=&0.9972
\end{aligned}
$$

经过对测速系统的分析计算可以得到,测速系统的可靠度为 0.9972。由此可知系统的可靠性较高,能够应用到实际分析中。

参 考 文 献

[1] 李利乐,马志强,张晓燕.运动目标检测技术现状及进展[J].南阳师范学院学报,2009,8(9)：
    79-82.
[2] 宋飞.多机协同条件下机载雷达的效能评估研究[D].郑州：郑州大学,2015.
[3] 李政达,胡智焱.运动目标检测与跟踪技术研究应用现状与展望[J].安全、健康和环境,
    2016,16(10)：1-4.
[4] 邹佳运.多声呐协同探测性能分析及参数优化研究[D].哈尔滨：哈尔滨工程大学,2019.
[5] 洪晓斌,刘桂雄,程韬波,等.协同学理论在多传感测量系统中的潜在发展[J].现代制造工
    程,2009(4)：74-78.
[6] 李原,张会,吴思瑾.多基地多无人机协同侦察规划模型和模型求解方法[J].系统仿真学报,
    2016,28(10)：2540-2545.
[7] 程磊.多移动机器人协调控制系统的研究与实现[D].武汉：华中科技大学,2005.
[8] 王鹏飞.多机协同作战效能评估及其不确定问题研究[D].郑州：郑州大学,2014.
[9] 李明晶.小、暗、多、快目标的分布式主动测量系统布站概念研究[D].北京：中国科学院研究
    生院,2011.
[10] 王晨,谢文俊,赵晓林,等.动基地多无人机协同侦察问题研究[J].火力与指挥控制,2019,
    44(6)：59-63.
[11] 赵建国,邓春利,郭洪杰,等.飞机装配协同测量技术应用[J].航空制造技术,2018,61(13)：
    59-62,73.
[12] 王永霞.基于视觉的多移动机器人协同若干关键问题研究[D].天津：天津工程师范学
    院,2010.
[13] 赵子越,甘晓川,马骊群.一种基于多传感系统协同测量的联合平差组网方法[J].传感技术
    学报,2019,32(1)：100-105.
[14] 沈虎.基于协同策略的多基地声呐有源检测融合技术[D].哈尔滨：哈尔滨工程大学,2015.
[15] 贾兴江.运动多站无源定位关键技术研究[D].长沙：国防科学技术大学,2011.
[16] 左林虎.分布式雷达多站检测序列规划设计[D].西安：西安电子科技大学,2018.
[17] 刘缠牢.靶场动态目标跟踪测量及计算机辅助方法的研究[D].西安：中国科学院西安光学
    精密机械研究所,2001.
[18] ZHANG T,LI K,YANG J. Compromise control tactic for intelligent mobile welding robot
    [C]//Proceedings of the 9th International Conference on Electronic Measurement &
    Instruments (ICEMI 2009),IEEE 2009：836-839.
[19] LEE D H. Development of modularized airtight controller for mobile welding robot working
    in harsh environments[J]. Robotics and Computer-Integrated Manufacturing,2013,29(5)：
    410-417.
[20] DEMPSTER A P. Upper and lower probabilities induced by a multi-valued mapping[J].
    Annals of Mathematical Statistics,1967,38(2)：325-339.
[21] SHAFTER G. A Mathematical Theroy of Evidence[M]. NewJersey：Princeton University
    Press,1976.
[22] 王力,白静.改进的证据理论在多传感器目标识别中应用[J].科技通报,2016,32(7)：

134-137.

[23] 张燕君,龙呈. 基于证据理论的目标识别方法[J]. 系统工程与电子技术,2013,35(12): 2467-2470.

[24] 刘振兴,李明图. 基于加权 D-S 证据理论的辐射源目标识别[J]. 现代防御技术,2011,39(3): 122-125.

[25] 吕学勤,张轲,等. 轮式移动焊接机器人输出反馈线性化控制[J]. 机械工程学报,2014, 50(6): 48-54.

[26] GAO Y F,ZHANG H,YE Y H. Back-stepping and neural network control of a mobile robot for curved weld seam tracking[J]. Procedia Engineering,2011,15(8): 36-42.

[27] ZHANG T,CHEN S B. Optimal motion planning on 120 degree broken line seam for a mobile welding robot[C]//Proceeding of the International Conference on Robotic Welding, Intelligence and Automation. Shanghai,2015: 175-183.

[28] 武星,楼佩煌. 基于运动预测的路径跟踪最优控制研究[J]. 控制与决策,2009,24(4): 565-569.

[29] 张蕾. 多无人机协同侦察任务决策研究[D]. 西安: 西北工业大学,2016.

[30] 郜晨. 多无人机自主任务规划方法研究[D]. 南京: 南京航空航天大学,2016.

[31] 马磊,张文旭,戴朝华. 多机器人系统强化学习研究综述[J]. 西南交通大学学报,2014, 49(6): 1032-1044.

[32] 孙力帆,何子述,冀保峰,等. 基于高精度传感器量测的机动扩展目标建模与跟踪[J]. 光学学报,2018,38(2): 354-363.

[33] 樊龙涛. 基于强化学习的多无人机协同任务规划算法研究[D]. 洛阳: 河南科技大学,2019.

[34] 赵冬斌,邵坤,朱圆恒,等. 深度强化学习综述: 兼论计算机围棋的发展[J]. 控制理论与应用,2016,33(6): 701-717.

[35] 朱学锋. 基于最近邻聚类分析的多站遥测数据融合方法[J]. 弹道学报,2016,28(2): 93-96.

[36] 王力. 基于 DS 证据理论的多传感器数据融合算法研究与应用[D]. 太原: 太原理工大学,2015.

[37] OLLERO A,KONDAK K. 10 years in the cooperation of unmanned aerial systems[C]// IEEE/RSJ International Conference on Intelligent Robots and Systems (IROS 2012). Washington,IEEE,2012: 5450-5451.

[38] SHAH S,DEY D,LOVETT C,et al. Airsim: High-fidelity visual and physical simulation for autonomous vehicles[J]. Field and Service Robotics,2017,9(5): 621-635.

[39] SUTTON R S,BARTO A G. Reinforcement learning: An introduction[M]. Massachusetts: MIT Press,2018.

[40] MNIH V,KAVUKCUOGLU K,SILVER D,et al. Human-level control through deep reinforcement learning[J]. Nature,2015,518(7540): 529-533.

[41] NGUYEN V H,DINH T H,NGUYE N,et al. Optimal and fast real-time resource slicing with deep dueling neural networks[J]. IEEE Journal on Selected Areas in Communications, 2019,37(6): 1455-1470.

[42] XU Z X,CAO L,CHEN X L,et al. Deep reinforcement learning with Sarsa and Q-learning: A hybrid approach[J]. IEICE Transactions on Information and Systems,2018,101(9): 2315-2322.

[43] LIANG X,DU Y. A deep reinforcement learning network for traffic light cycle control[J].

IEEE Transactions on Vehicular Technology,2019,68(2)：1243-1253.

[44] ZHANG S,SUN L F,LIU Y Y,et al. Security performance evaluation of minehunting equipment in the cloud computing environment[J]. Journal of Coastal Research,2018,SI (82)：131-136.

[45] ZHANG S,SUN L F,YANG T T,et al. Resistance appearance design of deep-sea vehicle under complex seabed terrain[J]. Resistance Appearance Design of Deep-Sea Vehicle under Complex Seabed Terrain,2018,SI(83)：324-327.

[46] 孙力帆,张森,冀保峰,等.基于改进豪斯多夫距离的扩展目标形态估计评估[J].光学学报,2017,37(7)：316-324.

[47] 王正明,易东云.测量数据建模与参数估计[M].长沙：国防科技大学出版社,1996.

[48] 丁鑫同.多源探测数据建模及信息处理研究[D].北京：北京理工大学,2015.

[49] 彭东亮,文成林,薛克安.多传感器多源信息融合理论及应用[M].北京：科学出版社,2010.

[50] CHEN S B,ZHANG T. Optimal motion planning on 120° broken line seam for a mobile welding robot[J]. Advances in Intelligent Systems and Computing,2015,363：175-183.

[51] SILVER D,HUANG A,MADDISON C J,et al. Mastering the game of go with deep neural networks and tree search[J]. Nature,2016,529(7587)：484-489.

[52] SILVER D,LEVER G,HEESS N,et al. Deterministic policy gradient algorithms[C]//31st International conference on machine learning：ICML 2014,Beijing,2014,5(1)：605-619.

[53] LILLICRAP T P,HUNT J J,PRITZEL A,et al. Continuous control with deep reinforcement learning[J]. Computer Science,2015,8(6)：187.

[54] ARULKUMARAN K,MILES B,MARC P D,et al. Deep reinforcement learning：A brief survey[J]. IEEE Signal Processing Magazine,2017,34(6)：26-38.

[55] HUANG P H,HASEGAWA O. Learning quadcopter maneuvers with concurrent methods of policy optimization[J]. Journal of Advanced Computatioanl Intelligence and Intelligent Informatics,2017,21(4)：639-649.

[56] 申屠晗,薛安克,周治利.多传感器高斯混合 PHD 融合多目标跟踪方法[J].自动化学报,2017,043(006)：1028-1037.

[57] 杨瑞平,黄志刚,郭齐胜.C³I 系统在装甲作战仿真中的应用[J].火力与指挥控制,2004,29(6)：58-61.

[58] 尹德进,王宏力,周志杰.基于 D-S 证据理论的多传感器目标识别信息融合方法[J].四川兵工学报,2011,4：56-58.

[59] 孙棣华,崔明月,李永福.具有参数不确定的轮式移动机器人自适应 backstepping 控制[J].控制理论与应用,2012,29(9)：1198-1204.

[60] 朱宁.基于多传感器信息融合的空中目标识别算法研究[D].哈尔滨：哈尔滨工业大学,2008.

[61] 戴雷.六轴机器人离线编程与仿真系统设计与实现[D].武汉：武汉科技大学,2015.

[62] 邓永军.越障全位置自主焊接机器人视觉传感系统研究[D].上海：上海交通大学,2012.

[63] 陈伟,孔令成,张志华,等.龙门架式焊接机器人系统设计[J].现代制造工程,2010(8)：159-162.

[64] 王鹏杰,郑卫刚.有轨道全位置智能焊接机器人现状[J].现代焊接,2015(3)：21-24.

[65] ZHANG S,FAN L T,GAO J W,et al. Fault diagnosis of underwater vehicle and design of intelligent self-rescue system[J]. Journal of Coastal Research,2018,SI(83)：872-875.

［66］ GAO J,ZHANG S,FU Z M. Fixed-time attitude tracking control for rigid spacecraft with actuator misalignments and faults[J]. IEEE Access,2019(7): 15696-15705.

［67］ GAO J, FU Z M, ZHANG S. Adaptive fixed-time attitude tracking control for rigid spacecraft with actuator faults[J]. IEEE Transactions on Industrial Electronics,2019,66(9): 7141-7149.

［68］ ZHANG S,SUN L F,FAN L T,et al. Modularized control system design of underwater vehicle for submarine cable inspection[J]. Journal of Coastal Research, 2018, SI(83): 579-584.

［69］ KU N, HA S, ROH M. Design of controller for mobile robot in welding process of shipbuilding engineering[J]. Journal of Computational Design and Engineering,2014,4(1): 243-255.

［70］ YU C, YANG J H, YANG D B, et al. An improved conflicting evidence combination approach based on a new supporting probability distance [J]. Expert Systems with Applications,2015,42(12): 5139-5149.

［71］ SMETS P. Analyzing the combination of conflicting belief functions[J]. Information Fusion, 2007,8(4): 387-412.

［72］ TESSEM B. Approximations for Effificient Computation in the Theory of Evidence[M]. Amsterdam: Elsevier Science Publishers Ltd,1993.

［73］ MOEZ F, FEKI M. An adaptive chaos synchronization scheme applied to secure communication[J]. Chaos Solitons Fractals,2003,18(1): 141-148.

［74］ 王帅. 直角转弯移动焊接机器人结构设计与仿真[D]. 南昌: 南昌大学,2016.

［75］ CAMPION G,BASTIN G,et al. Structural properties and classification on kinematic and dynamics models of wheeled mobile robots[J]. Nelineinaya Dinamika,2011,7(4): 733-769.

［76］ GAO H,CHEN F,LI D,et al. Movement Simulation for Wheeled Mobile Robot Based on Stereo Vision[M]//Advanced Research on Electronic Commerce, Web Application, and Communication. Berlin: Springer,2011: 396-401.

［77］ LUCET E,GRAND C,BIDAUD P. Sliding-mode velocity and yaw control of a 4WD skid-steering mobile robot[C]//Brain, Body and Machine: Proceedings of an International Symposium on the Occasion,2010: 247-258.

［78］ CHWA D. Tracking control of differential-drive wheeled mobile robots using a back-stepping-like feedback linearization [J]. IEEE Transactions on Systems, Man, and Cybernetics-Part A: Systems and Humans,2010,40(6): 1285-1295.

［79］ ZOHAR I,AILON A,ABINOVICI R. Mobile robot characterized by dynamic and kinematic equations and actuator dynamics: Trajectory tracking and related application[J]. Robotics and Autonomous Systems,2011,59(6): 343-353.

［80］ EUNTAI K. Output feedback tracking control of robot manipulators with model uncertainty via adaptive fuzzy logic[J]. IEEE Transactions on Fuzzy Systems,2004,12(3): 368-375.

［81］ CAO Z C,ZHAO Y T,WU Q D. Genetic Fuzzy+PI path tracking control of a nonholonomic mobile robot[J]. Chinese Journal of Electronics,2011,20(1): 31-34.

［82］ YANG S X,YUAN G F. A bio-inspired neuron dynamics-based approach to tracking control of mobile robots[J]. IEEE Transactions on Industrial Electronics,2012,59(8): 3211-3220.

［83］ GUECHI E, ABELLARD A, FRANCESCHI M. Experimental fuzzy visual control for trajectory tracking of a khepera Ⅱ mobile robot[C]//Proceeding of the 2012 IEEE International Conference on Industrial Technology,Athen,2012：25-30.

[84]　ORIOLO G,LUCA A D. WMR control via dynamic feedback linearization：Design, implementation,and experimental validation[J]. IEEE Transactions on Control Systems Technology,2012,10(6)：835-852.

[85]　ABDALLA T Y,ABDULKAREM A A. PSO-based optimum design of PID controller for mobile robot trajectory tracking[J]. International Journal of Computer Application,2012, 47(23)：30-35.

[86]　于浩,宿浩,杨雪,等.基于引导角的轮式移动机器人轨迹跟踪控制[J].控制与决策,2015, 30(4)：635-639.

[87]　POPOV V M. Hyperstability of Control System[M]. Berlin：Springer,1973.

[88]　鄢立夏,马保离.轮式移动机器人的位置量测输出反馈轨迹跟踪控制[J].控制理论与应用, 2016,33(6)：764-771.

[89]　唐凌,胡晓峰.战争工程的应用基础：信息化转型[J].国防科技,2007,10：32-36.

[90]　陈科文,张祖平,龙军.多源信息融合关键问题、研究进展与新动向[J].计算机科学,2013, 40(8)：6-13.

[91]　薛晶.多传感器空中目标识别方法研究[D].西安：西北工业大学,2007.

[92]　邱素蓉.多传感器数据融合中的目标识别技术研究[D].西安：西安电子科技大学,2003.

[93]　李丽荣,王从庆.神经网络在精确打击目标识别中的应用研究[J].现代防御技术,2013, 41(3)：185-191.

[94]　LI Y,CHEN J,YE F,et al. The improvement of DS evidence theory and its application in IR/MMW target recognition[J]. Journal of Sensors,2016,2(6)：1-15.

[95]　张池平.多传感器信息融合方法及其在空间目标识别中的应用[D].哈尔滨：哈尔滨工业大学,2006.

[96]　康健.基于多传感器数据融合关键技术的研究[D].哈尔滨：哈尔滨工程大学,2013.

[97]　YUAN K,XIAO F,FEI L,et al. Conflict management based on belief function entropy in sensor fusion[J]. Springer Plus,2016,5(1)：638.

[98]　张森,张元亨,普杰信.轮式移动焊接机器人自适应反演滑模控制[J].火力与指挥控制, 2018,43(7)：65-70.

[99]　张森,金超,孙力帆.基于 FAHP 水下目标多源探测仿真系统评估[J].火力与指挥控制, 2018,43(8)：124-128.

[100]　张森,尚根峰,普杰信.海洋资源水下目标图像准确提取仿真[J].计算机仿真,2018,35(8)： 188-193,260.

[101]　金超,张森,孙力帆.一种基于相似性测度的证据合成公式[J].火力与指挥控制,2018, 43(3)：21-24.

[102]　张合,江小华.目标探测与识别技术[M].北京：北京理工大学出版社,2015.

[103]　周哲,徐晓滨,文成林,等.冲突证据融合的优化方法[J].自动化学报,2012,38(6)： 976-985.

[104]　张婷,王琪. HLA/RTI 仿真平台的数据分发管理[J].计算机系统应用,2015,24(4)： 223-227.

[105]　张东,吴晓琳.基于分组平均加权算法实现遥测数据融合[J].战术导弹技术,2010(1)： 115-117.

[106] 冯旭冰,唐平,赖志飞. 基于 D-S 理论与信息融合的神经图像分类方法[J]. 计算机工程与设计,2014,35(3):953-957.

[107] 韩德强,杨艺,韩崇昭. DS 证据理论研究进展及相关问题探讨[J]. 控制与决策,2014,29(1):1-7.

[108] 梁威,魏宏飞,周锋. D-S 证据理论中一种冲突证据的融合方法[J]. 计算机工程与应用,2011,47(6):144-146.

[109] 马丽丽,张芬,陈金广. 一种基于 Pignistic 概率距离的合成公式[J]. 计算机工程与应用,2015,51(24):61-66.

[110] 席在芳,令狐强,易畅,等. 基于改进冲突系数的证据理论组合新方法[J]. 中南大学学报(自然科学版),2018,49(7):134-143.

[111] 周婧婧. 基于故障树分析的电力变压器可靠性评估方法研究[D]. 重庆:重庆大学,2009.

[112] 李博远. 基于故障树和层次分析法的可靠性分配方法研究与系统实现[D]. 合肥:中国科学技术大学,2014.

[113] CASTET J F, SALEH J H. Beyond reliability, multi-state failure analysis of satellite subsystems: A statistical approach[J]. Reliability Engineering & System Safety,2010,95(4):311-322.

[114] GRAFMAN J. Similarities and distinctions among current models of prefrontal cortical functions[J]. Annals of the New York Academy of Sciences,1995,769(1):337-368.

[115] 彭华亮. 基于故障树的故障诊断专家系统软件平台设计[D]. 南京:南京理工大学,2017.

[116] 何正嘉,曹宏瑞,訾艳阳,等. 机械设备运行可靠性评估的发展与思考[J]. 机械工程学报,2014,50(2):171-186.

[117] 崔书华,李果,沈思,等. 测速数据模型误差对弹道参数的影响分析[J]. 弹箭与制导学报,2016,36(4):113-115.

[118] 张智永,周晓尧,范大鹏,等. 光电探测系统指向误差分析、建模与修正[J]. 航空学报,2011,32(11):2042-2054.

[119] ZHAO Y, ZHOU J Q, ZHOU N C, et al. An analytical approach for bulk power systems reliability assessment[J]. Proceedings of the CSEE,2006,26(5):19-25.

[120] DAHL G E, YU D, DENG L, et al. Context dependent pre-trained deep neural networks for large vocabulary speech recognition[J]. IEEE Transactions on Audio Speech & Language Processing,2012,20(1):30-42.

[121] 谢彬蓉,王瑾. 测量不确定度在数据处理中的应用探讨[J]. 仪器仪表标准化与计量,2006(5):29-33.

[122] 朱效明,高稚允. 双 CCD 立体视觉系统的理论研究[J]. 光学技术,2003,29(3):24-26.

[123] 闵新力,万德安,张剑,等. CCD 双目视觉测量系统结构参数设置的理论研究[J]. 机械设计与制造,2001(3):54-56.

[124] 钟良志. 基于 DICOM 标准的医学图像解析与处理系统的设计与实现[D]. 成都:电子科技大学,2015.

[125] 杨春平,吴键,洪亮,等. 双 CCD 系统在三维面形测量中的应用[J]. 半导体光电,2004(3):55-59.

[126] 郭玉波,姚郁. 双目视觉测量系统结构参数优化问题研究[J]. 红外与激光工程,2006,35(增刊):506-509.

[127] 冯晓昱. 基于 DSP 的光电图像采集与处理系统的设计[D]. 成都:电子科技大学,2007.

[128]　林青,黄玉蕾,焦纯.基于 FPGA 的实时图像采集与分析系统设计[J].计算机测量与控制,2017,25(7)：218-221.

[129]　胡林敏,刘朝彩,刘思佳,等.双重不确定冷贮备系统的可靠性分析[J].系统工程与电子技术,2019,41(11)：2656-2661.

[130]　ALYSON G W,APARNA V H. Bayesian networks for multi-level system reliability[J]. Reliability Engineering and System Safety,2007,92(10)：1413-1420.

[131]　王家序,周青华,肖科,等.不完全共因失效系统动态故障树模型分析方法[J].系统工程与电子技术,2012,34(5)：1062-1067.

[132]　李鹏程,陈国华,张力,等.人因可靠性分析技术的研究进展与发展趋势[J].原子能科学技术,2011,45(3)：329-340.

[133]　孟欣佳,敬石开,刘继红,等.多源不确定性下基于证据理论的可靠性分析方法[J].计算机集成制造系统,2015,21(3)：648-655.

[134]　李彦锋.复杂系统动态故障树分析的新方法及其应用研究[D].成都：电子科技大学,2014.

[135]　陈罡,高婷婷,贾庆伟,等.带有未知参数和有界干扰的移动机器人轨迹跟踪控制[J].控制理论与应用,2015,32(4)：492-496.

[136]　HUANG J S,WEN C Y,WANG W,et al. Adaptive stabilization and tracking control of a nonholonomic mobile robot with input saturation and disturbance[J]. Systems & Control Letters,2013,62(3)：234-241.

[137]　吴孔逸,霍伟.不确定移动机器人编队间接自适应模糊动力学控制[J].控制与决策,2010,25(12)：1769-1774.

[138]　ASIF M,KHAN M J,CAI N. Adaptive sliding mode dynamic controller with integrator in the loop for nonholonomic wheeled mobile robot trajectory tracking［J］. International Journal of Control,2014,87(5)：964-975.

[139]　YANG F,WANG C L,JING G. Adaptive tracking control for dynamic nonholonomic mobile robots with uncalibrated visual parameters[J]. International Journal of Adaptive Control and Signal Processing,2013,27(8)：688-700.

[140]　周建军.管道焊缝识别与定位系统的研究[D].武汉：武汉工程大学,2013.

[141]　魏谱跶.基于图像块特征的焊缝识别算法研究[D].西安：西安科技大学,2014.

[142]　CHOI S,LE T,et al. Toward self-driving bicycles using state-of-the-art deep reinforcement learning algorithms[J]. Symmetry,2019,11(2)：290.

[143]　YU Y D,WANG T T. Deep-reinforcement learning multiple access for heterogeneous wireless networks[J]. IEEE Journal on Selected Areas in Communications,2019,37(6)：1277-1290.

[144]　WANG S,CLARK R,WEN H K,et al. End-to-end,sequence-to-sequence probabilistic visual odometry through deep neural networks[J]. The International Journal of Robotics Research,2018,37(4/5)：513-542.

[145]　CHO K,VAN M B,GULCEHRE C,et al. Learning phrase representations using RNN encoder-decoder for statistical machine translation［J］. Computer Science,2014,6(3)：1724-1734.

[146]　PATHAK A,PAKRAY P. Neural machine translation for Indian languages[J]. Journal of Intelligent Systems,2019,28(3)：465-477.

[147] LIU A A,XU N,S Y,et al. Multi-domain and multi-task learning for human action recognition[J]. IEEE Transactions on Image Processing,2019,28(2):853-867.

[148] FIORE,UGO,SANTIS D,et al. Using generative adversarial networks for improving classification effectiveness in credit card fraud detection[J]. Information Sciences:An International Journal,2019,479:448-455.

[149] KENTARO S,TORU N. Pre-training of DNN-based speech synthesis based on bidirectional conversion between text and speech[J]. IEICE Transactions on Information and Systems,2019,102(8):1546-1553.

[150] SHI W,JIANG Z,WANG R,et al. Hierarchical residual learning for image denoising[J]. Signal Processing. Image Communication:A Publication of the the European Association for Signal Processing,2019,76:243-251.

[151] ARIEL R G,MARK E,ABDULRAHMAN A,et al. A hybrid deep learning neural approach for emotion recognition from facial expressions for socially assistive robots[J]. Neural computing & applications,2018,29(7):359-373.

[152] KREIIC N,JERINKIC N K. Spectral projected gradient method for stochastic optimization [J]. Journal of Global Optimization,2019,73(1):59-81.

[153] TAMPUU A,MATIISEN T,KODELJA D,et al. Multiagent cooperation and competition with deep reinforcement learning[J]. Plos One,2017,12(4):e0172395.

[154] GINI G,ZANOLI F,GAMBA A,et al. Could deep learning in neural networks improve the QSAR models? [J]. SAR and QSAR in Environmental Research,2019,30(7/9):617-642.

[155] LI H,WANG P,SHEN C H. Toward end-to-end car license plate detection and recognition with deep neural networks[J]. IEEE Transactions on Intelligent Transportation Systems,2019,20(3):1126-1136.

[156] NIMA A,ARIA A,BEHROUZ S. Robust distributed control of spacecraft formation flying with adaptive network topology[J]. Acta Astronautica,2017,136(7):281-296.

[157] 龙慧,朱定局,田娟. 深度学习在智能机器人中的应用研究综述[J]. 计算机科学,2018,45(2):43-47,52.

[158] 袁豪. 旅行商问题的研究与应用[D]. 南京:南京邮电大学,2017.

[159] 石建力,张锦. 需求点随机的分批配送 VRP 模型与算法研究[J]. 控制与决策,2017,32(2):213-222.

[160] 林林. 基于协同机制的多无人机任务规划研究[D]. 北京:北京邮电大学,2013.

[161] 徐超,李乔. 基于计算机视觉的三维重建技术综述[J]. 数字技术与应用,2017(1):54-56.

[162] 贺翔,曹群生. 电磁发射技术研究进展和关键技术[J]. 中国电子科学研究院学报,2011,6(2):130-135.

[163] 陈晨. 快速飞行体三维轮廓测量技术研究[D]. 南京:南京理工大学,2013.

[164] 鲁文炳. 基于双目视差的立体场景重构技术研究[D]. 武汉:武汉纺织大学,2010.

[165] MIYAGAWA I,ARAI H,KOIKE H. Simple camera calibration from a single image using five points on two orthogonal 1-d objects[J]. IEEE Trans Image Process,2010,19(6):1528-1538.

[166] TAUFIQUR R. An efficient camera calibration technique offering robustness and accuracy over a wide range of lens distortion[J]. IEEE Trans Image Process,2012,21(2):626-636.

[167] 霍龙,刘伟军,等. 考虑径向畸变的摄相机标定及在三维重建中的应用[J]. 机械设计与制

造,2005,1(1)：1-3.

[168]　陈利红,毛剑飞,等.CCD 摄相机标定与修正的简便方法[J].浙江大学学报,2003,37(4)：
406-409.

[169]　王鹏.光栅投影三维轮廓测量技术标定方法的研究[D].西安：西安科技大学,2006.

[170]　吴汉卿.光栅投影三维形貌测量技术的研究[D].成都：西南交通大学,2005.

[171]　汪传民.基于计算机视觉的轴承直径检测系统的研究[D].广州：华南理工大学,2005.

[172]　阮秋琦.数字图像处理(MATLAB 版)[M].北京：电子工业出版社,2005.

[173]　周长发.Visual C++.NET 图象处理编程[M].北京：电子工业出版社,2002.

[174]　MARR D C,HILDRETH E C. Theory of edge detection[J]. Proceeding of the Royal
Society of London,1980,207：187-217.

[175]　TINGUARO R,GOMEZ J,DANIEL,et al. A novel edge detection algorithm based on a
hierarchical graph-partition approach [J]. Journal of Intelligent & Fuzzy Systems：
Applications in Engineering and Technology,2018,34(3)：1875-1892.

[176]　JARMO I, JEANNETTE B, VILLE K. Three-dimensional object reconstruction of
symmetric objects by fusing visual and tactile sensing[J]. International Journal of Robotics
Research,2014,33(2)：321-341.

[177]　CARR M,MEAKINS A,SILBURN S A,et al. Physically principled reflection models
applied to filtered camera imaging inversions in metal walled fusion machines[J]. Review of
Scientific Instruments,2019,90(4)：1-12.

[178]　LAKSHMI S, SANKARANARAYANAN D V. A study of Edge Detection Techniques for
Segmentation Computing Approaches[J]. International Journal of Computer Applications,
2010,(1)：35-41.

[179]　LU H T,LU W,HE Z W,et al. Digital image splicing detection based on approximate run
length[J]. Pattern Recognition Letters,2011,32(12)：1591-1597.

[180]　王植,贺赛龙.一种基于 Canny 理论的自适应边缘检测方法[J].中国图像图形学报.2004,
9(8)：957-962.

[181]　MORAVEC H P. Towards automatic visual obstacle avoidance[C]//Proceedings of 5th
International Joint Conference on Artificial Intelligence,1977,8：584-592.

[182]　高文,陈熙霖.计算机视觉：算法与系统原理[M].北京：清华大学出版社,1999.

[183]　ZHANG R,TSAI P S,CRYER J E,et al. Shape from shading：A survey[J]. IEEE
Transactions on Pattern Analysis and Machine Intelligence,1999,21(8)：690-706.

[184]　HANCOCK E R,ROBLES K A. A graph-spectral method for surface height recovery[J].
Pattern Recognition：The Journal of the Pattern Recognition Society, 2005, 38 (8)：
1167-1186.

[185]　STAUDER J, MECH R, OSTERMANN J. Detection of moving cast shadows for object
segmentation[J]. IEEE Transaction on Multimedia,1999,1(1)：65-76.

[186]　WORTHINGTON P L,HANCOCK E R. New constraints on data-closeness and needle
map consistency for shape-from-shading[J]. IEEE Transactions on Pattern Analysis and
Machine Intelligence,1999,21(12)：1250-1267.

[187]　齐林,陶然,周思永,等.DSSS 系统中基于分数阶傅里叶变换的扫频干扰抑制算法[J].电
子学报,2004,32(5)：799-802.

[188]　陈恩庆,陶然,张卫强.一种基于分数阶 Fourier 变换的时变信道参数估计方法[J].电子学

报,2005,33(12):2101-2104.

[189] MARTONE M. A multicarrier system based on the fractional Fourier transform for time-frequency-selective channels[J]. IEEE Trans Communications,2001,49(6):1011-1020.

[190] ARASARATNAM I,HAYKIN S. Cubature Kalman filters[J]. IEEE Transactions on Automatic Control,2009,54(6):1254-1269.

[191] CHEN Y,ZHAO Q. A novel square-root cubature information weighted consensus filter algorithm for multi-target tracking in distributed camera networks[J]. Sensors,2015,15(5):10526-10546.

[192] LI W,JIA Y,DU J,et al. Gaussian mixture PHD filter for multi-sensor multi-target tracking with registration errors[J]. Signal Processing,2013,93(1):86-99.

[193] JIANG L,YAN L P,XIA Y Q,et al. Asynchronous multirate multisensor data fusion over unreliable measurements with correlated noise[J]. IEEE Transactions on Aerospace and Electronic Systems,2017,53(5):2427-2437.

[194] 杨瑞平,郭齐胜,赵宏绪,等. 系统建模与仿真[M]. 北京:国防工业出版社,2006.

[195] DEMPSTER A P. A generalization of Bayesian inference[J]. Journal of the Royal Statistical Society,1968,30(2):205-247.

[196] ZADEH L A. Review of books:A mathematical theory of evidence[J]. AI Magazine,1984,5(3):81-83.

[197] HOFMEYR S A,FORREST S. Architecture for an artifificial immune system[J]. Evolutionary Computation,2000,8(4):443-473.

[198] 张森,金超,杨婷婷. 水下探测光场优化综合建模仿真[J]. 计算机仿真,2017,34(7):320-325,390.

[199] 韩德强,邓勇. 利用不确定度的冲突证据组合[J]. 控制理论与应用,2011,28(6):788-792.

[200] 权文,王晓丹,王坚,等. 一种基于置信最大熵模型的证据推理方法[J]. 控制与决策,2012,27(6):899-903.

[201] 李文立,郭凯红. D-S证据理论合成规则及冲突问题[J]. 系统工程理论与实践,2010,30(8):1422-1432.

[202] 王壮,胡卫东,郁文贤,等. 基于均衡信度分配准则的冲突证据组合方法[J]. 电子学报,2001,29(1):1852-1855.

[203] 李弼程,王波,魏俊,等. 一种有效的证据理论合成公式[J]. 数据采集与处理,2002,17(1):33-36.

[204] 李民政,蓝剑平. 改进的基于Pignistic概率距离的证据组合方法[J]. 桂林电子科技大学学报,2017(4):63-67.

[205] 王庆有. 图像传感器应用技术[M]. 北京:电子工业出版社,2013.

[206] 刘晓丽. 基于机器视觉的异常行为检测[D]. 鞍山:辽宁科技大学,2012.

[207] 彭章平. 自动指纹识别系统研究[D]. 长沙:中南大学,2007.

[208] 王琛. 基于HMM模型的人脸识别方法研究[D]. 长沙:中南大学,2007.

[209] 张帆. 基于Gabor变换的虹膜识别算法研究[D]. 天津:中国民航大学,2008.

[210] 赵建春,李文举,王新年. 基于Simulink的车牌识别系统仿真平台[J]. 计算机工程与设计,2009,30(5):1154-1156.

[211] MARC A S,JEAN C,ELOI B. Data fusion of multiple-sensors attribute information for target-identity estimation using a Dempster-Shafer evidential combination algorithm[J].

Orlando：SPIE，Signal and Data Processing of Small Targets,1996：577-588.

[212]　MEHDI R,MAHDI A. State estimation for stochastic time - varying multisensor systems with multiplicative noises：Centralized and decentralized data fusion[J]. Asian Journal of Control,2019,21(4)：1547-1555.

[213]　孟祥怡.运动目标的跟踪与识别算法研究[D].长春：吉林大学,2014.

[214]　SARABI J A,ARAABI B N. How to decide when the sources of evidence are unreliable：A multi-criteria discounting approach in the dempster-shafer theory[J]. Information Sciences, 2018,448/449：233-248.

[215]　AN J,HU M,FU L. A novel fuzzy approach for combining uncertain conflict evidences in the Dempster-Shafer theory[J]. IEEE Access,2019,1(7)：7481-7501.

[216]　ZHAO Y,JIA R,SHI P. A novel combination method for conflicting evidence based on inconsistent measurements[J]. Information Sciences,2016,367：125-142.

[217]　LIU Z G,PAN Q,DEZERT J. Combination of classifiers with optimal weight based on evidential reasoning[J]. IEEE Trans Fuzzy System,2018,26(3)：1217-1230.

[218]　SONG Y,WANG X,QUAN W,et al. A new approach to construct similarity measure for intuitionistic fuzzy sets[J]. Software Computing,2019,23(6)：1985-1998.

[219]　YAGER R R. On the Dempster-Shafer framework and new combination rules [J]. Information Sciences,1987,41(2)：93-137.

[220]　MURPHY C K. Combining belief functions when evidence conflicts[J]. Decision Support System,2000,29(1)：1-9.

[221]　JOUSSELME A L,GRENIER D,ÉLOI B. A new distance between two bodies of evidence [J]. Information Fusion,2001,2(2)：91-101.

[222]　FLOREA M C,JOUSSELME A L,BOSSÉ É,et al. Robust combination rules for evidence theory[J]. Information Fusion,2009,10(2)：183-197.

[223]　QIAN J, GUO X F, DENG, Y. A novel method for combining conflicting evidences based on information entropy[J]. Applied Intelligence：The International Journal of Artificial Intelligence，Neural Networks，and Complex Problem-Solving Technologies，2017，46(4)： 876-888.

[224]　XIAO F. Multi-sensor data fusion based on the belief divergence measure of evidences and the belief entropy[J]. Information Fusion,2019,46：23-32.

[225]　MA M,AN J. Combination of evidence with different weighting factors a novel probabilistic-based dissimilarity measure approach[J]. Journal of Sensors,2015,2：1-9.

[226]　LIMBOURG P,ROCQUIGNY E. Uncertainty analysis using evidence theory-confronting level-1 and level-2 approaches with data availability and computational constraints[J]. Reliability Engineering and System Safety,2010,95(5)：550-564.

[227]　孙洪岩,张拔,何克忠.目标的 Dempster-Shafer 融合识别[J].清华大学学报(自然科学版), 1999,39(9)：90-94.

[228]　孙全,叶秀清,顾伟康.一种新的基于证据理论的合成公式[J].电子学报,2000,28(8)： 117-119.

[229]　张山鹰,潘泉,张洪刁.一种新的证据推理组合规则[J].控制与决策,2000,15(5)： 540-545.

[230]　NI J J,MA X P,XU L Z,et al. An image recognition method based on multiple BP neural

networks fusion［C］//2004 Proceedings of International Conference on Information Acquisition. Piscataway，IEEE，2004：323-326.

［231］ 邓勇,施文康,朱振福.一种有效处理冲突证据的组合方法[J].红外与毫米波学报,2004,23(1)：27-32.

［232］ LEE C H,ROSENFELD A. Improved methods of estimating shape from shading using the light source coordinate system［J］. Artificial Intelligence,1985,(26)：125-143.

［233］ SHIMODAIRA H. A shape-from-shading method of polyhedral objects using prior information［J］. IEEE Trans on PAMI,2006,28(4)：612-624.

［234］ KRZYSTOF B,MAREK M,LUBNIEW Z. Application of shape from shading technique for side scan sonar images［J］. Polish Maritime Research,2013,20(3)：39-44.

［235］ 赵歆波.基于分形的从明暗恢复形状方法研究[D].西安：西北工业大学,2002.

［236］ 冯宇平.图像快速配准与自动拼接技术研究[D].北京：中国科学院研究生院,2010.

［237］ 徐鹏,汪建业.摄相机标定中靶标圆心像点坐标的精确计算[J].红外与激光工程,2011,40(7)：1343-1346.

［238］ 孙刚,李明哲,付文智,等.三维自由曲面测量中的图像拼接[J].农业机械学报,2005,36(3)：122-125,130.

［239］ YANG L,ZHANG N,REN Y,et al. Linear perspective shape-from-shading method with two images［J］. Journal of Systems Engineering and Electronics,2015,26(5)：1080-1087.

［240］ 孟悦,周明全,税午阳,等.基于单幅图像的三维自由曲面浮雕生成[J].系统仿真学报,2015,27(12)：3012-3017.

［241］ HORNB K P. Height and gradient form shading［J］. International Journal of Computer Vision,1990,5(1)：37-75.

［242］ WU Q. The evaluation analysis of computer network information security based on FAHP ［J］. International Journal of Security and Its Applications (S1738-9976),2016,10(9)：229-242.

［243］ 吴石林,张玘.误差分析与数据处理[M].北京：清华大学出版社,2010.

［244］ 燕珊.基于 FAHP 方法的高校图书馆知识服务能力评价研究[D].哈尔滨：黑龙江大学,2015.

［245］ 王少萍.工程可靠性[M].北京：北京航空航天大学出版社,2003.

［246］ 许荣,车建国,杨作宾,等.故障树分析法及其在系统可靠性分析中的应用[J].指挥控制与仿真,2010,32(1)：118-121.

［247］ 李友坤.BP 神经网络的研究分析及改进应用[D].淮南：安徽理工大学,2012.

［248］ 周真,侯长剑,王芳,等.基于 BP 神经网络的开关电源可靠性预计[J].电测与仪表,2009,46(1)：64-68.

［249］ 施闻明,杨晓东,仇法辉,等.BP 神经网络的潜艇系统可靠性分析[J].火力与指挥控制,2008,33(6)：139-141.

［250］ 苏续军,吕学志,等.BP 神经网络模型在无人机系统故障预测中的应用分析[J].计算机应用与软件,2019,36(9)：70-75.

［251］ 张生延.可靠性预计中存在的问题及对策[J].电子产品可靠性与环境试验,2006,24(1)：49-51.

［252］ 张娟,汪西莉,杨建功.基于深度学习的形状建模方法[J].计算机学报,2018,41(1)：132-144.

［253］　张璨,张明英.人工智能深度学习算法可靠性评估方法研究［J］.信息技术与标准化,2018, 404(8)：40-44.

［254］　KABIR S. An overview of fault tree analysis and its application in model based dependability analysis［J］. Expert Systems with Applications,2017,77(11)：114-135.

［255］　王传路.连续时间 T-S 动态故障树分析方法及应用［D］.秦皇岛：燕山大学,2019.

［256］　SIAMAK A,SRINIVAS S. Impact of common cause failure on reliability performance of redundant safety related systems subject to process demand［J］. Reliability Engineering and System Safety,2018,172：129-150.

［257］　符学葳.基于层次分析法的模糊综合评价研究和应用［D］.哈尔滨：哈尔滨工业大学,2011.